Delp

Existenzgründung

Existenzgründung

Perfekt organisiert in eine berufliche Selbstständigkeit

von

Andrea Delp

1. Auflage, 2013

C.H.BECK

Zum Autor:

Andrea Delp

Andrea Claudia Delp hat mit Büchern, Trainings und Beratungen unzähligen Gründern den Weg zum eigenen Unternehmen bereitet. Mit über zehn Jahren Erfahrungswissen und der Kenntnis der aktuellsten Trends sorgt sie für den optimalen und übersichtlichen Start in die neue Existenz. Zu erreichen ist Frau Delp unter www.amaveo.de.

www.beck.de

ISBN 978-3-408-65529-6

© 2013 Verlag C.H. Beck oHG
Wilhelmstraße 9, 80801 München

Satz: Fotosatz Buck, Zweikirchener Str. 7, 84036 Kumhausen
Druck: Druckhaus Nomos, In den Lissen 12, 76547 Sinzheim
Umschlaggestaltung: fernlicht kommunikationsdesign, Gauting
Bildnachweis: © raalves/iStockphoto

Gedruckt auf säurefreiem, alterungsbeständigem Papier
(hergestellt aus chlorfrei gebleichtem Zellstoff)

So nutzen Sie dieses Buch

Um Ihnen das Lesen und Arbeiten mit diesem Buch zu erleichtern, hat der Autor verschiedene Stilelemente verwendet, die Ihnen das schnellere Auffinden bestimmter Texte ermöglichen. So finden Sie die Tipps und Musterformulare sofort.

 Hier finden Sie Tipps, Aufzählungen und Checklisten.

 So sind „Merksätze" gekennzeichnet.

 Hier finden Sie Beispiele, die das Beschriebene plastisch erläutern und verständlich machen.

 Die Zielscheibe kennzeichnet Zusammenfassungen und ein Fazit zum Kapitelende.

 Hier finden Sie Übungen und Muster zum selber Ausfüllen und Nachrechnen.

Vorwort

Als Autorin, Trainerin und Beraterin mit rund 10 Jahren Erfahrung mit Gründern weiß ich: Die Existenzgründung ist für viele Menschen eine attraktive Alternative zur Anstellung in einem Unternehmen. Während der eigentliche Akt des „sich selbstständig machens" oft nur mit der Abgabe eines Formulares verbunden ist, sind die Vorbereitungen mit erheblichem Aufwand und viel Einsatz verbunden.

Studien belegen jedoch eindeutig: Wer gut vorbereitet ist und Hilfe in Anspruch nimmt, hat bessere Chancen auf nachhaltigen Erfolg mit einer Selbstständigkeit. Dieses Buch ist womöglich Ihr erster Schritt auf dem Weg zum Erfolg. Ziel des Werkes ist es, Ihnen mit Informationen und ganz praktischen Arbeitshilfen den Weg zu ebnen und Lösungsansätze aufzuzeigen.

Auf dem neuesten Stand der Dinge werden Sie die Grundlagen rund um eine Existenzgründung kennen lernen - wie etwa einen Überblick zur Rechtsform. Vor allem werden Sie sich aber auch mit aktuellen Entwicklungen und Methoden beschäftigen – etwa für die Erarbeitung eines Geschäftsmodells oder für tiefe Einblicke in die Lebenswelt Ihrer Kunden mit Customer Insights. So kommt Schwung in Ihre Sache und Ihre Existenzgründung wird in die richtigen Bahnen gelenkt.

Dabei steht nicht nur das Unternehmen im Fokus, sondern auch Sie selbst. Jedes Unternehmen – sei es klein oder groß, egal ob Einzelgründung oder Teamgründung – braucht schließlich starke Unternehmerpersönlichkeiten. Themen wie die Selbstmotivation oder das Treffen der richtigen Entscheidungen helfen beim fokussierten Vorbereiten und Starten. Ein klarer Weg durch den Gründungsdschungel, eine optimale Vorbereitung und eine kräftige Portion Dynamik – das ist Ihr Erfolgsrezept auf dem Weg zum eigenen Unternehmen. Nützliche Downloads zu diesem Buch finden Sie außerdem unter www.beck-shop.de/*1010.

Mein herzlicher Dank für die Entstehung dieses Werkes geht an meine beste Freundin Elsa und an Florian für die tatkräftige Unterstützung in vielerlei Hinsicht. Dem Verlag und insbesondere Herrn Kilian danke ich für die gute Zusammenarbeit und das Vertrauen in meine Arbeit. Zu guter Letzt gilt mein Dank auch Herrn Frank Weigelt (www.pbwg.de) für die Hilfe bei Fragen rund um rechtliche Themen. Informationen über mich und meine Arbeit finden Sie auf meiner Webseite www.amaveo.de.

Inhalt

1

Grundlegendes zur Existenzgründung

I. Der Weg in die Selbstständigkeit

Wer an eine Existenzgründung denkt, hat typischerweise ein komplett neues Unternehmen vor Augen. Doch nicht immer muss man das Rad wirklich neu erfinden oder gleich voll einsteigen. In vielen Fällen kann es sinnvoll sein, andere Wege zu gehen oder verschiedene Varianten zu kombinieren.

Wer etwa einen gastronomischen Betrieb gründen will, kann auch einen solchen kaufen und dann nach eigenen Vorstellungen weiter entwickeln. So profitieren etwa manche Gründer/innen von einem vorhandenen Konzept, das in Eigenregie weiter entwickelt werden kann. Welche Möglichkeiten es gibt und welche wichtigen Überlegungen zur richtigen Herangehensweise Sie im Vorfeld einer Gründung anstellen sollten, lesen Sie im Folgenden:

1. Der langsame Einstieg: Gründung als Nebenjob

Eine Existenzgründung kann auch „nebenher" erfolgen. Wer nicht gleich von Anfang an voll einsteigen will oder kann, sollte diese Variante in Erwägung ziehen. Wie viel Zeit Sie in Ihr entstehendes Unternehmen zu Beginn investieren wollen, bleibt schließlich Ihnen überlassen und genau das eröffnet viele Spielräume.

Wer in einer Festanstellung ist, gerät durch einen selbstständigen Nebenjob unter Umständen in die Situation, die gesamte Sozialversicherung (Krankenkasse, Rentenversicherung, Pflegeversicherung) aus eigener Tasche zahlen zu müssen. Das ist immer der Fall, wenn die Selbstständigkeit mehr als die Hälfte der gesamten Arbeitszeit in Anspruch nimmt oder wenn die Selbstständigkeit mehr als 50 % des gesamten Einkommens ausmacht. Informieren Sie sich im Einzelfall bei Ihrer Krankenkasse über die aktuell gültigen Regelungen.

Volle Konzentration ist besser!

Ideal erscheint eine solche Gründung immer dann, wenn Sie eine Festanstellung haben und das Sicherheitsgefühl eines solchen Arbeitsverhältnisses nicht gleich aufgeben wollen. Doch ganz so einfach gestaltet es sich oft nicht: Die Existenzgründung nebenbei bietet zwar viel Flexibilität, birgt aber die Gefahr, eigentlich nie so richtig in die Gänge zu kommen. Wer nur ein paar Stunden pro Woche erübrigen kann, wird sich meist vor Schwierigkeiten sehen und manchmal verläuft eine solche Gründung dann einfach im Sande. Dem stehen aber auch viele erfolgreiche Beispiele gegenüber. Um eine Selbstständigkeit „nebenher" erfolgreich zu meistern, brauchen Sie deshalb jede Menge Selbstdisziplin und auch die Fähigkeit, sich selbst zu motivieren.

2. Franchising

Das bekannteste aller Franchise-Systeme ist wohl McDonalds. An diesem Beispiel wird auch schnell klar, wie das Franchising funktioniert. Der Franchise-Geber bietet ein unternehmerisches Gesamtkonzept, das dann vom Gründer in einem bestimmten Gebiet umgesetzt wird – selbstständig. Wer etwa ein McDonalds-Restaurant oder ein anderes Konzept als Franchise-Nehmer in Angriff nimmt, profitiert von der großen Bekanntheit der Marke, von einer umfassenden Einarbeitung, von Hilfestellungen beim Einkauf oder bei der Finanzierung und schafft damit meist den schnelleren und oft auch erfolgreicheren Sprung auf den Markt. Im Gegenzug werden Zahlungen gegenüber dem Franchise-Geber fällig. Typischerweise sind das Einmalgebühren zu Beginn und regelmäßige Zahlungen im weiteren Verlauf.

Franchise-Systeme finden sich aber nicht nur in der Gastronomie: In allen erdenklichen Branchen hat das Erfolgsrezept „Franchising" Einzug gehalten – vom Einzelhandel über Dienstleistungen wie etwa die Unternehmensberatung, das Handwerk und viele andere Bereiche erstrecken sich die Franchise-Systeme. Dabei sind einige Systeme recht starr und erlauben eher wenige Spielräume, andere dagegen sind offener und bieten mehr Handlungsfreiheiten bei der eigenen Gründung.

Der Vorteil einer Gründung als Franchise-Nehmer erschließt sich schnell: Es handelt sich um ein erprobtes Geschäftskonzept und Franchise-Geber bieten in der Regel umfangreiche Hilfestellungen, um zu starten. Trotz alledem sind Sie aber dennoch selbstständig und führen Ihr Unternehmen vor Ort alleine. Das bedeutet auch, die Verantwortung zu übernehmen und etwa Personalentscheidungen selbstständig zu treffen oder die Finanzierung zu tragen. Allerdings: Ein ganz neues Konzept können Sie aus einem Franchise-System nicht realisieren. Darüber hinaus ist nicht alles Gold, was glänzt.

Am Ende zählt der Ertrag　　　　　　　　　　　　**i**
Manche Franchise-Systeme sind einträglicher als andere – genaues Hinschauen ist deshalb sehr wichtig.

Eine große Auswahl unterschiedlichster Systeme sowie grundlegende Informationen über das Franchising finden Sie beim Deutschen Franchise-Verband e.V. (www.franchiseverband.com). Im Verband sind jedoch nicht alle Franchise-Geber organisiert, so dass für Sie unter Umständen auch ein anderes System in Frage kommt.

3. Kauf eines Unternehmens

Jeden Tag gibt es Unternehmer, die aus unterschiedlichsten Gründen zu dem Schluss kommen, dass sie ihr bestehendes Unternehmen gerne verkaufen wollen. Dabei ist sogar von einem „Nachwuchsmangel" die Rede und gut laufende Betriebe müssen etwa wegen der Pensionierung des Eigentümers geschlossen werden. Wer eine Gründung plant und einen möglichst schnellen Weg in die finanzielle Unabhängigkeit sucht, sollte den Kauf eines Unternehmens in Erwägung ziehen.

Für den Erwerb eines bestehenden Unternehmens müssen Sie in der Regel mit einer höheren Finanzierung rechnen als beim Aufbau eines neuen Unternehmens. Immerhin kaufen Sie nicht nur bloße Ausrüstungsgegenstände, sondern vor allem Dinge wie den Bekanntheitsgrad einer Marke, die bestehenden Kunden oder das Know-How. An vorhandenem Eigenkapital geht aufgrund der höheren Finanzierungen in der Regel dann kein Weg vorbei.

Wie für alle Gründungsformen gilt auch hier: Informieren Sie sich im Vorfeld gut, nicht nur über die Gründung, sondern vor allem über das zu kaufende Unternehmen. Dazu gehört etwa das genaue Betrachten der Ergebnisse des zu kaufenden Unternehmens – und zwar für die letzten drei Jahre. Die Katze im Sack zu kaufen; das ist hochgradig riskant und auf keinen Fall ratsam. Wenn ein Unternehmen aber gut läuft und Sie das Konzept weitestgehend weiterführen wollen, kann der Unternehmenskauf eine rosige Zukunft mit sich bringen.

4. Neugründung

Zu guter Letzt kommt nun der Klassiker aller Existenzgründungen: Eine komplette Neugründung in Vollzeit und mit eigener Geschäftsidee. Der Vorteil liegt auf der Hand: Eigene Ideen realisieren; das ist spannend und bietet die Möglichkeit, sich voll auszutoben. Genau hier liegt aber auch das Risiko: Ein Geschäftskonzept kann schief gehen – aus unterschiedlichsten Gründen.

Im Prinzip handelt es sich also bei dieser Form der Gründung um das riskanteste und schwierigste Vorhaben – aber auch um das spannendste. Wer eine klare Vorstellung hat, wie das zukünftige eigene Unternehmen aussehen soll und wenn sich dieses Konzept stark von bestehenden Betrieben und von Franchising-Konzepten unterscheidet, sollte auf jeden Fall eine Neugründung wählen. Eine verhältnismäßig lange Zeitspanne, um sich etablieren, muss dabei aber einkalkuliert werden.

II. Existenzgründung – Ihr Fahrplan

1. Schritt für Schritt in die Selbstständigkeit

Wo fange ich denn nun eigentlich an? Das ist eine der häufigsten Fragen derjenigen, die noch ganz am Anfang der Gründung stehen. Nur allzu kompliziert erscheinen im ersten Augenblick die anstehenden Aufgaben. Manchmal erweckt eine Gründung aber auch den Eindruck, recht einfach zu sein. Schnell schleichen sich dann aber Fehler in der Vorbereitung ein, die zu einem viel späterem Zeitpunkt fatale Folgen haben können. Um solche Fehler zu vermeiden, ist es sinnvoll, sich der Sache schrittweise zu nähern, um auf diese Art nichts Wichtiges zu vergessen.

Der folgende Fahrplan gibt die Richtung vor. Klar wird daraus: Der Grundstein für eine erfolgreiche Gründung liegt nicht nur im Meistern bürokratischer Hürden. Vielmehr muss vor allem auch das Geschäftskonzept Hand und Fuß haben. Wie hoch die Wellen der

Bürokratie dann letzten Endes wirklich schlagen; darüber lesen Sie in diesem Buch ohnehin noch mehr.

Jede Stufe des oben vorgestellten Gründungsfahrplanes wird auch noch in weitere Schritte und Themen unterteilt. Je größer und komplexer ein Gründungsvorhaben ist, desto wichtiger ist eine solche Unterteilung. Ansonsten geht der Überblick schnell verloren und Sie drehen sich unter Umständen im Kreis. Im weiteren Verlauf dieses Buches erfahren Sie, wie Sie dem Fahrplan im Detail folgen können und damit möglichst ohne Umwege zur Gründung kommen.

Gründungsfahrplan im Überblick

Erfolgschancen steigern

Die Zeitangaben im Diagramm zeigen Durchschnitte, die allerdings je nach anvisierter Gründung und in Abhängigkeit von Ihrer zeitlichen Verfügbarkeit auch anders ausfallen können. Dennoch lässt sich leicht erkennen, dass eine Gründung in drei Wochen meist nicht zu machen ist. Nehmen Sie sich also ausreichend Zeit – das erhöht die späteren Erfolgschancen erheblich.

2. So planen Sie richtig

Im Einzelfall sind Abweichungen vom vorgestellten Gründungsfahrplan nötig oder sinnvoll. Nicht jede Gründung funktioniert auf dem gleichen Weg und manch einer muss erst Genehmigungen einholen oder andere Schritte einplanen. Oft ergeben sich auch durch äußere Umstände Änderungen, die Ihre Zeitplanung durcheinander wirbeln. Wenn Ihr Ansprechpartner bei der Bank für zwei Wochen in Urlaub ist, bleibt der Kreditantrag nun einmal liegen und die ganze Sache kann sich verzögern. Für Ihre Planung sollten Sie deshalb ein paar Tipps beherzigen, die Ihnen den Weg zur erfolgreichen Gründung erleichtern.

- Erstellen Sie Ihre Zeitplanung erst, wenn Sie sich über die anstehenden Schritte in Grundzügen informiert haben. Sie laufen ansonsten Gefahr, den Aufwand für die Vorbereitung gründlich zu unterschätzen.

- Einige Unternehmen unterliegen starken saisonalen Schwankungen. Das ist etwa bei Gründungen im Einzelhandel oder in der Gastronomie der Fall. Wenn Ihre Gründung ebenfalls davon betroffen ist, lassen Sie sich auf keinen Fall dazu hinreißen, zu einem Zeitpunkt zu gründen, der generell „umsatzschwach" ist – es sei denn, Sie können es sich finanziell erlauben, in einer schwachen Zeit zu starten. Ein schickes Restaurant oder ein Ladengeschäft in den Sommerferien eröffnen; das bedeutet Mietkosten, Personalkosten und anderes – jedoch kaum Kunden. Viele Gründer schaffen damit von Anfang an eine brenzlige Situation und kommen auch langfristig nicht aus dem Schuldenberg heraus, der sich in den ersten Monaten angehäuft hat. Wenn Ihre Planung zeigt, dass Sie in eine umsatzschwache Zeit geraten, ist eine Verschiebung des Gründungstermines auf einen saisonal starken Zeitpunkt sinnvoll.

- Besuchen Sie Gründerseminare, lesen Sie Bücher und sprechen Sie etwa im Rahmen von Netzwerktreffen mit anderen Unternehmern. Auch Gründungsberatungen können helfen, die anstehenden Schritte richtig einzuschätzen. Kurzum: Holen Sie sich jede denkbare Information, die Ihnen Einblicke in den zu erwartenden Ablauf bietet.

- Machen Sie Ihre Zeitplanung sichtbar. Am besten geschieht das auf Papier. Sie können dafür aber auch ganz unterschiedliche Softwareprodukte verwenden. Welche Software sich eignet, hängt stark von der Größenordnung des Vorhabens ab. Kleine Vorhaben, an denen meist nur eine Person arbeitet, lassen sich einfach mit Stift und Papier aufzeichnen. Komplexere Vorhaben mit mehreren Teammitgliedern können Sie über unterschiedliche Tools koordinieren – etwa mit Google Docs, A-Plan, ProjectPier oder TeamLab und anderen. Sinnvoll ist der Einsatz eines webbasierten Tools, in dem jedes Teammitglied den Stand der Dinge verfolgen und bearbeiten kann.

■ Visualisieren Sie Ihre Fortschritte – ob mit einem großen grünen Haken oder auf anderem Weg. Wenn einer oder mehrere Teile des Gründungsfahrplanes erledigt wurden, sollten Sie das sichtbar machen. Das ist vorteilhaft für Sie selbst und auch für andere; etwa im Rahmen einer Teamgründung. Ansonsten entsteht schnell ein Gefühl von Frustration oder der Eindruck, nicht voran zu kommen.

■ So viel Sie auch planen mögen: Nichts ist so sicher wie die Veränderung. Ihr Gründungsfahrplan muss möglicherweise im Laufe der Gründungsvorbereitungen verändert und angepasst werden. Betrachten Sie diese Tatsache nicht als Übel, sondern als Lernprozess, der Ihnen den späteren Weg in die Selbstständigkeit erleichtert.

Gerade für größere Teams oder komplexere Gründungen kann es außerdem sinnvoll sein, den Gründungsablauf auf einem Blatt im Format A1 oder größer zu visualisieren. Ein aufgemalter Zeitstrahl und Klebezettel, auf denen die anstehenden Aufgaben notiert und an die Teammitglieder verteilt werden – am besten in unterschiedlichen Farben, kann sinnvoll sein. Sie werden dann sofort sehen, ob es zeitliche Engpässe gibt oder ob ein Teammitglied vollständig überlastet wird, während ein anderes Mitglied des Gründerteams praktisch tatenlos da steht. Die nützlichen Klebezettel lassen dann auch schnelle Änderungen und Anpassungen zu.

Bevor es aber an die konkrete Arbeit mit dem Gründungsfahrplan geht, sollten noch einige grundlegende Fragestellungen geklärt werden – etwa die Frage nach der Vereinbarkeit einer Gründung mit Ihrem Leben oder die Frage nach dem gewünschten Einkommen.

III. Wie viel Geld muss sein?

Reicht am Ende des Tages das verdiente Geld aus einer Selbstständigkeit, um den Lebensunterhalt zu bestreiten? Diese Frage muss im Zuge der Gründung unbedingt geklärt werden. Ihre Einkünfte aus der Selbstständigkeit werden im Businessplan berechnet. Wie viel Sie aber brauchen, um überhaupt nach Ihren Vorstellungen leben zu können – das gehört nicht in den Businessplan. Um schon im Vorfeld eine Vorstellung davon zu bekommen, ist die Berechnung Ihrer privaten Kosten beziehungsweise des Lebensunterhaltes notwendig.

Die folgende Tabelle hilft Ihnen, entsprechende Notizen zu machen und zu sehen, wie viel Sie brauchen. Die Zahlen in der Tabelle stellen ein Beispiel dar, das verdeutlicht, wie schnell man bei einer Miete von 800 Euro und eher mittleren Ansprüchen an das Leben letztlich auf einen verhältnismäßig großen Monatsbetrag kommt. Dieser erhöht sich gegenüber einer Festanstellung vor allem durch die Tatsache, dass die Sozialversicherungen (Krankenversicherung, Pflegeversicherung, Rentenversicherung oder Arbeitslosenversicherung) bei einer Selbstständigkeit komplett aus der eigenen Tasche bezahlt werden müssen. Mehr dazu lesen Sie gleich im nächsten Gliederungspunkt.

Kosten/Position	Ausgaben pro Monat	Ausgaben pro Jahr
Wohnen	monatlich	jährlich
Miete und Mietnebenkosten	800	9.600
Strom	50	600
Telefon / Internet	40	480
Gas	0	0
Wasser	30	360
Renovierung und Reparaturen	50	600
Neuanschaffungen Haushaltsgeräte	50	600
Andere Neuanschaffungen in der Wohnung	50	600
SUMME WOHNEN	**1.070**	**12.840**
Auto/Motorrad/anderes	monatlich	jährlich
Leasingrate oder Rücklage für Neuanschaffung	300	3.600
Benzin	240	2.880
Versicherung	500	6.000
Steuer	200	2.400
Reparaturen	100	1.200
Sonstiges	100	1.200
SUMME FAHRZEUGE	**1.440**	**17.280**

Kosten/Position	Ausgaben pro Monat	Ausgaben pro Jahr
Private Versicherungen	monatlich	jährlich
Krankenversicherung	400	4.800
Rentenversicherung	400	4.800
Pflegeversicherung	30	360
Haftpflichtversicherung	5	60
Hausratversicherung	5	60
Arbeitslosenversicherung	60	720
Andere Versicherungen	50	600
SUMME VERSICHERUNGEN	**950**	**11.400**
Anderer privater Bedarf	monatlich	jährlich
Essen und Trinken	400	4.800
Kosmetik und Körperpflege	100	1.200
Reisen	200	2.400
Kleidung und Schuhe	150	1.800
Telefon (Festnetz)	30	360
Telefon (Mobil)	30	360
Internet	0	
Andere Anschaffungen bzw. Kosten	150	1.800
Sonstiges	50	600
SUMME ANDERER PRIVATER BEDARF	**1110**	**12960**
GESAMTBETRAG LEBENSHALTUNG	**4570**	**54480**

IV. Sozialversicherung und Selbstständigkeit

Welche der üblichen sozialen Versicherungen Sie nun selbst in Angriff nehmen müssen und was dabei auf Sie zukommt, findet sich in der folgenden Tabelle im Überblick. Informieren Sie sich trotz dieser Tabelle über die aktuellen Regelungen, die jederzeit Änderungen unterliegen können. Darüber hinaus gibt es Sonderfälle, die möglicherweise etwa dazu führen, dass Sie in der gesetzlichen Rentenversicherung bleiben müssen.

Versicherung	Die wichtigsten Regelungen
Krankenversicherung und Pflegeversicherung	Die Kranken- und Pflegeversicherung in Deutschland ist ein „Muss". Ob Sie sich in einer gesetzlichen oder privaten Kasse versichern, bleibt allerdings Ihnen überlassen. Wer erst einmal in einer privaten Krankenversicherung ist, kann nicht einfach in die gesetzliche Versicherung zurück wechseln. Das wäre nur möglich, wenn Sie arbeitslos werden oder eine erneute Festanstellung annehmen – und auch hierbei gibt es Grenzen, die Sie bei den Krankenkassen erfragen können.
	Die Beitragssätze für die gesetzliche Kranken- und Pflegeversicherung sind bei allen Kassen gleich. Derzeit sind das mindestens 14,9 % des Einkommens (Gewinn) für die Krankenversicherung und 2,05 % des Einkommens (Gewinn) für die Pflegeversicherung.
	Wer als Selbstständiger sehr wenig verdient, darf nicht damit rechnen, dass nun auch die Beiträge besonders gering ausfallen. Die gesetzliche Krankenversicherung sieht eine Mindesteinnahmegrenze vor und legt diese bei der Berechnung der Beiträge mindestens zugrunde.
	Wer einen Gründungszuschuss oder das Einstiegsgeld erhält, muss mit einer Mindesteinnahmegrenze von derzeit 1.312,50 Euro rechnen. Der Gründungszuschuss selbst wird dabei ebenfalls als sozialversicherungspflichtiges Einkommen betrachtet. Wer keinen Gründungszuschuss oder das Einstiegsgeld erhält, sieht sich mit einer Mindesteinnahmegrenze von derzeit 1.968,75 Euro konfrontiert. Mit anderen Worten: Liegt Ihr monatlicher Gewinn bei 1.500 Euro im Monat, müssen Sie trotzdem 14,9 % auf 1.968,75 Euro zahlen (293,34 Euro). Liegt Ihr Gewinn über dieser Grenze, dann wird der tatsächliche Gewinn zugrunde gelegt.
	Im Gegensatz zur Festanstellung ist bei der Krankenversicherung als Selbstständiger kein Krankentagegeld beinhaltet. Sie können dies jedoch bei Ihrer Krankenkasse mit versichern. Fragen Sie bei Ihrer Krankenkasse nach.

Versicherung	Die wichtigsten Regelungen
Rentenversicherung	Die gesetzliche Rentenversicherung ist für die meisten Selbstständigen keine verpflichtende Sache. Nichtsdestotrotz gibt es aber Selbstständigkeiten, die dennoch die Verpflichtung zur Versicherung in der gesetzlichen Rentenversicherung mit sich bringen. Das sind etwa Lehrer, Erzieher, Trainer, Krankenpfleger und ähnliche Berufe, Hebammen und Seelotsen, Küstenschiffer und Küstenfischer und Selbstständige mit nur einem Auftraggeber (sogenannte Scheinselbstständige). Auch selbstständige Handwerker mit einem zulassungspflichtigen Handwerk gehören zum Kreis der Pflichtversicherten in der gesetzlichen Rentenversicherung, sofern die handwerkliche Tätigkeit tatsächlich ausgeübt wird.

Darüber hinaus sind Künstler und Publizisten nach dem Künstlersozialversicherungsgesetz abgesichert. Zu den Künstlern zählen alle Personen, die Musik, darstellende oder bildende Kunst schaffen, ausüben oder lehren – also auch Designer. Zu den Publizisten gehören unter anderem Schriftsteller, Publizisten und Journalisten. Für detaillierte Informationen wenden Sie sich an die für Sie zuständige Künstlersozialkasse.

Alle bisher genannten Selbstständigen sind verpflichtet, sich innerhalb von drei Monaten nach Aufnahme der selbständigen Tätigkeit bei Ihrem Rentenversicherungsträger zu melden.

Jedem anderen Selbstständigen bleibt derzeit selbst überlassen, ob er Mitglied der gesetzlichen Rentenversicherung werden will. Empfehlenswert ist für eine Entscheidungsfindung der Besuch von Informationsveranstaltungen, die von der Deutschen Rentenversicherung in allen größeren Städten regelmäßig durchgeführt werden.

Die Rentenversicherung für Selbstständige ist in der politischen Diskussion. Geplant ist eine Pflichtversicherung, deren Ausgestaltung aber noch unklar ist. Informieren Sie sich gegebenenfalls über den aktuellen Stand der Dinge. |

Versicherung	Die wichtigsten Regelungen
Arbeitslosen-versicherung	Selbstständige können freiwillig in die gesetzliche Arbeitslosenversicherung einzahlen und sich dadurch absichern. Der Antrag wird bei der örtlichen Arbeitsagentur gestellt und das muss innerhalb der ersten vier Wochen nach Gründung erfolgen.
	Derzeit sind solche Personen ausgeschlossen, die vorher das Arbeitslosengeld II bezogen haben. Weiterhin müssen Sie innerhalb der letzten 24 Monate mindestens 12 Monate Beiträge aus einer Festanstellung in der Arbeitslosenversicherung nachweisen können.
	Die Höhe der Beiträge liegt derzeit bei rund 80 Euro (alte Bundesländer) oder 68 Euro (alte Bundesländer). Die Höhe des Arbeitslosengeldes – im Fall der Fälle – hängt dann von der Ausbildung ab. Während ein arbeitslos gewordener Akademiker mit etwa 1.200 bis 1.400 Euro rechnen kann, müssen sich arbeitslos gewordene Selbstständige mit einem anderen Abschluss mit etwa 600 bis 800 Euro pro Monat zufrieden geben.
	Erkundigen Sie sich rechtzeitig – also vor Beginn der selbständigen Tätigkeit über Formulare, Erfordernisse und Regelungen, die sich jederzeit ändern können.

1. Was wollen Sie erreichen?

So manche Gründung bleibt schon in der Vorbereitungsphase auf der Strecke – aus verschiedensten Gründen. Dabei können sich die Betroffenen eher glücklich schätzen, wenn Sie rechtzeitig bemerkt haben, dass die Sache mit der Gründung doch nicht so ganz das Richtige ist. Nur allzu viele GründerInnen stellen erst nach einiger Zeit der Selbstständigkeit fest, dass das Privatleben auf der Strecke bleibt und alles viel länger dauert, als angenommen. Manchmal reichen aber auch die Einkünfte nicht für das Leben, das man sich eigentlich vorgestellt hat.

Die Gründe für solche schwerwiegenden Probleme sind vielfältig. Um Ihnen eine solche Situation zu ersparen, ist es wichtig, vor der Gründung genauer hin zu schauen: Wie sieht Ihr Leben aus? Welche Ziele haben Sie in Ihrem Leben? Lässt sich eine Gründung mit diesen Zielen vereinbaren? Solche Fragen sind wichtig, denn die Arbeit ist schließlich ein Bestandteil unseres Lebens und Ressourcen – vor allem Ihre Zeit – müssen mit Bedacht verteilt werden.

Die nun folgende Abbildung ermöglicht Ihnen eine Auseinandersetzung mit diesen grundlegenden Fragestellungen. Beantworten Sie einfach die Fragen in der Reihenfolge Eins bis Vier. Schreiben Sie Alles auf, was Ihnen in den Sinn kommt. Am besten verwenden Sie dafür ein großes Blatt, so dass alle Überlegungen, Gedanken und Impulse zum jeweiligen Thema dort Platz finden. Sie können auch nach Herzenslust Symbole einfügen (etwa einen Blitz für etwas Kritisches) oder mit Farben arbeiten.

Bei den Fragen drei und vier sollten Sie auf keinen Fall eine Bewertung vornehmen. Wenn Sie von einem Haus am Meer mit Garten und zwei Hunden träumen, ist das vollkommen in Ordnung. Wenn Ihr erklärtes Ziel darin besteht, einen Porsche und ein schickes Motorrad zu fahren, ist das ebenfalls gut. Vielleicht ist Ihnen aber auch nach einer großen Familie mit mehreren Kindern? Was auch immer Freunde, Familie oder die Nachbarn denken: Es geht um Ihre Zukunft und je klarer Ihr Bild dieser Zukunft ist, desto einfacher werden Sie sich mit der Planung und Umsetzung Ihrer Selbstständigkeit tun.

Persönliche Lebensplanung wichtig   **i**

Wenn Sie im Team gründen wollen, sollte jedes Mitglied des Gründungsteams diese Fragen beantworten – für sich alleine. Erst im zweiten Schritt ist es an der Zeit, gemeinsam über Ihre Erkenntnisse zu sprechen. Wer alleine an der Beantwortung der Fragen arbeitet, sollte sich ruhig einige Tage Zeit nehmen, die Ergebnisse zu reflektieren.

Die folgenden Fragen sollten Sie sich nach der Bearbeitung der Fragen stellen:

- Bleibt genügend Zeit für Ihr Leben und Ihre Interessen?

- Lassen sich Ihre persönlichen Ziele mit der Selbstständigkeit vereinbaren?

- Gibt es Träume oder Ziele im Leben, die Ihnen möglicherweise im Weg stehen?

- Gibt es Träume, die gar nicht so abwegig sind und um die es sich zu kämpfen lohnt?

- Gibt es irgendwelche Ungereimtheiten oder offene Fragen?

Solange es Stellen und Themen gibt, an denen es „knirscht" werden Sie mit einer Selbstständigkeit in der von Ihnen bisher geplanten Form voraussichtlich nicht glücklich. Überdenken Sie gegebenenfalls Ihre Gründungspläne und gehen Sie kreativ mit Ihren Erkenntnissen um. Möglicherweise finden sich Wege, um vorhandene Widersprüche aufzulösen – vielleicht aber auch nicht. Bei der Suche nach dem richtigen Weg kann außerdem ein Coaching helfen, über das Sie im letzten Abschnitt dieses Buches noch mehr erfahren werden.

Wie gestalten Sie Ihr Leben derzeit?
(Auflistung aller Aktivitäten und des zeitlichen Aufwandes pro Woche)

Welche Teile Ihrer Lebensgestaltung wollen Sie beibehalten?
(Auflistung aller Aktivitäten und des zeitlichen Aufwandes pro Woche)

Welche Träume haben Sie?
(Gibt es etwas, das Sie eigentlich schon immer tun wollten, auch wenn es nur ein verrückter Traum ist?)

Welche Ziele haben Sie?
(Mit welchen Aktivitäten und auf welche Art wollen Sie Ihr Leben gestalten? Wie viel Zeit haben Sie dafür? Lässt sich Ihr Lebensanspruch realisieren?)

Die Ziellandschaft

Geschäftsideen entwickeln & bewerten

Der Gründungsfahrplan beginnt mit dem Entwickeln und Bewerten von Geschäftsideen. Welche Methoden es gibt, ganz gezielt auf Ideensuche zu gehen, das wird im Folgenden beschrieben. Auch die Bewertung Ihrer Ideen wird in diesem Abschnitt ein wichtiges Thema. So können Sie gegebenenfalls unter mehreren Ideen auswählen und festlegen, welche für Sie am besten ist.

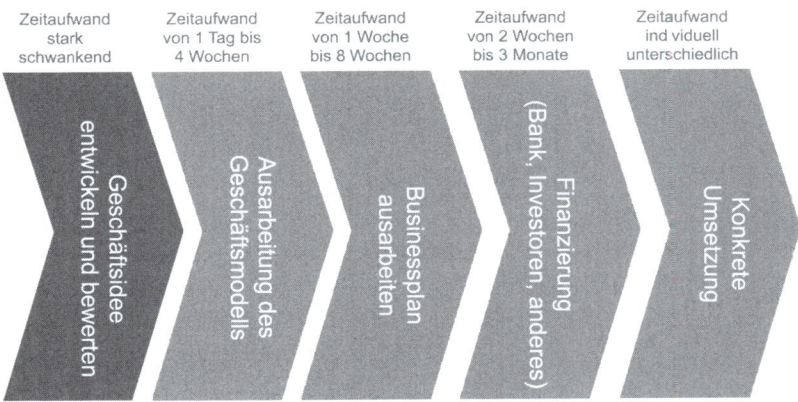

- Geschäftsidee entwickeln mit Hilfe von Kreativitätstechniken
- Geschäftsidee bewerten mit Scoring-System (Punktevergabe)

Gründungsfahrplan: Geschäftsideen entwickeln und bewerten

Zeitgleich können Sie auch schon damit beginnen, erste allgemeine Informationen über eine Existenzgründung zu sammeln. Um die Details und Formalitäten können Sie sich im zweiten Schritt kümmern. Viel wichtiger ist dagegen die Überlegung, ob Ihre Idee überhaupt die nötige Akzeptanz bei potentiellen Kunden finden kann, ob Sie die nötigen Kernkompetenzen für die Umsetzung mitbringen und ob Ihre Idee möglichst einzigartig ist.

Sie haben schon eine Idee und wollen gleich zur Prüfung der Geschäftsidee weiter gehen? Nehmen Sie sich einen Moment Zeit, den Abschnitt „Geschäftsideen entwickeln" dennoch zu überprüfen. Meist stellen sich beim Ideencheck Schwachstellen heraus, die kreative Lösungen erfordern. Auch dabei helfen Ihnen die Techniken, die sich für die Ideenentwicklung anbieten. Die Bewertung und Entwicklung von Geschäftsideen ist eben fast immer eine Schleife, bei der Sie mit der Entwicklung beginnen; dann zur Bewertung gehen und zumeist dann wieder bei der Entwicklung landen – so lange bis die Idee perfekt ist.

I. Geschäftsideen entwickeln

Womöglich sind Sie noch auf der Suche nach der zündenden Idee oder Sie haben eine, die Sie ausbauen wollen. Wenn das der Fall ist, erhalten Sie nun Anregungen für die gezielte Suche nach Ideen. Die Entwicklung oder Erweiterung einer Geschäftsidee ist ein kreativer Prozess, der von Kreativitätstechniken geprägt ist. Um wirklich kreativ zu arbeiten, sollten Sie zunächst ein paar Grundregeln kennenlernen.

1. Spielregeln für die kreative Arbeit

- Trennen Sie zwischen der Entwicklung von Ideen und deren Bewertung! Kritik und Killerphrasen sind während der Ideenentwicklung nicht zugelassen.

- Lassen Sie in der Fantasiephase Ihren Ideen freien Lauf, ohne Berücksichtigung eventueller Sachzwänge, Zuständigkeiten, Kosten usw. Auch die Machbarkeit in der späteren Umsetzung stellt kein Kriterium für die kreative Phase dar.

- Streben Sie eine hohe Quantität von Ideen an, um die Auswahlmöglichkeiten und Trefferwahrscheinlichkeiten zu erhöhen. Die Qualität der Ideen spielt zunächst keine Rolle – ganz im Gegenteil;

je fantastischer die Ideen sind, desto eher sind gute Ergebnisse zu erwarten.

- Falls Sie in der Gruppe arbeiten: Es ist erlaubt und erwünscht, Ideen von anderen Teilnehmern aufzugreifen, weiterzuentwickeln, abzuwandeln oder zu kombinieren. Werfen Sie mitgebrachte Rollen, Hierarchien, Zuständigkeiten und Eigeninteressen über Bord. Man darf und soll sich den Kopf der Anderen zerbrechen.

Im nächsten Schritt erfahren Sie, welche der gängigsten Kreativitätstechniken sich anbieten.

a) Die wichtigsten Kreativitätstechniken im Überblick

Welche der im folgenden umrissenen Techniken Ihnen liegt, kann ganz unterschiedlich ausfallen. Erproben Sie einfach unterschiedliche Möglichkeiten und finden Sie so heraus, auf welche Art und Weise Sie am besten vorankommen. Beispiele oder weiterführende Informationen finden sich dann auch in zahlreichen Büchern oder einfach im Internet. Alle Techniken sind sowohl für Gruppen als auch für Einzelpersonen geeignet. Die Techniken können außerdem sowohl für die Neuentwicklung einer Idee als auch für den Ausbau einer vorhandenen Geschäftsidee eingesetzt werden.

Brainstorming

Das Brainstorming ist wohl eine der bekanntesten Kreativitätstechniken. Sie wurde in den 50er Jahren vom Werbefachmann Alexander Osborn entwickelt und erfreut sich nach wie vor großer Beliebtheit. Das Brainstorming eignet sich sehr gut für Gruppenprozesse und Lösungen eines klar definierten Problems. Auch für Einzelpersonen ist es hervorragend geeignet. Es ist ungünstig für umfangreiche oder komplexe Problemstellungen und sehr schüchterne Teilnehmer.

Benennen Sie die Frage, für die Sie eine Lösung haben möchten. Nehmen Sie sich (alleine oder in einer Gruppe) 15 bis 20 Minuten Zeit und notieren Sie, ausgehend von einem Begriff, Ihre Gedanken ohne bestimmte Reihenfolge oder eine Bewertung vorzunehmen. Haben Sie einen Begriff gefunden, schreiben Sie den nächsten auf usw. Schreiben Sie alles auf, ohne es zu bewerten und zu kritisieren. Wird das Brainstorming in einer Gruppe durchgeführt, sollte eine Person aus der Gruppe die Moderation übernehmen und die Begriffe aufschreiben.

Osborn-Checkliste oder Osborn-Methode

Alexander Osborn, der Entwickler von Brainstorming, hat noch mehr geleistet. Die Osborn-Checkliste ist besonders geeignet, wenn bereits Ideen vorliegen, z.B. als Nachbearbeitung einer Kreativsitzung. Sie ist weniger geeignet, wenn Sie am Anfang eines Projektes stehen bzw. noch kein Ideenansatz vorliegt. Die Durchführung ist denkbar einfach – benennen Sie die Idee und versuchen Sie sie unter folgenden Gesichtspunkten zu analysieren:

- Wofür kann ich es noch verwenden? Kann ich es anders einsetzen?
- Weist das Problem auf andere Ideen hin? Ist es etwas anderem ähnlich?
- Was lässt sich ändern? Welche Eigenschaften lassen sich umgestalten?
- Lässt sich etwas vergrößern, hinzufügen, vervielfältigen?
- Lässt sich etwas verkleinern, wegnehmen, verkürzen?
- Was kann ersetzt werden? Welche Bedingungen können geändert werden?
- Kann die Reihenfolge oder Struktur geändert werden?
- Kann die Idee ins Gegenteil gekehrt werden? Kann der Ablauf umgekehrt werden?
- Können Ideen transformiert werden? Kann es zusammengeballt, ausgedehnt, verhärtet, verflüssigt, etc. werden?
- Können Ideen kombiniert oder Personen verbunden werden?

Fremd- und Eigenbeobachtung

Gute Ideen sind in der Regel die Lösung für ein vorhandenes Problem. Beobachten Sie sich selbst und andere Menschen im Alltag oder bei der Arbeit. Stellen Sie fest, dass es Dinge gibt, die umständlich sind? Oder finden sich Produkte, die einfach nicht gut genug sind? Wird der Geschmack bestimmter Kundengruppen nicht bedient und beschweren sich Menschen, dass sie etwas gesucht, aber nicht gefunden haben?

Beobachtung von Verwendungszwecken

Die Beobachtung der Verwendungszwecke von Produkten ist ganz besonders lohnenswert. Sehen Sie sich in Ihrem Alltagsleben einmal um, wie viele und welche Dinge Sie und Andere zu anderen Zwecken einsetzen, als für die Zwecke, für die die Dinge eigentlich gemacht sind.

Kennen Sie noch die Werbung für die Küchenrolle namens Bounty? Der Hersteller dieser Küchenrolle hat durch Beobachtung von Kunden festgestellt, dass die handelsüblichen Küchenrollen mehrheitlich als „Einmal-Putztuch" verwendet werden. Die Konsequenz daraus war die Entwicklung eines Küchentuchs, das genau für diesen Zweck besonders gut geeignet ist.

Es gibt eine große Fülle solcher Zweckentfremdungen. Schauen Sie genau hin, um solche Entfremdungen zu entdecken und gegebenenfalls eine Geschäftsidee daraus zu entwickeln.

Suche nach Produkt- und Geschäftsideen im Ausland

Viele Produkt- und Geschäftsideen können sozusagen „importiert" werden. Ein gutes Beispiel stellen die üblichen gastronomischen Betriebe dar, die Speisen, Getränke und Flair aus aller Welt auf unseren Speise- und Erlebnisplan bringen. Alleine in diesem Geschäftszweig würden sich bei Betrachtung einer Weltkarte sehr viele Regionen finden lassen, die derzeit nicht oder nur in sehr geringem Maße im Angebot sind – es muss ja nicht immer das Chinarestaurant sein.

Chancen bei der Veränderung von staatlichen und/oder gesetzlichen Rahmenbedingungen

Beobachten Sie politische Entwicklungen! Alle Bereiche, in denen der Staat „mitmischt" und plant seine Beteiligung aufzugeben, führen zur Entstehung neuer Märkte. Die Reduktion im Bereich Sozialwesen und im Gesundheitswesen etwa hat zu starken Veränderungen auf den freien Märkten geführt. Halten Sie also im Blick, welche staatlichen Beteiligungen und Leistungen zukünftig reduziert oder vielleicht sogar ganz aufgegeben werden sollen – hier bieten sich viele Chancen für innovative Produktideen und neue Geschäftsfelder. Zur Ergänzung können Sie (wie vorher schon erwähnt) einen Vergleich mit Ländern heranziehen, in denen die jeweilige Situation bereits üblich ist – die gefundenen Produkte können Sie dann auf

Übertragbarkeit in hiesige Märkte prüfen. Auch Gesetzesänderungen in anderen Bereichen können zur Veränderung von Märkten führen.

Morphologischer Kasten

Die morphologische Methode ist eine systematische Strukturanalyse mit dem Ziel, neue Kombinationen zu finden. Die bekannteste morphologische Technik ist der von dem Schweizer Physiker F. Zwicky (1898 – 1974) entwickelte morphologische Kasten.

Das nachfolgende Beispiel für den morphologischen Kasten zeigt die Varianten von Informationstechnologie im PKW-Bereich. Die Parameter zeigen die Bereiche der Gestaltungsmöglichkeiten an (Oberbegriffe), die Lösungsmöglichkeiten zeigen konkrete Ansätze, wie die Bereiche ausgestaltet werden könnten. Die Ausgestaltung der Bereiche – also die Lösungsmöglichkeiten – könnten Sie mit allen anderen vorgestellten Kreativitätstechniken erarbeiten. Der Kasten liefert einen guten Überblick über die Summe der Möglichkeiten und Sie können dann anfangen, passende Kombinationen auszuwählen. Im unten gezeigten Beispiel wurde beispielhaft entschieden, dass die fett markierten Lösungen gut zum Fahrzeugtyp passen:

Parameter	Lösungsmöglichkeiten			
Kommuni-kation	Sprache	Tasten	Maus	Display
Sicherheit	Notrufsystem	Selbstdiag-nosesystem	Bremsweg-berechnung	Geschwin-digkeitsbe-grenzungg
Komfort	**Temperatur-und Belüf-tungsrege-lung**	**Parkleit-system**	Navigator	Reiseführer
Ökonomie	Kraftstoffver brauchsbe-rechnung	etc.	etc.	etc.
Job	**Internetzu-gang**	Telefon	Terminpla-ner	Lernpro-gramme
Spaß	Fernsehen für Beifahrer	Veranstal-tungshin-weise	Menügesteu-ertes Radio-programm	etc.
Design	**sachlich und kühl**	freundlich und warm	jung und lebendig	kindlich/ verspielt

Parameter	Lösungsmöglichkeiten			
Vielfalt	**schlicht und wichtig**	aufwendig und technisch anspruchsvoll	beliebig zusammenstellbar	Grundpaket mit Erweiterungsoptionen

Der morphologische Kasten eignet sich auch bestens für eine Kundenbefragung. Lassen Sie Ihre Kunden einfach ankreuzen, welche Komponenten sie gerne hätten und schon zeichnet sich ein Stimmungsbild ab.

Mindmapping

Diese Methode wurde in den 70er Jahren von dem Engländer Tony Buzan entwickelt. Beim Mindmapping werden Ideen zunächst ungeordnet und unbewertet visualisiert. Einfälle werden so in die Mindmap geschrieben oder gemalt, wie sie im Kopf auftauchen. Ein Ordnungsprozess setzt erst an späterer Stelle ein. Um ein Thema herum entwickeln sich baumartige Strukturen in Bildern und Begriffen.

Bei einer Mindmap beginnt man mit der Zentralidee in der Mitte des Blattes. Es wird empfohlen, das Papier im Querformat zu verwenden. Ausgehend von der Zentralidee assoziiert der Anwender weitere Teilbereiche, die mit dieser Idee zusammenhängen. Die wichtigsten Einfälle werden auf Linien geschrieben, die mit der Zentralidee verbunden sind (sog. Hauptäste). Die Hauptäste können nochmals in Unterverzweigungen (sog. Nebenäste oder Zweige) gegliedert werden. Diese Unterteilungen können auf weiteren Ebenen fortgesetzt werden. Dabei sind auch zufällige Richtungsänderungen zugelassen.

Für die Erstellung von Mindmaps am Computer stehen übrigens zahlreiche kostenlose Programme zur Verfügung wie etwa FreeMind. Im folgenden sehen Sie eine Mindmap zum Thema „Produktideen aus dem Ausland". Sie sehen deutlich, wie die relevanten Kriterien hier einsortiert und strukturiert werden können.

Mindmapping

Zur Entwicklung von Produkt- und Geschäftsideen können Sie, neben den genannten Techniken, auch noch tiefer in die Trickkiste greifen. Komplexere Aufgabenstellungen – etwa aus dem wissenschaftlichen Bereich – lassen sich gut mit der Bionik in Angriff nehmen. Bei der Bionik macht man sich die Erkenntnisse und das Wissen über Biologie – d.h. die Zusammenhänge und Eigenschaften lebender Dinge und Systeme – zunutze. So entstand etwa der bekannte Klettverschluss nach dem Vorbild der gleichnamigen Pflanze.

Eine Zufallssuche ist mit Hilfe der Reizwortanalyse möglich. Dabei fungieren so genannte Reizworte – also zufällig ausgewählte Begriffe – als Impulsgeber. Im Rahmen der Reizwortanalyse wird ein Brainstorming rund um ein solches Reizwort durchgeführt. Erst im zweiten Schritt wird dann betrachtet, ob sich eine Verbindung zur ursprünglichen Aufgabenstellung finden lässt.

Auch gute Ideen brauchen Zeit

Sollten Sie nun noch nicht fündig geworden sein, können Sie sich auch noch einmal anderweitig über Kreativitätstechniken informieren. Ganz grundsätzlich aber gilt, dass die Entwicklung einer guten Geschäftsidee vor allem Zeit braucht. Räumen Sie sich die erforderliche Zeit ein; es gibt dafür keinen fest vorgegebenen Rahmen und kein Patentrezept. Wenn sich abzeichnen sollte, dass Sie unter Zeitdruck geraten, sollten Sie nach Lösungen suchen, um diesen Zeitdruck zu mindern – notfalls kann das sogar eine Festanstellung für einen begrenzten Zeitraum sein. Lassen Sie sich nicht entmutigen. Die richtige Idee wird kommen, man kann sie aber nicht erzwingen.

II. Geschäftsideen bewerten

Für die erste Auswahl der Idee(n) bzw. Bewertung muss diese noch nicht weiter spezifiziert werden; eine grobe Formulierung reicht aus. Für die Bewertung einer Idee verwenden wir Checklisten, mit deren Hilfe Sie Ihre Idee Schritt für Schritt abklopfen können.

Die Ideenbewertung prüft neben anderen Faktoren vorwiegend die wirtschaftlichen Rahmenbedingungen. Ob die Idee zu Ihnen und zu Ihren Lebenszielen passt, sollten Sie ebenfalls klären. Anregungen dazu finden Sie weiter vorne in diesem Buch.

Um eine Prüfung durchführen zu können, werden hier zunächst einige wirtschaftliche Grundbegriffe geklärt. Diese Grundbegriffe dienen als wichtiges Rüstzeug, um die Checklisten zur Bewertung Ihrer Idee(n) zu verstehen und durchzuarbeiten. Ganz nebenbei sollten Sie als zukünftige/r Unternehmer/in die folgenden Begriffe ohnehin kennen und verstehen.

1. Der Produktlebenszyklus

Das unten stehende Diagramm zeigt den Lebenszyklus eines Produktes. Dieser Lebenszyklus gilt für Produkte jeder Natur (Güter und Dienstleistungen). Er kann sich über unterschiedlich lange Zeit entwickeln. Zusammenfassend sagt er aus, dass es eine Anlaufphase mit geringer Umsatzsteigerung gibt, danach eine Wachstumsphase mit großer Umsatzsteigerung folgt und der Umsatz bei Erreichen der Marktsättigung dann stark wieder abnimmt.

Die Moral aus der Geschichte: Sie müssen rechtzeitig mit neuen Ideen oder Produkten aufwarten, um den absinkenden Umsatz der „alten" Idee aufzufangen! Vergegenwärtigen Sie sich bei der Ideeneinschätzung auch, ob Ihr Produkt bzw. Ihre Produktidee eher einen zeitlich lang gestreckten Verlauf haben wird oder ob Sie mit einem kurzen Verlauf rechnen müssen. Kurze Verläufe sind insbesondere in den High-Tech-Bereichen wie z.B. Software, Hardware, Mobilfunk etc. zu erwarten. Lang gestreckte Verläufe gibt es dagegen im Bereich Immobilien oder auch im Bereich der Investitionsgüter – etwa bei

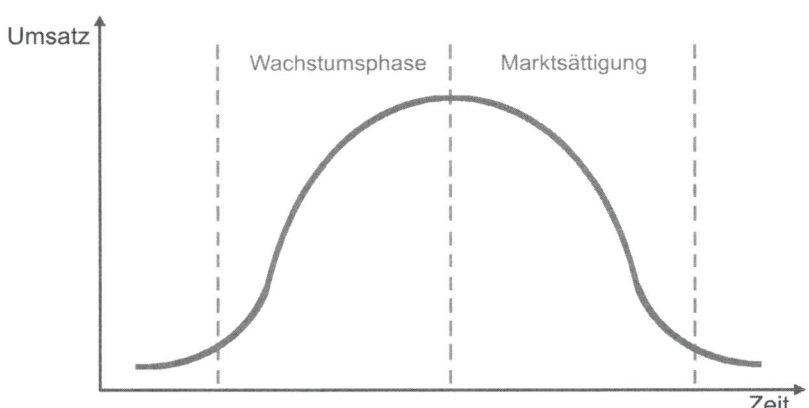

Der Produktlebenszyklus

Anlagen, die an produzierende Unternehmen verkauft werden und dort lange Zeit in Betrieb sind.

Der Produktlebenszyklus gibt einen weiteren wichtigen Hinweis: Wenn Sie mit Ihrer Produkt- oder Geschäftsidee in einen Markt gehen, der schon seit einiger Zeit in der Wachstumsphase ist, so müssen Sie damit rechnen, dass dieser Markt bald die Sättigungsgrenze erreicht und der Umsatz wieder zurück geht.

Flexibel bleiben!

Es ist also vorteilhaft, mit Ihrer Idee einen Markt zu erobern, der noch nicht existiert oder der gerade in der Anlaufphase ist. Ideen für die spätere Entwicklung Ihrer Dienstleistung, Ihres Produktes oder des Sortiments sind ebenfalls von großer Bedeutung. Ein paar erste Ideen sollten Sie schon zum Zeitpunkt der Gründung haben, um auf Trendänderungen schnell reagieren zu können.

2. Kosten-, Umsatz-, und Gewinnbegriff

Neben dem Produktlebenszyklus ist noch die Frage nach dem Geld von großer Bedeutung. Der Umsatz ergibt sich aus verkaufter Menge multipliziert mit dem Verkaufspreis. Bei den Kosten unterscheidet man fixe und variable Kosten. Der Gewinn ergibt sich aus der Subtraktion der Gesamtkosten vom Umsatz – die Gesamtkosten ergeben sich aus Fixkosten plus variable Kosten.

Fixe Kosten	Variable Kosten
Fixe Kosten bezeichnen solche Kosten, die sich nicht in Abhängigkeit der produzierten oder verkauften Menge der Produkte entwickeln. Dazu gehören beispielsweise Mietkosten, Kosten für Anlagen, Werkzeuge etc. Wenn Sie beispielsweise einen Raum anmieten, verändern sich die Mietkosten auf mittlere Frist nicht – unabhängig davon ob Sie 10 oder 100 Stück der Produkte verkaufen. Damit sind fixe Kosten eine Art „Grundrauschen", zu dem noch die variablen Kosten hinzukommen.	Diese Kosten verändern sich mit der Produktmenge. Typische variable Kosten entstehen für Material, das sie für Ihre Produkte verwenden. Produzieren Sie Holzmöbel, so entstehen für jedes hergestellte Stück Materialkosten – die Kosten steigen entsprechend, wenn Sie 10 Stück produzieren. Im Einzelhandel finden sich variable Kosten beim Einkaufspreis, den Sie für Ihre Handelsware bezahlen. Die variablen Kosten werden gemeinsam mit den fixen Kosten zu den Gesamtkosten gezählt.

Möglicherweise finden Sie ein paar einfache Formeln übersichtlicher? Mit diesen grundlegenden Formeln lassen sich die bedeutendsten Begriffe aus der Finanzwelt umschreiben:

$$\text{Umsatz} = \text{Menge} \times \text{Verkaufspreis}$$

$$\text{Gesamtkosten} = \text{Fixkosten} + \text{Variable Kosten}$$

$$\text{Gewinn} = \text{Umsatz} - \text{Gesamtkosten}$$

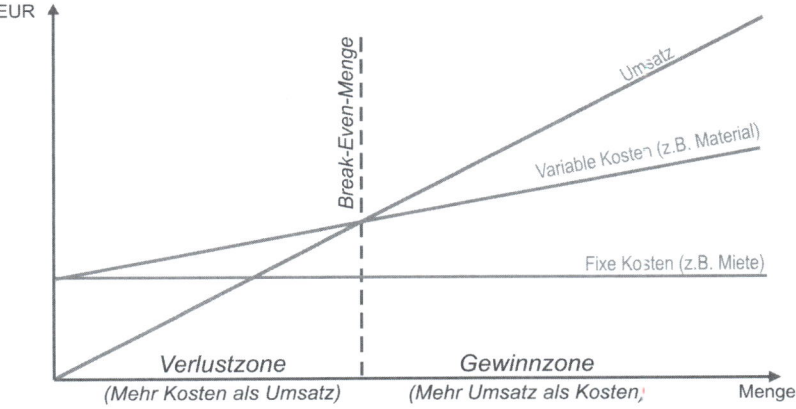

Eintritt in die Gewinnzone: Break-Even-Menge

Betrachten Sie das Bild oben und machen Sie sich klar, dass es eine Schnittmenge von Kosten und Umsatz gibt – diese Schnittmenge markiert den Punkt, ab dem Sie in die Gewinnzone kommen. Der Schnittpunkt wird als Break-Even-Punkt oder Break-Even-Menge bezeichnet.

Klar ist: Je schneller die Gewinnzone erreicht wird, desto vorteilhafter ist dies – ganz besonders dann, wenn Sie als Kleinunternehmer wenig Kapital haben, um eine langwierige Anlaufphase mit Verlusten abzufangen. Im Zuge vieler Gründungen zeigen sich immer ähnliche Gründe, die zu einer unnötig langen Zeit bis zum Erreichen der Break-Even-Menge führen. Wer sich damit schon im Vorfeld beschäftigt, ist klar im Vorteil und kann diese riskante Situation vermeiden:

- Sie können die Break-Even-Menge oft schneller erreichen, indem Sie die fixen Kosten so gering wie möglich halten. Wer hohe Investitionen tätigen muss, sollte prüfen, ob Anlagen (z.B. Computer, Werkzeuge, Maschinen und ähnliches) gemietet oder geleast werden können.

- Auch ein schneller Start in die Selbstständigkeit mit frühen Umsätzen, die möglichst schnell wachsen, sorgen für das frühzeitige Erreichen der Break-Even-Menge. Aus diesem Grund sind bei Ihrer Planung insbesondere die Startinvestitionen in Ihr Marketing von großer Bedeutung. Wer den Markteintritt nicht plant, zögert das Erreichen der Break-Even-Menge hinaus und gefährdet damit das ganze Vorhaben schon in der Startphase.

- Viele Umsatzschätzungen sind schlichtweg zu optimistisch. Wie sich Ihr Umsatz entwickelt, hängt von unterschiedlichen Faktoren ab: Wie gut Sie sich in Ihrer Branche auskennen und ob Sie auf ein vorhandenes Netzwerk zurückgreifen können, ob Sie wissen, wo und wie man am besten Werbung betreibt, wie gut Ihr Marketingkonzept ist und vieles mehr. Lassen Sie sich gegebenenfalls bei der Planung Ihrer Gründung helfen, um möglichst schnell voran zu kommen. So können Sie fatale Fehleinschätzungen zu Beginn vermeiden.

- Der Gründungszeitpunkt kann erheblichen Einfluss auf das Erreichen der Break-Even-Menge nehmen. Wer etwa ein Restaurant zu Beginn der Sommerferienzeit eröffnet, muss damit rechnen, dass erst ab Oktober wirklich viel los ist. Das kann schmerzhaft ausarten und zu einer langfristigen finanziellen Belastung werden. Wesentlich vorteilhafter ist eine Gründung zur Hochsaison.

Eine wichtige Überlegung während des Gründungsprozesses ist ganz grundsätzlich das frühe „Geld verdienen". Sie können eventuell bereits mit einem Vorläufer des späteren Produkts oder einer Dienstleistung starten, um möglichst schnell Geld in die Kasse zu bekommen. Gegebenenfalls können Sie Ihr Vorhaben auch reduzieren und mit einer verschlankten Variante starten. So lassen sich hohe Investitionen zu Beginn vermeiden und ein Ausbau Schritt für Schritt wird möglich. Mehr dazu lesen Sie im Abschnitt „Der schlanke Start in die Selbstständigkeit".

a) Kostenschätzungen richtig vornehmen

Für überschlägige Berechnungen sieht die Formel *Umsatz = Menge × Verkaufspreis* zwar auf den ersten Blick recht einfach aus, hat es aber dennoch in sich. Wie viele Einheiten eines bestimmten Produktes oder einer Dienstleistung letztlich verkauft werden können und welcher Preis dafür angemessen ist – das ist eine ganz andere Frage. Um die Formel also mit Leben zu füllen, müssen Sie sich zunächst mit ein paar ersten Zahlen beschäftigen. Da es vorerst nur um eine sehr grobe Einschätzung geht, können Sie Ihre Berechnungen oder Überlegungen vorerst sehr einfach halten. Im weiteren Verlauf dieses Buches werden Sie vor allem zur Preisgestaltung noch mehr erfahren.

Für Ihre Schätzungen sollten Sie folgende Grundsätze beherzigen:

- Rechnen Sie bei den Kosten lieber mit „mehr" anstatt mit „weniger". Setzen Sie immer eine Position „Sonstiges" – für all die Dinge, die Sie in Ihrer Planung nicht berücksichtigen konnten. Nichts ist so sicher wie die Tatsache, dass letztlich Ausgaben auf Sie zukommen werden, die nicht geplant waren. Vor allem bei den kleinen Dingen wie etwa dem Geschirr für ein Restaurant, wird der anstehende Aufwand oft stark unterschätzt.

- Unterscheiden Sie bei der Schätzung Ihrer Kosten zwischen anfänglichen Ausgaben, die notwendig sind, um Ihre Gründungsidee auf die Füße zu bringen und laufenden Kosten, die regelmäßig anfallen.

- Verwenden Sie für variable Kosten wie etwa den Wareneinkauf möglichst einfache Kennzahlen. So beträgt der Wareneinsatz im Einzelhandel möglicherweise 50 % des Umsatzes, der erzielt wird. Welche Kennzahlen für Sie in Frage kommen, können Sie bei Gründungsberatungen, bei Recherchen im Internet, bei Informationen von Banken, bei Branchenexperten, bei Fachverbänden oder bei Kammern herausfinden.

- Positionen wie die Miete, Strom, die Kosten für eine Webseite und vieles andere können Sie in der Regel mit schnellen Recherchen im Internet herausfinden. Welcher Quadratmeterpreis bei einer Ladenmiete üblich ist, erschließt sich so recht schnell. Um etwa die Kosten für die Einrichtung einer Webseite in Erfahrung zu bringen, müssen Sie unter Umständen bereits im Vorfeld das eine oder andere Angebot einholen. Für einen ersten Überschlag ist es nicht wichtig, dass die Zahlen genau sind. Die Größenordnung sollte jedoch bekannt sein, um eine Entscheidungsgrundlage zu erhalten.

- Überprüfen Sie Ihre Berechnungen auch mit Hilfe eines Experten, denn oft zeigen sich Fehler oder Lücken, die zu einer folgenreichen Fehleinschätzung führen können.

Welche Positionen im Rahmen vieler Gründungen auftauchen, sehen Sie in der folgenden Tabelle. Diese Übersicht hilft, nichts Wichtiges zu vergessen. Sie ist aber dennoch kein Allheilmitttel, denn welche Kosten auf Sie zukommen, hängt stark von der anvisierten Gründung ab.

Lassen Sie sich für Ihre ersten Schätzungen lieber ein paar Tage mehr Zeit, denn möglicherweise fallen Ihnen nach und nach weitere Dinge ein, die angeschafft werden müssen. Gerade kleinere Positionen wie das Geschirr für ein Restaurant oder die Lampen im Büro werden dabei oft stark unterschätzt.

Typische Positionen für Anfangsinvestitionen	Typische Positionen für laufende Kosten
■ PC, Drucker, Scanner, Fax ■ Büroeinrichtung/en ■ Werkzeuge und/oder Maschinen ■ Fahrzeuge ■ Gastronomieeinrichtung ■ Kücheneinrichtung ■ Ladeneinrichtung ■ Lagereinrichtung ■ Werkstatteinrichtung ■ Beleuchtungen ■ Dekorationsmaterial, Teppiche, Tapeten und ähnliches ■ Baukosten (Umbau oder Renovierung) ■ Marketingkosten (Erstellung eines Logos, Erstellung Webseite, Erstellung Flyer, Druckkosten, Eröffnungsveranstaltung, anderes) ■ Mietkautionen und Provisionen ■ Wareneinkauf ■ Materialeinkauf ■ Sonstige Kosten	■ Wareneinkauf ■ Materialeinkauf ■ Miete, Strom, Wasser, Gas ■ Andere Mietkosten (etwa für die Miete von Maschinen) ■ Leasingkosten ■ Provisionen (z.B. für Vertriebspartner) ■ Marketing (z.B. Pflege der Webseite, Flyer für Sonderaktionen, Teilnahme an Messen, anderes) ■ Fahrt- und Reisekosten ■ Telefon und Internet ■ Büromaterial ■ Beiträge, betriebliche Versicherungen ■ Beratungskosten (Anwalt, Steuerberater, andere Beratungen) ■ Personalkosten ■ Private Entnahmen (Betrag zur Finanzierung des Lebensunterhaltes) ■ Steuern (für eine erste Schätzung vernachlässigbar)

b) Umsatzschätzungen richtig vornehmen

Auch für die Schätzung Ihrer Umsätze gelten ein paar grundlegende Regeln, die Sie beachten sollten:

■ Berechnen Sie die Umsatzschätzungen vorsichtig und setzen Sie Ihre Umsätze lieber niedrig an.

■ Wenn Sie mehrere Produkte oder Dienstleistungen anbieten, sollten Sie diese bei der Umsatzschätzung in Gruppen zusammenfassen. So kann ein Trainer etwa von einem durchschnittlichen Stundensatz ausgehen und ein Einzelhändler oder ein Gastronom von einem durchschnittlichen Umsatz pro Kunde.

■ Für Ihre Umsatzplanung können Sie unterschiedliche Überlegungen einbeziehen: Wie viel gibt der Markt her? Wie viel ist innerhalb der Kapazitätsgrenzen wie Arbeitszeit oder Sitzplätze überhaupt möglich? Wie viel wird gebraucht, um im Plus zu bleiben? Informationen zur Einschätzung der Marktlage finden Sie im Übrigen weiter hinten in diesem Buch.

Doch wie gestaltet sich nun eine solche Kalkulation und Betrachtung? Am deutlichsten wird dies an einem konkreten Beispiel:

Sie könnten in Ihrer Planung einfach die so genannte Kapazitätsgrenze (in diesem Fall: Ihre Arbeitszeit) zugrunde legen. Nehmen wir an, Sie arbeiten für einen bestimmten Tagessatz, der in Ihrem Umfeld bei 500 Euro im Schnitt liegt. Sie können auf keinen Fall mehr als 360 Tage im Jahr arbeiten. Realistischer ist aber, dass Sie – ähnlich wie ein Arbeitnehmer – an 220 Tagen im Jahr arbeiten können. Sie müssen allerdings damit rechnen, dass es nicht möglich ist, an allen 220 Tagen tatsächlich im Einsatz zu sein.

Selbst nach drei bis vier Jahren – wenn Sie vollständig etabliert sind – rechnen wir im Beispiel mit „Leerlaufzeiten" von etwa 40 %. Diese Zeit nutzt unser Mustergründer für die Akquise, für Büroarbeiten, Buchhaltungsarbeiten und ähnliches. Solche Leerlaufzeiten werden auch als „nicht wertschöpfend" bezeichnet, während die Zeit, in der Sie Geld verdienen als „wertschöpfend" bezeichnet wird.

Sie können in Ihren Berechnungen außerdem auch noch einen Risikoabschlag vornehmen – für Rechnungen, die Ihnen nicht bezahlt werden oder Leerlaufzeiten, in denen es Ihnen einfach nicht gelingt, einen Auftrag an Land zu ziehen. Die Planung bezieht sich zunächst auf den Zeitpunkt, zu dem Sie die volle Auslastung erreicht haben. Das ist im Bereich der Dienstleistungen oft das dritte oder vierte Geschäftsjahr. Die Berechnung des Umsatzes für das dritte oder vierte Geschäftsjahr ist nun ganz einfach:

220 mögliche Arbeitstage × 60 % = 132 Tage

132 Tage x 500 Euro = 66.000 Euro möglicher Umsatz im dritten/ vierten Jahr

Risikoabschlag: 66.000 – 10.000 = 56.000 Euro Umsatz im dritten/ vierten Jahr

Doch was ist nun mit den anderen Jahren? Es gibt bei Gründungen eine goldene Regel. Diese Regel lautet, dass es drei bis fünf Jahre dauert, sich vollständig zu etablieren. Das gilt nicht immer, aber doch sehr häufig. Wie sich die Zeit vorher entwickeln wird, kann sehr unterschiedlich ausfallen. Ein paar Beispiele machen deutlich, wie nun geschätzt wird:

Beispiel 1

Die Gründung wird von jemandem durchgeführt, der noch nicht lange im geplanten Umfeld arbeitet. Sie oder er hat nur wenige Kontakte oder Erfahrungen und fängt fast bei Null an. Die Konsequenz: Die Anlaufphase wird schwach ausfallen und wir können annehmen, dass die vorher geplanten 56.000 Euro erst im vierten Jahr erreicht werden.

1. Jahr (25 % von 56.000) = 14.000 Euro

2. Jahr (50 % von 56.000) = 28.000 Euro

3. Jahr (75 % von 56.000) = 42.000 Euro

4. Jahr (100 % von 56.000) = 56.000 Euro

Beispiel 2

Die Gründung wird von einem alten Hasen ausgeführt. Sie oder er kennt viele Leute in der Branche und kann auf zahlreiche Erfahrungen und Kontakte zurückgreifen. Die Umsatzentwicklung wird schneller gehen und die geplanten 56.000 Euro sind auf jeden Fall im dritten Jahr erreichbar. Im vierten Jahr ist dann noch eine leichte Steigerung möglich.

1. Jahr (50 % von 56.000) = 28.000 Euro

2. Jahr (75 % von 56.000) = 42.000 Euro

3. Jahr (100 % von 56.000) = 56.000 Euro

4. Jahr (110 % von 56.000) = 61.600 Euro

Wie Ihre Gründung genau verlaufen wird, hängt also von unterschiedlichsten Faktoren ab. So ist etwa im Einzelhandel oder in der Gastronomie ein guter Standort wichtig, um die Umsätze schnell nach oben zu treiben. Aber auch der richtige Zeitpunkt der Gründung kann ausschlaggebend sein.

Vorhandene Kontakte und ein starkes Netzwerk spielen außerdem für die meisten Gründungen im Bereich der Dienstleistungen eine erhebliche Rolle. Welche Faktoren für Ihre Sache von Bedeutung sind, muss im Einzelfall abgewogen werden. Auch hierbei gilt: Sprechen Sie gegebenenfalls mit einem Experten, der viel Erfahrung aus anderen Gründungen mitbringt.

Setzen Sie Ihre Umsätze vorsichtig an. Die meisten Gründer/innen unterschätzen etwa den Aufwand für Akquise, Buchhaltung, Büroarbeiten und andere Tätigkeiten, die nicht viel zum Geld verdienen beitragen. Selbst langjährige Profis können nur einen Teil ihrer Arbeitszeit für wertschöpfende Tätigkeiten verwenden. Oft ist das tatsächlich nur die Hälfte der verfügbaren Zeit oder sogar noch weniger.

Sinnvoll ist deshalb auch die Aufstellung einer Schätzung für diese nicht wertschöpfenden Zeiten. Um eine solche Schätzung vorzunehmen, können Sie die folgende Tabelle verwenden. Tragen Sie ein, wie viel Zeit voraussichtlich für Urlaub, mögliche Krankheitstage und andere Dinge verwendet wird. Bedenken Sie: Mit einer all zu sportlichen Schätzung tun Sie sich keinen Gefallen. Eine gute „Hausnummer" sind beispielsweise etwa 220 Arbeitstage, die ein durchschnittlicher Arbeitnehmer schafft. Mit anderen Worten: Mehr als ein Drittel der Lebenszeit kann nicht für die Arbeit verwendet werden, obwohl sich ein Arbeitnehmer nicht um Dinge wie die Buchhaltung oder die Akquise von Kunden kümmern muss.

Wenn Ihre Planung wesentlich mehr als 220 Arbeitstage umfasst, ist es an der Zeit über Ihre Angaben noch einmal in aller Ruhe nachzudenken. Prüfen Sie auch, ob Ihre geplanten Zeiten zu Ihrer Lebensplanung passen. Bleibt genug Zeit für Ihre Familie und Freunde? Können Sie Ihrem Hobby noch nachgehen? Was auch immer Ihnen wichtig ist: Es muss genügend Zeit dafür bleiben.

Wieviel Zeit bleibt?

Eine kleine Übung hilft, Ihre zeitliche Verfügbarkeit besser einschätzen zu können. Nehmen Sie sich die folgende Tabelle vor und notieren Sie, wie viel Zeit pro Jahr für Urlaub, Fahrzeiten, Kundenakquise und ähnliches verwendet wird. Sie werden dann schnell zu der Erkenntnis kommen, dass von 365 Tagen im Jahr meist nicht einmal die Hälfte tatsächlich für wertschöpfende Arbeiten zur Verfügung steht.

	Zeitaufwand	Zeitaufwand in Tagen pro Jahr
Wochenenden	104 Tage	104
Urlaub	25 Tage pro Jahr	25
Krankheitstage	5 Tage pro Jahr	5
Kundenakquise	1 Tag pro Woche	52
Allgemeine Büroarbeiten	0,25	13
Fahrzeiten	0	0

	Zeitaufwand	Zeitaufwand in Tagen pro Jahr
Buchhaltung, Rechnungsstellung, Mahnwesen	0,25	13
Problembehebung (Reparaturen für PC, Auto, etc.)	0,1 Tage pro Woche	5,2
Reisezeiten	0	0
...		
...		
...		
...		
SUMME		217,2
Maximale Verfügbarkeit		365
(Maximale Verfügbarkeit abzüglich Summe)		**147,8**

c) Marktbegriff

Im weiteren Verlauf werden Sie noch sehr oft den Begriff „Markt" lesen. Haben Sie sich schon einmal die Frage gestellt, was das eigentlich ist? Der Marktbegriff kann gut am Beispiel „Restaurant" erklärt werden. Denken Sie, dass es einen Markt für gastronomische Angebote gibt? Klare Sache – könnte man meinen: Essen ist ein wichtiges Thema, also muss es wohl einen Markt dafür geben. Diese Vermutung nehmen wir nun einmal etwas genauer ins Visier:

Stellen Sie sich vor, Sie befragen einen Gourmet mit hohem Anspruch, weshalb er ein bestimmtes Restaurant besucht. Danach stellen Sie die Fragen nach dem „Warum" einem eingefleischten Fast-Food-Freund. Die Antworten fallen voraussichtlich sehr unterschiedlich aus. Während unser Burger-Freund mit Sicherheit nicht ins erste Feinschmecker-Lokal der Stadt gehen würde, kann sich der Gourmet vielleicht nicht mit dem Imbiss an der Ecke anfreunden und kocht anstatt dessen lieber selbst. Selbst zu kochen, das ist für den Feinschmecker eine gute Alternative. Solche Alternativen nennt man Substitutionsgüter (Ersatzgüter).

Märkte sind über solche Substitutionsgüter definiert, nicht über den Gegenstand oder die Dienstleistung selbst. Aus dem Beispiel mit den beiden Auswärtsessern kann man schließen, dass je nach Zweck, den der Käufer verfolgt, ein anderer Markt besteht. Bei Ihren Überlegungen sollte es also eine Rolle spielen, welches Ziel potenzielle Käufer verfolgen und ob es andere Produkte gibt, mit denen die Käufer das gleiche Ziel erreichen können.

d) Den Markt abschätzen

Um eine Idee zu bewerten, ist auch ein Blick auf den Markt notwendig. Was unter dem Markt zu verstehen ist, wurde bereits beleuchtet. Doch wie finden sich nun erste Informationen?

Bevor Sie auf die Suche nach entsprechenden Daten gehen, sollten Sie sich vor Augen halten, dass zunächst nur eine grobe Abschätzung notwendig und sinnvoll ist. Detaildaten können Sie notieren oder anderweitig vermerken – verzetteln Sie sich aber nicht in Kleinigkeiten.

Um den Markt abzuschätzen, sind zwei Dinge wichtig: Die Wettbewerbssituation und die allgemeine Marktlage. Informationen rund um die Lage in Ihrer Branche finden sich am schnellsten bei Kammern, bei Berufsverbänden, bei Banken und bei unterschiedlichsten Branchenorganisationen. Einige der bedeutendsten Quellen, die sich auch einfach und schnell im Internet finden, sehen Sie in folgender Auflistung:

Abkürzung	Beschreibung
DEHOGA	*Deutscher Hotel- und Gaststättenverband e.V. DEHOGA* Fachverband der Hotellerie und Gastronomie mit vielen nützlichen Daten und Informationen über Trends in den genannten Branchen.
BITKOM	*Bundesverband Informationswirtschaft, Telekommunikation und neue Medien e.V.* Informationen zu Trends aus der Welt der elektronischen Medien, aus dem Bereich der Dienstleistungen in der Informationstechnologie und ähnliches.
AGOF	*AGOF – Arbeitsgemeinschaft Online Forschung e.V.* Studien über die Internetnutzung in Deutschland mit umfangreichen Daten.

Abkürzung	Beschreibung
HDE	*Handelsverband Deutschland – HDE e.V.* Der Dachverband aller Handelsorganisationen bietet ebenfalls Informationen über die Lage im Handel und verweist darüber hinaus auf zahlreiche Fachverbände für bestimmte Zweige innerhalb des Handels.
VR	*Branchenbriefe der Volks- und Raiffeisenbanken* Die nützlichen Branchenbriefe der Volks- und Raiffeisenbanken bieten Kennzahlen, Branchendaten und mehr aus 140 Branchen, die einfach online abzurufen sind.
ZDH	*Zentralverband Zentralverband des Deutschen Handwerks e. V. (ZDH)* Wer Informationen braucht, wie etwa derzeit das Baugewerbe oder das Friseurhandwerk und viele andere laufen, wird hier fündig.
GWA	*Gesamtverband Kommunikationsagenturen GWA e.V.* Hier wird die Kommunikationswirtschaft vertreten und die Marktlage wird gut dargestellt. Werbeagenturen, Texter, Grafiker und ähnliche Berufsbilder sind hier gut aufgehoben.
CES ifo	*ifo Institut – Leibniz-Institut für Wirtschaftsforschung an der Universität München e. V.* Der ifo-Index bietet wichtige Kennzahlen bezüglich der allgemeinen Marktlage – unabhängig von bestimmten Branchen.
DESTATIS	*Statistisches Bundesamt* Die Webseite des Statistischen Bundesamtes bietet Informationen zur allgemeinen Wirtschaftslage in Deutschland, aber auch in einzelnen Regionen. Alternativ können Sie auch bei den Statistischen Landesämtern ganz einfach online recherchieren und so etwa herausfinden, welche Regionen in Deutschland eine besonders hohe Kaufkraft aufweisen oder wie sich der Umsatz im Einzelhandel entwickelt hat.

Sobald ein paar erste Schlaglichter auf die Marktlage gefunden sind, ist es an der Zeit, über die Wettbewerbssituation nachzudenken. Erstellen Sie eine Liste mit Wettbewerbern und potentiellen Wettbewerbern. Halten Sie auf dieser Liste vor allem fest, welche Spezialisierungen oder Besonderheiten Ihre bestehenden und potentiellen

Wettbewerber anbieten. Im Abschnitt „Alleinstellungsmerkmal" wird auf die Erstellung einer Liste noch einmal im Detail eingegangen.

Am Ende sollten Sie vor allem eine Frage beantworten können: Wodurch unterscheidet sich Ihr Angebot von dem der Wettbewerber? Was Ihre Sache zu etwas Besonderem macht – darauf kommt es letztlich an. Wer keine solchen Besonderheiten vorzuweisen hat, wird in einer Wettbewerbssituation kaum bestehen können.

Auch wenn das selten ist: Falls es noch keine Wettbewerber geben sollte, ist es dennoch sinnvoll darüber nachzudenken, was Sie tun wollen, wenn dieser Fall eintritt. Nachahmer einer neuen Geschäftsidee sind meist recht schnell oder jemand anderes hat die gleiche Idee. Richten Sie sich auf jeden Fall darauf ein, dass Sie nicht alleine bleiben werden. Besonderheiten aufrecht erhalten und für eine deutliche Abgrenzung gegenüber Wettbewerbern zu sorgen, ist ein laufender Prozess, der nie beiseite gelegt werden kann.

e) Markteintrittsbarrieren

Der letzte wichtige Begriff soll nun vorgestellt werden: Markteintrittsbarrieren. Markteintrittsbarrieren sind Sachverhalte, die Wettbewerber davon abhalten, in Konkurrenz zu treten bzw. in den Markt einzutreten. Wenn Sie ein neuartiges Produkt entwickeln, ist es von großem Vorteil, solche Barrieren zu schaffen.

Eine typische Markteintrittsbarriere sind hohe Investitionskosten: In manchen Bereichen ist ein Markteintritt fast unmöglich, da die Kosten für die Investition sehr hoch sind. Ein beliebtes Beispiel hierfür ist das Angebot der Deutschen Bahn. Wollten Sie als Konkurrent auftreten, müssten Sie ein Schienen- und Infrastrukturnetz schaffen – das ist fast ein Ding der Unmöglichkeit. Auch notwendiges Know-How für eine Sache kann zur Markteintrittsbarriere werden, wenn sich Wettbewerber dieses Know-How nur schwer aneignen können.

Auch hohe Marktaustrittskosten sind eine klassische Barriere. In einigen Geschäftsfeldern entstehen horrende Kosten, wenn man aus einem Markt wieder austreten will. So muss beispielsweise in manchen Fällen ein hoher Aufwand für die Entsorgung von Gütern betrieben werden.

III. Der große Ideencheck

Sie sollten die folgenden Listen durchgehen, um festzustellen, ob es Kriterien gibt, welche die Umsetzung der Idee unmöglich machen würden oder um negative und/oder ungeklärte Aspekte aufzudecken. Die Listen nehmen verschiedene Aspekte (das Unternehmen, das Know-how, die Marktlage) umfangreich unter die Lupe und machen eine umfassende Einschätzung möglich.

Bedenken Sie bei der Checkliste, dass Sie einige Punkte wahrscheinlich nur sehr grob einschätzen können – detaillierte Daten zum Marktpotenzial oder zur Umsatzerwartung werden Ihnen vermutlich zu diesem Zeitpunkt noch nicht vorliegen. Einfachste Überschlagsrechnungen oder Einschätzungen sind zunächst ausreichend. Sie können Punkte, die sich nur schwer oder gar nicht schätzen lassen, einfach markieren und später noch weiter eingrenzen.

Ideen sind niemals fertig!

Die Bewertung einer Idee hat fast immer Rückwirkungen auf die Idee selbst. Sind Sie also nicht enttäuscht, wenn Sie beim Durchgehen der Checkliste feststellen, dass Sie Ihre Idee noch modifizieren müssen – das ist normal und letztlich der Sinn der Sache.

Trotz aller Vorsicht: Weder die Checklisten und deren Bewertung können Ihnen 100 %ige Sicherheit geben. Das Risiko eines Fehlschlages bleibt weiterhin bestehen. Mit Hilfe der Checklisten können Sie aber das Risiko minimieren. Der Ideencheck hilft außerdem, Fehler zu vermeiden oder Aspekte zu vergessen, die zum Misserfolg führen.

Wir fangen an mit den Kriterien, die sich durch die bestehende Marktlage oder einen zukünftigen Markt ergeben. In der Spalte „Gewichtung bzw. Bedeutung" tragen Sie ein, wie wichtig das Kriterium für Ihre Sache ist. Verwenden Sie dabei ein Punktesystem von 1 bis 10 – wobei die 10 für „Sehr wichtig" steht. In der Spalte „Beurteilung" können Sie Schulnoten vergeben oder ebenfalls ein Punktesystem von eins bis Zehn. So lässt sich schnell erkennen, ob ein Kriterium bedeutsam ist und ob Ihre Beurteilung für ein bedeutsames Kriterium gut oder schlecht ausfällt. Wenn wichtige Kriterien nicht oder nur in ganz geringem Maß erfüllt werden, ist das auf jeden Fall ein Grund, über Ihre Geschäftsidee noch einmal in Ruhe nachzudenken und eventuell Änderungen vorzunehmen oder die Idee – falls sich keine Lösung im Rahmen einer bestehenden Idee findet – ganz zu verwerfen.

Markt-kriterien	Erläuterungen	Gewich-tung bzw. Bedeutung	Beur-tei-lung
Gibt es wenige Substitutionsgüter?	Sie sollten sich die Frage stellen, mit welchen Gütern Ihr Produkt möglicherweise durch potentielle Kunden ersetzt werden kann – je weniger Ersatzmöglichkeiten bestehen, desto besser.		
Marktpotenzial	Das Marktpotenzial ist durch die Anzahl der möglichen Verkaufszahlen definiert. Wollen Sie beispielsweise Reisen in einem regional angesiedelten Reisebüro verkaufen, so müssen Sie die Frage beantworten, wie viele Menschen in der Umgebung wie viele und welche Reisen unternehmen.		
Marktdurchdringung	Das Marktpotenzial für unser fiktives Reisebüro mag groß sein; aber nicht jeder Reisende lässt sich damit erreichen. Wie viele oder wie wenige Kunden am Ende entstehen können – das ist die Marktdurchdringung. Wir nehmen an, dass Sie mit Hilfe von Statistiken ermittelt haben, dass etwa 50 % der Menschen in dem Einzugsgebiet des Reisebüros mindestens eine Reise pro Jahr machen und davon 90 % bereits ein Stammreisebüro haben oder andere Wege zur Buchung nutzen. Es verbleiben etwa 10 % der Bevölkerungszahl, die Sie mit Ihrem Reisebüro erreichen können. Da Sie von diesen 10 % ebenfalls		

Marktkriterien	Erläuterungen	Gewichtung bzw. Bedeutung	Beurteilung
	nicht jeden erreichen, verbleibt ein kleiner Prozentsatz von 1 %, den Sie ansetzen können. Sehr hohe Marktdurchdringungsraten sind eher selten. Wenn Sie keinen Anhaltspunkt haben, bleiben Sie vorsichtig und schätzen Sie mit 0,5 bis 2 % des Marktpotenziales.		
Marktanteil	In bereits existierenden Märkten teilen sich meist mehrere bis viele Unternehmen den Markt auf; den jeweiligen Anteil, den ein Unternehmen dabei bedient, nennt man Marktanteil. Vorteilhafterweise sollte die Steigerung des Marktanteils ein Unternehmensziel sein. Wenn Sie eine besonders einzigartige Idee haben, können Sie mit einem hohen Marktanteil rechnen. Ist Ihr Angebot im Vergleich zu Wettbewerbern dagegen wenig attraktiv, wird auch der Marktanteil gering ausfallen.		
Marktentwicklung	Denken Sie darüber nach, wie sich der Markt, auf dem Sie agieren möchten, vermutlich entwickeln wird. Am vorteilhaftesten sind Wachstumsmärkte. Wenn es sich nicht um einen Wachstumsmarkt handelt, ist das aber keinesfalls ein Beinbruch. Eine gute Geschäftsidee kann sogar in einem schrumpfenden Markt aussichtsreich sein.		
Lebensdauer des Produktes	Ist Ihr Produkt von kurzer Lebensdauer, so muss es evtl. schnell durch den Kunden ersetzt werden. Das steigert Ihren Umsatz, kann sich je nach Produkt aber negativ auf die Kundenzufriedenheit auswirken.		

Markt-kriterien	Erläuterungen	Gewich-tung bzw. Bedeutung	Beur-tei-lung
Welche Märkte kommen in Frage (regional, national, internatio-nal?)	Je mehr Märkte in Frage kommen, desto besser. Handelt es sich um regionale Märkte, lässt sich die Konkurrenzanalyse recht leicht betreiben und lokale Markt-nischen können genutzt werden – möglicherweise gibt es eine Produkt- oder Geschäftsidee, die anderswo lokal realisiert wurde und die Sie einfach übernehmen können? Sehen Sie Möglichkeiten, Ihre Idee in andere Regionen oder Nationen zu übertragen?		
Ist der Nut-zen meiner Idee für den Kunden hoch?	Ihre Geschäfts- oder Produktidee muss für potentielle Kunden einen Nutzen haben d.h. die Ziele, die der Kunde verfolgt, müssen mög-lichst gut erfüllt werden. Ist dies nicht der Fall, so sollten Sie Ihr Produkt noch einmal überarbei-ten. Der Abschnitt „Produktideen entwickeln" hilft Ihnen dabei.		
Welche Kun-den kommen in Frage?	Sie sollten sich an dieser Stelle kurz Gedanken machen, welche Kunden für Ihre Produkt- oder Geschäftsidee in Frage kommen. Sind es Männer oder Frauen, wie alt sind die potenziellen Kunden, zu welchen Einkommensgrup-pen gehören Ihre potentiellen Kunden? Aufgrund dieser Frage können Sie grob beurteilen, ob die in Frage kommenden Kunden-gruppen auch eine entsprechende Zahlungsbereitschaft mitbringen.		

Marktkriterien	Erläuterungen	Gewichtung bzw. Bedeutung	Beurteilung
Gibt es wenig Konkurrenten am Markt?	Eine ganz einfache Regel: Je weniger Konkurrenz desto besser! Generell gilt: Je neuartiger, einzigartiger und innovativer eine Produkt- oder Geschäftsidee ist, umso geringer ist die Konkurrenz. Auf Nachahmer müssen Sie sich aber in jedem Fall einstellen, sofern die Idee nicht durch ein Patent geschützt werden kann.		
Gibt es wenige Konkurrenten mit dem gleichen Image am Markt?	Eine Geschäfts- oder Produktidee muss nicht schlecht sein, bloß weil sie schon am Markt existiert. Möglicherweise stellen Sie bei einer Marktanalyse fest, dass sich all Ihre Konkurrenten auf das gleiche Zielpublikum stürzen, während andere Zielgruppen gar nicht bedient werden. Damit entsteht eine große Chance in den Lücken, die Konkurrenten nicht bearbeiten oder bedienen.		
Ist die Idee schwer kopierbar?	Je schwerer eine Idee zu kopieren ist, desto schwerer werden sich Konkurrenten mit dem Markteintritt tun – nutzen Sie jede Gelegenheit, um die Nachahmbarkeit Ihrer Idee zu reduzieren. Fügen Sie beispielsweise Kriterien oder Bestandteile hinzu, die durch Ihr spezielles Wissen getragen werden – dieses Wissen müssen Andere erst erlangen, um Ihnen dann Konkurrenz machen zu können. Für einige Produktentwicklungen kommt auch der Schutz durch Patente und andere Rechte in Frage. Prüfen Sie, ob das möglicherweise der Fall ist.		

Marktkriterien	Erläuterungen	Gewichtung bzw. Bedeutung	Beurteilung
Gibt es praktikable Wege, auf denen Sie Ihre Produkt- oder Geschäftsidee vertreiben können?	Wie erreichen Sie Ihre Kunden? Für den Vertrieb einer Produkt- oder Geschäftsidee bieten sich viele Varianten an. So könnten Sie beispielsweise über Vertriebspartner arbeiten oder den direkten Weg zum Kunden wählen (z.B. Anzeigen, Flyer, Messen, Online-Werbung, Inserate, Pressearbeit, etc.). Überlegen Sie sich an dieser Stelle, ob Ihnen spontan ein paar Möglichkeiten einfallen. Ist das nicht der Fall, sollten Sie einen Experten zu Rate ziehen und prüfen, woran das liegt. Es kann an der Idee liegen oder Sie müssen einfach nur noch ein paar Hausaufgaben erledigen.		

Sie haben nun eingehend geprüft, inwieweit Ihre Geschäfts- oder Produktidee auf dem Markt bestehen kann. Im nächsten Schritt können Sie sich nun daran machen, die Tauglichkeit Ihrer Idee für das Unternehmen auf den Prüfstand zu stellen. Ihre Gewichtung und Beurteilung funktioniert auf dem gleichen Weg wie in der vorherigen Checkliste.

Unternehmenskriterien	Erläuterungen	Gewichtung bzw. Bedeutung	Beurteilung
Passt die Idee zur Zielsetzung des Unternehmens?	Wenn Sie sich bereits Gedanken gemacht haben, welche Gesamtzielsetzung Ihr Unternehmen hat oder haben soll, sollten Sie bei einer Produktidee darauf achten, dass die Idee zur Gesamtzielsetzung passt.		

Unternehmenskriterien	Erläuterungen	Gewichtung bzw. Bedeutung	Beurteilung
Fällt die Idee in den Bereich der Kernkompetenzen des Unternehmens?	In kleinen Unternehmen liegen die Kernkompetenzen in der Regel in der Gründerperson. Was können Sie besonders gut und passt das zur Realisierung der Geschäftsidee? Wer einen Webshop gründen will, sollte etwa Kernkompetenzen im Bereich Webprogrammierung und Internetmarketing mitbringen. Sind diese Kernkompetenzen nicht vorhanden, führt das regelmäßig zu ernsthaften Schwierigkeiten bei der Realisierung der Idee.		
Passt die Idee zur Corporate Identity?	Sofern es bereits eine Corporate Identity gibt, muss die Idee dazu passen.		
Welche Auswirkungen ergeben sich für das Image des Unternehmens?	Das Bild des Unternehmens, das in den Köpfen der Menschen aufgebaut wird, spielt eine große Rolle für die Entscheidung potenzieller Kunden für oder gegen Sie. Prüfen Sie bei jeder einzelnen Idee, dass das Image keinen Schaden nehmen kann.		
Passt die Idee in das Verkaufsprogramm?	Gibt es bereits ein Verkaufsprogramm, so sollte sich die Idee idealerweise innerhalb dieses Verkaufsprogramms unterbringen lassen. Es ist zeit- und kostenintensiv neue Vertriebswege oder Produkt- und Dienstleistungszweige aufbauen zu müssen. Wenn die Idee aussichtsreich genug ist, lohnt es sich möglicherweise aber trotzdem, neue Vertriebswege zu erschließen oder eine Infrastruktur für die Idee zu schaffen.		

Unterneh-menskrite-rien	Erläuterungen	Gewich-tung bzw. Bedeutung	Beur-tei-lung
Passt die Idee in das Produktions- und Beschaf-fungs-pro-gramm?	Wenn Sie Waren herstellen oder beschaffen müssen, so bietet es sich an, vorhandene Quellen zu nutzen und darauf zu achten, dass sie die Idee mit vorhandenen Mit-teln (Geräte, etc.) umsetzen kön-nen. Wenn die Idee gute Aussich-ten birgt, lohnt es sich vielleicht trotzdem, für diese, neue Quellen und Kanäle zu nutzen.		
Ist die Um-satzerwar-tung gut?	Die Umsatzerwartung hängt ab von Verkaufsmenge und Verkaufs-preis. Der Verkaufspreis hängt von der Zahlungsbereitschaft der potenziellen Kunden ab. Sie wer-den hierzu noch mehr in diesem Buch erfahren.		
Ist die Ge-winnerwar-tung gut?	Umsatz abzüglich Gesamtkosten ergibt den Gewinn. Reicht die Zahl aus, um das Unternehmen und Ihre private Lebensführung zu finanzieren?		
Wann kann die Break-Even-Menge erreicht werden?	Die Break-Even-Menge ist die Menge, ab der sich Ihre Pro-dukt- oder Geschäftsidee in die Gewinnzone bewegt; d.h. die im Vorfeld entstandenen Kosten gedeckt sind. Je früher dieser Punkt erreicht ist, umso besser ist das für Ihre unternehmerische Tätigkeit. Sie müssen den Zeit-punkt nicht genau bestimmen; Sie sollten aber darüber nachdenken, wie lange eine Verlustphase am Anfang tragbar sein kann.		

Unternehmenskriterien	Erläuterungen	Gewichtung bzw. Bedeutung	Beurteilung
Reichen die Ressourcen für die Verwirklichung der Idee aus?	Haben Sie genügend Mitarbeiter oder können Sie die Idee alleine umsetzen? Brauchen Sie Arbeitsmittel (Auto, Maschinen, PCs) etc.? Oder können Sie die Idee mit den vorhandenen Mitteln umsetzen? Wenn die Ressourcen nicht ausreichen, muss geprüft werden, ob es möglich ist, diese zu schaffen.		
Welche eigenen Produkte werden substituiert (Kannibalismus)?	Substitution ist der Ersatz eines Produktes durch ein anderes. Sie sollten darauf achten, dass Sie keine Produktideen umsetzen, die dazu führen, dass Kunden andere Produkte aus Ihrer Feder nicht mehr kaufen. Möglicherweise kann ein zusätzliches, ähnliches Produkt jedoch auch geschickt sein, um den Kundenkreis zu erweitern. Dies ist dann möglich, wenn Sie mit Ihrem zusätzlichen Produkt eine andere Zielkundengruppe ansprechen.		
Ist das notwendige Know-how für die Umsetzung der Idee vorhanden?	Wenn das Know-how bereits vorhanden ist, so macht es die Umsetzung einfacher. Haben Sie das notwendige Know-how für eine aussichtsreiche Idee jedoch nicht, so versuchen Sie, Mitgründer/innen für Ihr Unternehmen zu finden, welche die Kompetenzlücke auffüllen können.		
Kann ich mich mit der Idee identifizieren? Passt die Idee zu mir und meinem sozialen Umfeld?	Wichtig für die unternehmerische Tätigkeit ist auch, ob man sich mit der Tätigkeit und den Produkten identifizieren kann. Sie sollten prüfen, ob Sie mit der Tätigkeit, mit den Produkten und mit den Kunden, die Sie damit ansprechen, langfristig leben können.		

Überlegen Sie, bevor Sie weiter zur nächsten Checkliste gehen, ob es Kriterien für das Unternehmen gibt, die speziell für Ihre geplante Tätigkeit/Idee gelten. Lassen Sie sich dafür ausreichend Zeit. Fügen Sie diese Kriterien der Liste gleich hinzu, um die Punkte, die Sie noch als relevant ermittelt haben, nicht zu vergessen. Auch hierbei wird das Ihnen schon bekannte Bewertungssystem genutzt.

Weitere Kriterien	Erläuterungen	Gewich-tung bzw. Bedeutung	Beur-tei-lung
Gibt es rechtliche Restriktionen?	Möglicherweise gibt es Restriktionen – so sind bestimmte Produkte in vielen Ländern nicht erlaubt. Möglicherweise verstoßen Sie mit einer Produktentwicklung auch gegen geschützte Entwicklungen. Prüfen Sie also, ob es möglicherweise bereits Patente gibt.		
Kann es ökologische Probleme geben?	Manche Produkte verursachen ökologischen Schaden – evtl. sind auch hier rechtliche Restriktionen zu beachten.		
Haben Sie alternative Produktideen, die sich leicht realisieren lassen, falls die ursprüngliche Idee nicht den gewünschten Erfolg bringt?	Es ist ratsam, sich schon im Vorfeld mit Alternativen zu beschäftigen. Je mehr Möglichkeiten Sie haben, umso mehr können Sie sich vom Erfolgsdruck mit dieser einen Idee befreien. Besonders sinnvoll ist es auch, mit mehreren Produktideen gleichzeitig die Selbstständigkeit zu starten. Damit verringern Sie das Risiko und können in Ruhe abwarten, welche der Ideen am Markt am besten angenommen werden und für Sie am rentabelsten sind.		

Weitere Kriterien	Erläuterungen	Gewich-tung bzw. Bedeutung	Beur-tei-lung
Produktle-benszyklus	Mit welchem Verlauf des Pro-duktlebenszyklus rechnen Sie? Wird der Zyklus lang gestreckt oder eher kurz sein? Können Sie die Anlaufphase mit geringem Umsatzwachstum überleben oder haben Sie Strategien, um diese Phase mit anderen Produkten oder Einkommensquellen zu über-brücken?		
Können Sie eventuelle Standorter-fordernisse erfüllen?	Für manche Produkt- oder Ge-schäftsideen ergeben sich Stand-orterfordernisse. Überlegen Sie, ob es bestimmte Kriterien für den Standort gibt (z.B. zentrale Lage, Größe der Räume etc.) und ob Sie diese Kriterien erfüllen können und welche Kosten durch die Erfüllung der Kriterien entstehen. Der Standort spielt für viele Vor-haben, die von Laufkundschaft leben, eine erhebliche Rolle, die Sie nicht unterschätzen sollten.		
Fallen mög-lichst gerin-ge Fixkosten an?	Je geringer Ihre Fixkosten am Anfang sind, umso schneller kommen Sie in die Gewinnzone. Versuchen Sie am Anfang, fixe Kosten durch Miete oder Leasing zu flexibilisieren.		

Weitere Kriterien	Erläuterungen	Gewichtung bzw. Bedeutung	Beurteilung
Passt die Idee zu Ihren Lebenszielen?	Wenn Sie dieses Buch von Anfang an durchgearbeitet haben, sind Sie der Frage nach Ihren persönlichen Zielen bereits begegnet. Wenn Sie die Fragestellung noch nicht beantwortet haben, wird es nun allerhöchste Zeit dafür. Wenn eine Geschäftsidee nicht ins Lebenskonzept passt, ist es an der Zeit, sich von der Idee zu verabschieden. Das ist schwierig, aber kein Beinbruch. Vielleicht können Sie Ihre Idee so anpassen, dass die Sache mit Ihren Lebenszielen vereinbar ist oder Sie finden eine andere Idee. Lassen Sie sich Zeit für die Beantwortung dieser Frage.		

Abschließend folgt nun eine Auflistung unterschiedlicher Kenntnisse für eine Gründung. Sie können anhand dieser Checkliste prüfen, welche Kenntnisse Sie schon haben und welche auf- oder ausgebaut werden müssen. Wenn Ihre Gründung schnell voran gehen muss – also wenn Sie etwa ein Darlehen zurück zahlen müssen oder kein finanzielles Polster für einen längeren Zeitraum haben – sind gute Vorkenntnisse sehr wichtig. Die Markierung in der Tabelle orientiert sich an diesem Fall.

Sie können anhand der gezeigten Tabelle einen Abgleich Ihrer vorhandenen Kenntnisse mit den erforderlichen Kenntnissen vornehmen. Fett/Kursiv markiert ist jeweils der mindestens erforderliche Stand Ihrer Kenntnisse. Schätzen Sie Ihren Stand ein. Aus den Abweichungen ergeben sich Hinweise für Ihr individuelles Lernprogramm. In der Spalte „zu Lernen" können Sie dann ankreuzen, ob Sie ein Thema von Grund auf erschließen müssen oder ausbauen sollten. Damit haben Sie eine strukturierte Grundlage, um ein individuelles Lernprogramm zusammen zu stellen.

Know-how Kriterien	Erläuterungen	Kenntnisstand	Zu Lernen
Wege zum eigenen Unternehmen	Neugründung, Firmenübernahme, Franchising, Beteiligung und andere Konzepte	☐ *Umfassend* ☐ Grundlagen ☐ Keine Kenntnisse	☐ Muss neu gelernt werden ☐ Muss ausgebaut werden
Schritte auf dem Weg in die Selbständigkeit	Welche Schritte sind notwendig, um sich selbständig zu machen?	☐ *Umfassend* ☐ Grundlagen ☐ Keine Kenntnisse	☐ Muss neu gelernt werden ☐ Muss ausgebaut werden
Rechtliche Voraussetzungen	Berufs- und Gewerberecht, Anmeldung eines Gewerbes, freiberufliche Tätigkeit, etc.	☐ Umfassend ☐ *Grundlagen* ☐ Keine Kenntnisse	☐ Muss neu gelernt werden ☐ Muss ausgebaut werden
Organisationen kennen	Funktion von Kammern, Verbänden, Genossenschaften kennen	☐ Umfassend ☐ Grundlagen ☐ Keine Kenntnisse	☐ Muss neu gelernt werden ☐ Muss ausgebaut werden
Rechtsform	Wissen über Rechtsformen und deren rechtliche, steuerrechtliche und andere Konsequenzen, Scheinselbstständigkeit verstehen	☐ Umfassend ☐ *Grundlagen* ☐ Keine Kenntnisse	☐ Muss neu gelernt werden ☐ Muss ausgebaut werden
Businessplan	Funktion des Businessplans (für welchen Zweck wird der Businessplan erstellt?), Struktur eines Businessplans, Bedeutung des Businessplans, weitere Nutzung der Daten aus dem Businessplan, Businessplanwettbewerbe	☐ *Umfassend* ☐ Grundlagen ☐ Keine Kenntnisse	☐ Muss neu gelernt werden ☐ Muss ausgebaut werden
Marketing	Marktanalyse (Kunden- und Konkurrenzanalyse), Marketingstrategie, evtl.: Wettbewerbsrecht	☐ *Umfassend* ☐ Grundlagen ☐ Keine Kenntnisse	☐ Muss neu gelernt werden ☐ Muss ausgebaut werden

Know-how Kriterien	Erläuterungen	Kenntnisstand	Zu Lernen
Finanzierung	Finanzierungsmöglichkeiten (Eigen- und Fremdfinanzierung), Ermittlung des Finanzbedarfs (Investitions-, Rentabilitäts- und Liquiditätsplanung), Fördermittel	□ Umfassend □ ***Grundlagen*** □ Keine Kenntnisse	□ Muss neu gelernt werden □ Muss ausgebaut werden
Controlling/ Kostenrechnung	Fixkosten, variable Kosten, Gesamtkalkulation, Erfolgsrechnung, Soll-Ist-Vergleiche	□ ***Umfassend*** □ Grundlagen □ Keine Kenntnisse	□ Muss neu gelernt werden □ Muss ausgebaut werden
Buchführung/ Steuern	Grundzüge der Buchführungs- und Aufbewahrungspflichten für die verschiedenen Rechtsformen, evtl. Vertiefung notwendig, Grundzüge der wichtigsten Steuern: Einkommensteuer, Umsatzsteuer, Gewerbesteuer	□ Umfassend □ ***Grundlagen*** □ Keine Kenntnisse	□ Muss neu gelernt werden □ Muss ausgebaut werden
Recht	Grundlagen des Vertragsrechts, Musterverträge und woher sie zu bekommen sind, Rechte und Pflichten von Arbeitgebern (Sozialabgaben, Haftungen) und Arbeitnehmern, Grundlagen des Arbeitsrechts, Forderungsmanagement, evtl. Handwerksrecht	□ Umfassend □ ***Grundlagen*** □ Keine Kenntnisse	□ Muss neu gelernt werden □ Muss ausgebaut werden
Absicherung	Betriebliche Versicherungen, Persönliche Versicherungen (z.B. Sozialversicherung)	□ Umfassend □ ***Grundlagen*** □ Keine Kenntnisse	□ Muss neu gelernt werden □ Muss ausgebaut werden
Branchenkenntnisse	Etwa Kenntnisse und Erfahrungen im Gastrobereich bei einer Gastronomiegründung oder Kenntnisse der Informationstechnologie bei einer Shop-Gründung	□ ***Umfassend*** □ Grundlagen □ Keine Kenntnisse	□ Muss neu gelernt werden □ Muss ausgebaut werden

Die genannten Kenntnisse können Sie in Seminaren, mit Büchern, im Rahmen von Praktika, im Rahmen einer Festanstellung, mit Coachings bzw. Trainings und auf anderen Wegen erlernen. Wenn Sie feststellen, dass es Lücken gibt, die Sie nicht schließen können oder wollen, fassen Sie auch die Möglichkeit ins Auge, sich Geschäftsbzw. Unternehmenspartner mit den entsprechenden Kenntnissen zu suchen.

Jedes Unternehmen braucht – je nach Geschäftsfeld – bestimmte Kernkompetenzen. Wer ein Restaurant betreiben will, sollte sich in der Gastronomie bereits auskennen. Wer einen Webshop gründen will, braucht Kenntnisse im Handel und im Bereich Internet, ein Unternehmensberater sollte bereits Erfahrungen im Umgang mit dem Beratungsgeschäft mitbringen. Diese Kernkompetenzen sind insbesondere dann wichtig, wenn eine Finanzierung gebraucht wird. Zwar lassen sich Kernkompetenzen selbstverständlich auch lernen; die Startphase der Selbstständigkeit dauert dann aber in der Regel wesentlich länger. Wer noch an Kernkompetenzen arbeiten muss, für den bietet sich oft eine Selbstständigkeit als Nebentätigkeit an. So können Sie ganz in Ruhe Ihre Kompetenzen entwickeln, ohne dabei unter finanziellem Druck zu stehen. Kleinere Aufgaben wie etwa tiefere Kenntnisse im Steuerrecht gehören in der Regel nicht zu den Kernkompetenzen und lassen sich leicht an einen Fachspezialisten abgeben.

Mitgründer gezielt auswählen!

Für den Fall, dass Sie gemeinsam gründen wollen: Ein Gründerteam sollte gezielt gesucht werden, um die notwendigen Kernkompetenzen für ein Unternehmen abdecken zu können. Überlassen Sie die Suche nach Mitgründern nicht einfach dem Zufall oder einfach dem Bekanntenkreis, denn so können Sie meist nicht für das richtige Maß an Know-How im Team sorgen.

1. Mehrere Ideen vergleichen und Kriterien abwägen

Bisher wurde in den Checklisten vorher nur eine Bewertung einzelner Kriterien vorgenommen. Diese Vorgehensweise reicht aber nicht, um eine Entscheidung zu fällen – insbesondere wenn es mehrere Geschäftsideen gibt, die miteinander verglichen werden sollen. Im zweiten Schritt kommt noch eine weitere Überlegung hinzu: Wie wichtig ist eigentlich welches Kriterium? Es mag sein, dass die Einfachheit einer Rechtsform für Sie eine große Rolle spielt. Es kann aber auch sein, dass Sie diesbezüglich keinerlei Leidenschaften hegen. Je nachdem kann also das Kriterium „Rechtsform" das Zünglein an der Waage sein oder schlichtweg kaum eine Rolle spielen.

Um diese persönliche Einschätzung mit zu berücksichtigen, bietet sich ein sogenanntes Scoring-Verfahren an. Das Verfahren erlaubt die Gewichtung der Kriterien und eine Bewertung qualitativer und quantitativer Merkmale. Die Merkmale können und sollen ganz individuell sein. Wenn es für Sie wichtig ist, nur eine bestimmte Stundenanzahl pro Woche zu arbeiten, dann nehmen Sie das Kriterium „innerhalb von 30 Stunden pro Woche machbar" einfach mit in Ihre persönliche Bewertungsliste auf.

Sie finden nun eine Tabelle mit einem Beispiel für die Gewichtung und Vergabe von Punkten. Die Kriterien sind hier nur beispielhaft für das Verständnis aufgelistet! Welche Kriterien besonders wichtig für Sie sind, müssen Sie selbst entscheiden. Verwenden Sie dafür einfach die Checklisten vorher. Die einzelnen Tabellenspalten werden wie folgt bearbeitet:

Spalte/Zeile	Bearbeitung
Bewertung	In der Spalte Bewertung werden pro Kriterium Punkte vergeben und zwar von 1 bis 5 Punkten. Die Punkte repräsentieren die Erfüllung des Kriteriums; 1 steht für die Nichterfüllung des Kriteriums, 5 steht für die 100 %ige Erfüllung des Kriteriums.
Ergebnis	In der Ergebnisspalte wird die Zahl aus den Spalten Gewichtung und Bewertung multipliziert.
Gewichtung	In der Spalte Gewichtung werden 100 Punkte verteilt. Die Punktzahl soll die Bedeutung des Kriteriums im Verhältnis zu anderen Kriterien ausdrücken. Wenn Ihnen also ein bestimmter Gewinn ganz besonders wichtig ist, vergeben Sie dafür ein Kriterium „mindestens ein Gewinn von 5.000 Euro im Monat" und vergeben dafür 50 Punkte.
Gesamtpunktzahl	In der Zeile „Gesamtpunktzahl" addieren Sie die Ergebnisse der Spalte „Ergebnis" zu einer Summe. Die Gesamtpunktzahl zeigt, welche Idee die Beste ist und macht die Entscheidungsfindung einfacher.

Kriterium	Idee 1			Idee 2		
	Gewichtung	Bewertung	Ergebnis	Gewichtung	Bewertung	Ergebnis
Passt die Idee zum Unternehmen?	15	5	5*15= 75	15	3	45
Fällt die Idee in den Bereich der Kernkompetenzen des Unternehmens?	15	5	5*15 = 75	15	3	45
Sind die Aussichten auf Gewinnerzielung gut?	40	3	40*3 = 120	40	4	160
Reichen die Ressourcen für die Verwirklichung der Idee aus?	30	4	30*4= 120	30	3	90
Ist die Idee für Auslandsmärkte geeignet?	0	1	0*1 = 0	0	1	0
Gesamtpunktzahl	100	17	390	100	14	340

In dem gezeigten Beispiel sollten Sie sich für Idee 1 entscheiden, da diese Idee eine höhere Gesamtpunktzahl (390 Punkte) liefert.

Für den Fall, dass Sie noch weitere Kriterien eintragen wollen: Achten Sie darauf, dass Sie sich auf die Wichtigsten beschränken! Lassen Sie Punkte, von denen Sie denken, dass sich dafür auf jeden Fall eine Lösung finden wird, aus der Checkliste heraus. Die Gefahr sich zu verzetteln, ist bei zu umfangreichen Scoring-Listen zu hoch und das gewünschte Ergebnis „Bewertung und Vergleich der Machbarkeit und Marktfähigkeit von Idee(n)" wird verzerrt.

Wenn sich nun herausstellt, dass die Idee nicht den Anforderungen aus der Checkliste und der Bewertungstabelle genügt? Überlegen Sie, ob es möglich ist, die Idee zu modifizieren und einzelne Elemente anzupassen.

Informieren Sie sich gut über die Möglichkeiten und Auswege aus den Kriterien, welche die Umsetzung unmöglich erscheinen lassen – mangelndes Kapital muss beispielsweise kein Kriterium sein, das sich nicht lösen lässt. Es gibt die verschiedensten Finanzierungsmöglichkeiten und viele Methoden, mit denen man Kosten reduzieren kann. Eine Idee aufgrund einer Fehleinschätzung zu verwerfen; das wäre ärgerlich. Nehmen Sie aus diesem Grund unter Umständen den Rat eines Experten in Anspruch.

Eventuell wird es auch notwendig, eine neue Idee zu generieren. Das ist unter Umständen enttäuschend; lassen Sie sich Zeit, um damit zu beginnen. Wenn Sie feststellen, dass eine Idee nicht umgesetzt werden kann, brauchen Sie wahrscheinlich eine Weile, um wieder frisch ans Werk gehen zu können.

Von der Idee zum Konzept

I. Grundlagen des Geschäftsmodells ausarbeiten

Ihre Idee ist perfekt? Gut; dann geht es jetzt mit großen Schritten voran. Sobald die Idee stimmt, ist es an der Zeit, am Geschäftsmodell zu arbeiten. Das Wichtigste dabei ist die Orientierung am Kunden. Nur wer zu frühem Zeitpunkt schon daran denkt, wie und an wen sich ein Produkt oder eine Dienstleistung eigentlich verkaufen lässt, wird zu einem rundum abgestimmten Geschäftsmodell kommen. Dafür sind im Wesentlichen vier Begriff notwendig, die Sie im Folgenden kennen lernen werden:

- Angebot (Was genau wollen Sie anbieten?)

- Zielgruppe (Wen genau wollen Sie ansprechen?)

- Kundennutzen (Welchen Nutzen haben Ihre Kunden vom Kauf?)

- Alleinstellungsmerkmal (Was macht Ihr Produkt/Ihre Dienstleistung besonders?)

Vor allem aber sollten Sie die vier Bestandteile des Geschäftsmodells – das manchmal auch als Ideenkonzept bezeichnet wird – anwenden können. Die graue Theorie ist gut und schön. Wichtiger aber ist die praktische Umsetzung. Aus diesem Grund sollten Sie die hier vorgestellten Begriffe für Ihre Geschäftsidee klar umreißen können.

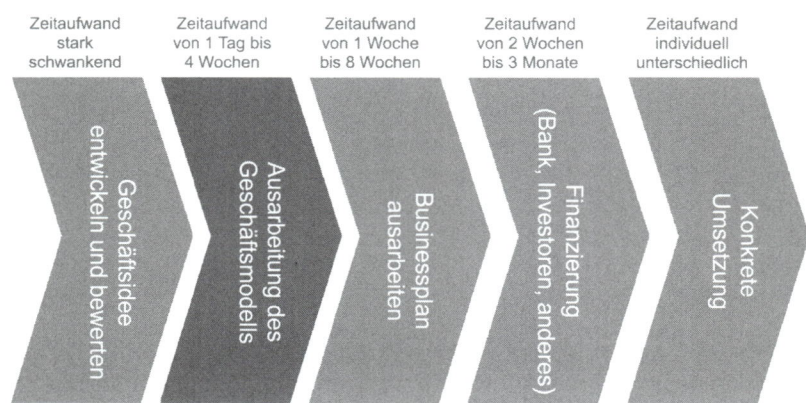

Zeitaufwand stark schwankend	Zeitaufwand von 1 Tag bis 4 Wochen	Zeitaufwand von 1 Woche bis 8 Wochen	Zeitaufwand von 2 Wochen bis 3 Monate	Zeitaufwand individuell unterschiedlich

Geschäftsidee entwickeln und bewerten → Ausarbeitung des Geschäftsmodells → Businessplan ausarbeiten → Finanzierung (Bank, Investoren, anderes) → Konkrete Umsetzung

Die Grundlage des Geschäftsmodells besteht aus vier Elementen: Ihr Angebot, Ihre Zielgruppe, der Kundennutzen und das Alleinstellungsmerkmal. Tiefgehende Kenntnisse über Kunden sind essenziell für eine gute Basis.

Informationen sammeln →

Gründungsfahrplan: Das Geschäftsmodell ausarbeiten

Klare Formulierungen sind die Basis!

Versuchen Sie bei der Formulierung Ihres Geschäftsmodells möglichst präzise und knapp auf den Punkt zu kommen. Üben Sie das Ganze bei Freunden, Bekannten und vor allem bei potentiellen Kunden, die zum ersten Mal von Ihrer Idee hören. Bitten Sie diese auch um ein Feedback. Wie verständlich sind Ihre Ausführungen? Erschließt sich schnell, weshalb man bei Ihnen Kunde werden sollte? Je einfacher und schneller Ihre Darstellung verstanden wird, desto besser.

Bevor es ans Eingemachte geht, helfen ein paar Tipps und Anregungen beim einfachen und verständlichen Formulieren, Darstellen und Präsentieren Ihrer Gedanken:

- Laden Sie Ihre Zuhörer vor der Präsentation ein, Fragen zu stellen.

- Halten Sie Ihre Sätze möglichst kurz.

- Vermeiden Sie lange Worte. Solche Ungetüme machen die Sprache sperrig.

- Verzichten Sie auf Klammern, unverständliche Abkürzungen und Füllworte wie etwa die Worte „unverzichtbar", „nämlich", „gerade" und ähnliche Begriffe.

- Strukturieren Sie Ihre Sätze möglichst einfach. Verzichten Sie auf Einschübe und Nebensätze. Lange Sätze sollten in mehrere Sätze unterteilt werden.

- Verwenden Sie einfache Worte. Fachbegriffe sollten vermieden werden. Ein Ausnahmefall ergibt sich, wenn Sie Ihre Idee einem Fachpublikum präsentieren.

- Sprechen Sie laut und deutlich.

- Unterscheiden Sie zwischen „muss genannt werden" und „könnte genannt werden". Streichen Sie „könnte genannt werden" dann einfach aus Ihrer Darstellung.

- Arbeiten Sie mit bildlichen Vergleichen. So könnte sich etwa eine Gründungsberatung als „Pilot auf dem Weg in die Selbständigkeit" bezeichnen. Sie können Ihre Geschäftsidee auch in eine kleine Geschichte verpacken, solange diese spannend und kurz gehalten ist.

- Verzichten Sie auf Übertreibungen wie „das Beste", „das ungewöhnlichste", „konkurrenzlos" und ähnliche Begriffe.

- Sorgen Sie für Anschaulichkeit. Wer eine Software entwickeln will, sollte einige Abbildungen der zukünftigen Benutzeroberfläche erstellen. Wer ein Café eröffnen will, findet ganz sicher Abbildungen, die den Stil des geplanten Cafés repräsentieren. Für einen Modedesigner bieten sich Fotografien erster Entwürfe an und wer eine Konditorei gründen will, darf für eine Präsentation ruhig ein Törtchen mitbringen. Übertreiben Sie es nicht mit Bildern – Ihre Präsentation soll kein Bilderbuch werden. Ein paar kleine Einblicke hier und da, die die richtige Stimmung vermitteln, sind aber enorm hilfreich.

- Sie können unterschiedliche Wege für eine Präsentation verwenden. Die beliebte PowerPoint-Präsentation mit Beamer lenkt allerdings von Ihnen ab und wer sonst soll die Begeisterung für eine Sache vermitteln? Besser ist ein Flipchart oder einfach nur Ihre Person. Werden Sie ruhig kreativ – solange alles verständlich bleibt, ist es gut.

- Wenn Sie Ihren Zuhörern Unterlagen an die Hand geben wollen, tun Sie dies erst nach Ihrer Präsentation. Ansonsten blättern Ihre Zuhörer meist lieber in den Papieren, als den sorgfältig zurechtgelegten Worten zu lauschen. Das wirkt sich in der Regel auf die

Stimmung aus und bringt Sie nicht zum gewünschten Ziel: Überzeugen mit Ihrer Idee.

- Sofern es sich um eine Präsentation bei Banken, Investoren oder ähnlichen Organisationen handelt, sollten Sie damit beginnen, Ihre Vorgehensweise kurz zu erläutern. Sagen Sie „Ich werde erst die Idee präsentieren und anschließend gerne Ihre Fragen beantworten, wenn Sie damit einverstanden sind." Warten Sie das Einverständnis Ihrer Zuhörer ab und gehen Sie darüber auf keinen Fall einfach hinweg. Unter Umständen haben Ihre Zuhörer aber eine ganz bestimmte Vorstellung über den Ablauf einer Präsentation. Erfragen Sie dies am besten vor dem Termin, um sich darauf einrichten zu können.

- Häufig taucht die Frage nach der richtigen Kleidung auf. Der wichtigste Grundsatz lautet: Verkleiden Sie sich nicht. Wer trendige Designprodukte verkaufen will, wird mit dem Nadelstreifenanzug bei der Bank unglaubwürdig. Ein Koch, der sich sichtlich unwohl fühlt, weil die Kleidung einfach nicht zur Person passt, bringt Sie nicht voran.

- Vermitteln Sie ein stimmiges Bild, das zu Ihnen und zu Ihrer Präsentation passt. Neben den Inhalten zählt vor allem Eines: Sie müssen als Person überzeugen. Das bedeutet eben auch, Ihre Persönlichkeit zu zeigen – so wie sie ist. Wer sich verschließt, wirkt nicht sympathisch und authentisch. Sympathie und Authentizität werden Sie aber brauchen, um punkten zu können. Ihre Zuhörer sollen sehen, wer Sie sind. Welche Seiten Sie dabei hervor kehren wollen; darüber können Sie selbst bestimmen.

1. Angebot

Es mag zunächst recht einfach klingen: Ihre erste Aufgabe besteht darin, Ihr Angebot zu beschreiben. Was wollen Sie anbieten? Diese Frage ist aber oft gar nicht so einfach, wie es auf den ersten Blick wirkt. Zur Beschreibung des Angebotes bietet sich die Verwendung einer Mindmap an, da diese jederzeit erweitert und verändert werden kann.

Erstellen Sie Ihre eigene Mindmap und formulieren Sie Ihr Angebot so klar und deutlich wie möglich. Sie müssen Ihre Geschäftsidee in kurzen Worten erklären können – bei einer Bank, bei Ihren Kunden oder bei anderen Ansprechpartnern.

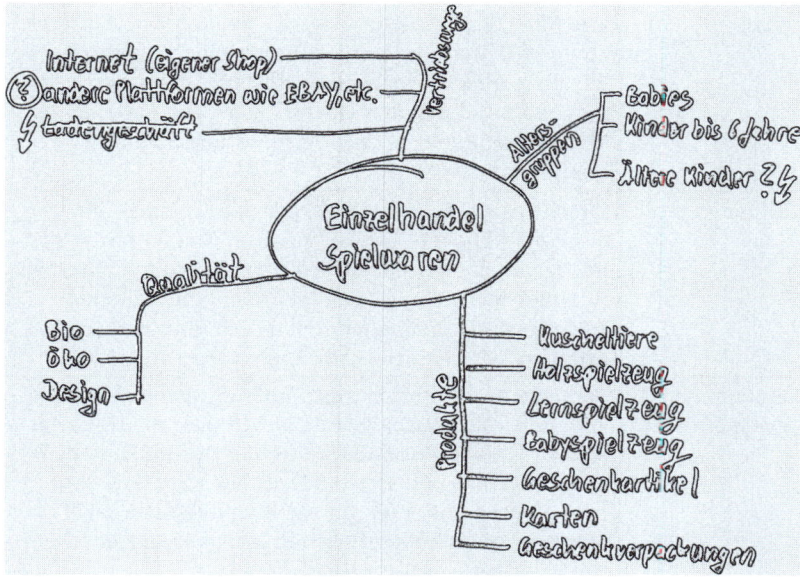

Ausarbeitung des Angebots mit Hilfe einer Mindmap

2. Zielgruppe

Die Festlegung einer Zielkundengruppe hat enorme Auswirkungen auf die Gestaltung der Produkte und Dienstleistungen und auf die Preisgestaltung. Bevor Sie mit Recherchen beginnen, sollten Sie zunächst verstehen, wie eine Zielgruppe überhaupt definiert wird. Dabei kommen ganz unterschiedliche Merkmale zur Anwendung, die sich keineswegs auf das Alter oder Geschlecht von Menschen beschränken. Es wird klassischerweise in demografische und psychografische Daten unterschieden.

Typische demografische Daten sind:

Berufsstand	Welchen Beruf üben Ihre potentiellen Kunden aus? Sind sie technisch, wirtschaftlich oder vielleicht gestalterisch tätig? Sind die Kunden Entscheider im Unternehmen, selbstständig oder arbeiten Sie ohne jede Entscheidungsgewalt?

Alter	Das Alter der Personengruppe(n) spielt möglicherweise eine große Rolle bei der Definition einer Zielgruppe. Es dürfte einfach nachvollziehbar sein, dass die Vermarktung an eine jugendliche Zielgruppe ein anderes Konzept erfordert, als die Vermarktung an ältere Menschen.
Bildungsstand	Welche Ausbildung beziehungsweise welchen Bildungsstand haben Ihre zukünftigen Kunden? Sind sie hochgebildet oder haben sie eine mittlere und niedrige Bildung? Meist finden sich Menschen mit höherem Bildungsstand dann auch in höheren Einkommensgruppen – das ist aber nicht immer der Fall.
Einkommensgruppe(n)	Versuchen Sie Informationen über das persönliche Einkommen, das Haushaltseinkommen oder die finanzielle Lage von Firmen (falls Sie Geschäftskunden haben) zu ermitteln. Unter Umständen stellen Sie fest, dass Ihr potentieller Käufer gar nicht viel verdient, aber aufgrund eines hohen Haushaltseinkommens durchaus finanziell gut ausgestattet ist.
Geografische Daten	Gibt eine Einschränkung oder Fokussierung auf eine bestimmte Region oder Nation?

Typische psychografische Daten sind:

Mediennutzung	Die Nutzung der Medien vermittelt ein Bild darüber, welche Medien Sie für Werbung und Kommunikation nutzen sollten und welche Themen Ihren Kunden wichtig sind.
Freizeitbeschäftigungen	Auch Freizeitbeschäftigungen sind bedeutend für das Kommunikationskonzept. Möglicherweise gibt es Lieblingsbeschäftigungen und/oder dazu passende Lektüren, über die Sie Ihr Produkt platzieren können.
Einstellungen	„Einstellungen" sind mittel- bis langfristig vorhaltende Faktoren. Aussagen wie „Bildung ist wichtig für mich", „ich bin ein kreativer Mensch", „die Familie steht für mich an erster Stelle" etc. gehören zu den so genannten Einstellungen.
Kaufverhalten	Wie und wo kaufen Ihre Kunden ein? Gehen Sie eher in den Discount oder ins Fachgeschäft? Ist der Bioladen für Ihre Kunden eine gute Adresse? Mit Hilfe dieser Information finden Sie viel über mögliche Vertriebswege und den Qualitätsanspruch Ihrer Kunden heraus.

Möglichst genaue Beschreibung der Zielgruppe

Versuchen Sie – soweit möglich – Ihre Zielkunden mit Hilfe der Begriffe „Berufsstand, Alter, Einkommen, Bildungsstand, Mediennutzung, Freizeitbeschäftigungen, Einstellungen und Kaufverhalten" zu beschreiben! Bedenken Sie dabei, dass stets der Entscheidungsträger beleuchtet wird. Das kann eine Einzelperson sein, eine Person in einer Familie oder eine Person in einem Unternehmen.

Wer Unternehmen ansprechen will, sollte sich stets vor Augen halten, dass auch Unternehmen am Ende von Menschen getragen werden. Wer trifft die Entscheidung in den von Ihnen anvisierten Firmen? Wer kann Sie als eventueller Lieferant oder Dienstleister in einem Unternehmen empfehlen? Diese Fragen beziehen sich stets auf Personen, nicht auf Organisationen.

Immer wieder kommt im Rahmen von Neugründungen auch die Frage auf den Tisch, ob es nicht möglich ist, mehrere Zielkundengruppen gleichzeitig anzusprechen. Theoretisch spricht nichts dagegen. Handelt es sich aber um Zielgruppen, die stark voneinander abweichen, wird es schwierig. Für jede Zielgruppe brauchen Sie dann ein eigenes Marketingkonzept – eigene Produkte, eigene Preise, eigene Vertriebskanäle, eigene Kooperationspartner, eine eigens gestaltete Werbung und mehr. Das ist für ein kleines Unternehmen untragbar und weder in der Vorbereitungsphase einer Gründung noch in der Umsetzung zu bewerkstelligen. Wer jedoch wirklich Großes vorhat, kann durchaus über diese Option nachdenken und Produkte oder Dienstleistungen für unterschiedliche Zielgruppen entwickeln.

Möglicherweise fällt es Ihnen zum jetzigen Zeitpunkt noch schwer, Ihre Zielgruppe zu beschreiben, weil schlichtweg die nötigen Informationen fehlen. Sie können sich hierfür an eine Gründungsberatung wenden. Selbst zu recherchieren ist allerdings dennoch wichtig.

Interessante Informationen erhalten Sie etwa in Form vorhandener Studien bei Kammern, Verbänden und ähnlichen Organisationen. Weitere mögliche Informationsquellen finden sich unter Punkt II.2.d „Den Markt abschätzen". Auch die Befragung potentieller Kunden bietet sich an, um möglichst viel über Ihre Kunden in Erfahrung zu bringen. Wie man das richtig in Angriff nimmt, lesen Sie im Abschnitt „Den Kunden auf der Spur".

3. Kundennutzen

Mit dem Kundennutzen wird folgende Frage beantwortet: Warum sollte ein Kunde zu Ihnen kommen? Welche Bedürfnisse Ihrer Kunden werden durch Ihr Angebot befriedigt? Welche Probleme Ihrer Kunden werden durch Ihr Angebot gelöst? Kurzum: Welchen Nutzen hat der Kunde davon, sich für Sie oder Ihre Produkte zu entscheiden? Die folgende Tabelle zeigt einige Beispiele für mögliche Kundennutzen:

Mögliche Kundennutzen für Privatpersonen	Mögliche Kundennutzen für Firmen
■ Sich attraktiv fühlen ■ Entspannung finden ■ Mehr Zeit im Leben haben ■ Coolness und Anerkennung bei Freunden ■ Gesundheitlicher Zugewinn	■ Effizienter Arbeiten ■ Umsatz steigern ■ Neukunden gewinnen ■ Mitarbeiter motivieren ■ Kosten sparen

4. Alleinstellungsmerkmal

Ein Alleinstellungsmerkmal ist eine Eigenschaft, mit der sich Ihr Unternehmen deutlich vom Angebot anderer Wettbewerber abhebt. Manchmal wird das Alleinstellungsmerkmal auch als einzigartiges Nutzenversprechen bezeichnet. Gängig ist übrigens auch die englische Bezeichnung Unique Selling Proposition (Kurz: USP). Überlegen Sie gut, welches Alleinstellungsmerkmal Ihr Angebot zu etwas Besonderem macht. Ein paar kleine Beispiele aus dem täglichen Leben verdeutlichen, was ein Alleinstellungsmerkmal ist oder sein kann:

Unternehmen	Zugehörige USP
Apple	Technischer Vorsprung, Cool
Aldi	Billig, sparsam
Optiker mit Spezialisierung auf Sportbrillen	Kenner der Bedürfnisse von Sportlern
Unternehmensberater mit Spezialisierung auf eine bestimmte Branche	Branchenkenner

Die folgende Beschreibung ein und derselben Geschäftsidee soll verdeutlichen, wie das Alleinstellungsmerkmal dargestellt werden kann und welche Art und Weise der Darstellung nicht griffig genug ist. Das Beispiel beschreibt die Gründung eines Gastronomievorhabens:

Beschreibung A	Beschreibung B
„... dabei stand der besondere Flair und Mythos der Stadt New Orleans Pate für das Konzept. Eine Einrichtung im Kolonialstil sowie ein musikalisches und gastronomisches Programm, das sich am Vorbild orientiert, wird das Angebot abrunden und ein Stück Südstaaten-Feeling in die Stadt bringen."	„... es wird Kalt- und Warmgetränke geben, warme und kalte Speisen sowie musikalische Unterhaltung und Veranstaltungen. Die Speisen- und Getränkekarte wird Jung und Alt ansprechen und dabei für außergewöhnlichen Genuss und Unterhaltung sorgen, die konkurrenzlos ist."
Diese Beschreibung zeigt ganz klar, wie sich das Vorhaben von anderen gastronomischen Angeboten in der Stadt abgrenzen wird. Es vermittelt ein geistiges Bild, das leicht für jeden Zuhörer oder Leser nachvollziehbar ist.	Beschreibung B ist sehr unkonkret. In einem Restaurant gibt es Speisen und Getränke, die Erwähnung dieser Tatsache ist überflüssig. Die „jung und alt"-Mentalität vermittelt den Eindruck, für alles und jeden da sein zu wollen – das Ziel der USP ist komplett verfehlt worden. Worte wie „konkurrenzlos" und „außergewöhnlich" sind Übertreibungen, die in einer solchen Darstellung unterlassen werden sollten. Insgesamt wird kein Bild vermittelt, das den Charakter dieses gastronomischen Betriebs erklärt.

Eigentlich bringt es das Wort „Alleinstellungsmerkmal" schon zum Ausdruck: Es geht darum, wie Sie es schaffen, einzigartig zu sein. Einzigartigkeit hängt in starkem Maß davon ab, wie sich Ihre Wettbewerber positionieren. Am Beispiel oben wird das schnell deutlich: Wenn es in der Stadt bereits ein ähnliches Gastronomiekonzept gibt, ist die Einzigartigkeit schnell dahin und ein anderes Konzept wäre gefragt.

Die Konkurrenz im Auge behalten!

Um ein gutes Alleinstellungsmerkmal zu finden, ist also auch der Blick auf Ihre Wettbewerber wichtig.

Mit Hilfe einer recht einfachen Tabelle sollten Sie festhalten, welche es gibt. Vor allem aber sollten Sie deren Alleinstellungsmerkmal(e) und Besonderheiten festhalten, um deutlich zu machen, worin sich Ihr Angebot unterscheiden wird. Die folgende Tabelle mit Beispielen für ein Biocafé im trendig-modernen Stil mit großem Mitnahmebereich (Take-Away) verdeutlicht, wie Sie die Betrachtung Ihrer Wettbewerber in Angriff nehmen können:

Wettbewerber (Name, Standort)	Produkte oder Leistungen	Besonderheiten/Abgrenzung
Konditorei Mustermann	Kuchen, Brötchen, viel für Diabetiker, Torten	Älteres Publikum, Einrichtung im Stil der 80er Jahre, kein Bio-Angebot, kein Take-away, andere Zielkundengruppe
Backfactory	Take-away, günstig & schnell, nur Aufbackware – ohne Bio-Zutaten, belegte Brötchen, süße Backwaren	Unpersönlich, keine Atmosphäre, keine Bio-Produkte, andere Zielkundengruppe
Reformhaus	Keine belegten Brötchen, kleine Bäckerei, Kleinigkeiten wie Kekse	Bio-Produkte, keinerlei Sitzplätze, Take-away-Bedürfnis wird nur sehr eingeschränkt erfüllt
Stadtcafé	Konditorei, Torten, Kuchen, keine belegten Sachen, eher süße Backwaren	Älteres Publikum, veraltete Einrichtung, sehr dunkel und nicht für jüngere Leute geeignet, kein Take-away, andere Zielkundengruppe, kaum Außenplätze
....	....	....

Welches Alleinstellungsmerkmal für Ihre Sache wichtig ist, ergibt sich auch aus dem Kundennutzen. In der Regel sollten Sie dort ansetzen, wo sich zeigt, dass ein Leistungsmerkmal für Ihre Kunden ganz besonders wichtig ist. Vielleicht wollen Ihre Kunden unbedingt eine schnelle Bearbeitung? Vielleicht ist Ihren Kunden ein Imagegewinn wichtig? Vielleicht legen Ihre Kunden großen Wert auf intensive Beratung? Was auch immer bedeutend ist, muss zunächst herausgefunden werden. Im nächsten Schritt fließen die Erkenntnisse bei den Überlegungen in Sachen Angebot, Zielgruppe, Kundennutzen und Alleinstellungsmerkmal ein. Aus diesem Grund beschäftigt sich dieses Buch nun mit der wichtigen Frage, wie Sie es schaffen, die nötigen Einblicke zu bekommen.

II. Den Kunden auf der Spur

Das richtige Alleinstellungsmerkmal und ein optimaler Kundennutzen – das ist das berühmte Zünglein an der Waage oder der Grund, weshalb sich ein potentieller Kunde für Sie entscheidet und nicht für jemand anderen. Das gilt für ein Internetportal genau so wie für einen Handwerker, einen Gastronom oder einen Einzelhandel. Dabei geht es keineswegs nur um Marktstudien und bloße Fakten. Vielmehr ist hier nun auch Einfühlungsvermögen gefragt. Je besser Sie Ihre Kunden und deren Lebenswelt verstehen, desto leichter wird es Ihnen fallen, ein attraktives Produkt oder eine attraktive Dienstleistung zu entwickeln.

1. Stufe Eins: Studien, Trendanalysen und ähnliches

Es gibt mehrere Wege, Ihre Kunden näher zu beleuchten und in deren Lebenswelt einzutauchen. Ein Weg, der sich insbesondere zu Beginn empfiehlt, ist die Verwendung von Studien, Trendanalysen und ähnlichem Material. Im Abschnitt „Den Markt abschätzen" haben Sie bereits erste Adressen kennen gelernt, bei denen sich möglicherweise geeignete Informationen finden.

Der offensichtlichste Nachteil solcher Studien liegt allerdings in der „breiten Masse". Möglicherweise visieren Sie eine ganz bestimmte Zielkundengruppe an, die andere Interessen verfolgt und schon sind die Daten aus einer Studie nicht mehr aussagekräftig. Viele Studien untersuchen auch bestimmte Branchen. In diesem Fall sind dann beispielsweise Daten von Branchenriesen enthalten. Doch wie hilfreich ist es, Daten über das Verhalten bei McDonalds, Burger King und in Kantinen zu bekommen, wenn man doch eigentlich ein Gourmetrestaurant eröffnen möchte?

Bevor Sie nun den falschen Eindruck bekommen: Viele Studien sind sehr nützlich und helfen weiter. Im Detail sollte aber überprüft werden, inwieweit die Angaben auch für Ihre Pläne verwertbar sind und ob es nicht noch viel mehr gibt, das Sie unbedingt wissen sollten.

2. Stufe Zwei: Befragungen

Detailreiche Informationen über Ihre Kunden können Sie durch Befragungen erhalten. Dabei lohnt es sich, folgende Bereiche unter die Lupe zu nehmen:

- Bietet Ihre Geschäftsidee dem potentiellen Kunden einen echten Mehrwert? Wie wichtig ist Ihrem Kunden Ihr Produkt oder Ihre Dienstleistung?

- Lässt sich die Geschäftsidee noch verbessern?

- Ist der Kunde bereit, einen angemessenen Preis für die Leistung oder das Produkt zu zahlen? Welcher Preis wird als „zu niedrig" oder „zu teuer" empfunden?

- Welche einzelnen Bestandteile des Geschäftsmodells sind wichtig für den Kunden? Etwa die Öffnungszeiten? Die Bearbeitungszeiten? Das Material oder das Design des Produktes?

- Wie leben Ihre Kunden – mit welchem Einkommen, mit welchem Familienstand, mit welchen Einstellungen und Meinungen, mit welchen Freizeitaktivitäten und mit welchem beruflichen Stand?

- Mit welchen Werbemitteln erreichen Sie Ihre Kunden? Sind es intensive Internetnutzer oder wird eher die Zeitung gelesen? Verlassen sich Ihre Kunden auf Empfehlungen? Woher könnten Ihre Kunden noch von Ihnen erfahren?

- Welches Kaufverhalten weisen Ihre Kunden auf? Wer ist an der Kaufentscheidung beteiligt? Wo wird eingekauft? Wie oft wird Geld für Ihr Produkt oder Ihre Dienstleistung ausgegeben? Wie lange dauert eine Kaufentscheidung Ihrer Kunden?

- Welche anderen Marken kauft Ihr Kunde? Wie viel Geld gibt Ihr Kunde für Produkte oder Dienstleistungen aus, die Sie anbieten? Wie steht es um die Zahlungsbereitschaft Ihrer Kunden? Was ist Ihren Kunden so viel wert, dass der von Ihnen anvisierte Preis gezahlt wird?

Es gibt zahlreiche Themen und Bereiche, die Sie mit Hilfe einer Befragung beleuchten können. Je nach Stand Ihrer Vorbereitungen kann Ihre Befragung dementsprechend unterschiedlich ausfallen. Bereiten Sie Ihre Befragungen im ersten Schritt damit vor, dass Sie eine Zielsetzung für die Befragung festlegen. Was soll in Erfahrung gebracht werden? Diese Frage muss vorab geklärt werden, um ein sinnvolles Ergebnis zu erhalten.

Ihre Fragen sollten in Form eines Fragebogens festgehalten werden – auch wenn Sie die Befragung in Form eines Interviews durchführen. Dabei wird in verschiedene Arten von Fragen unterschieden:

Qualitative Fragen	Quantitative Fragen
Qualitative Fragen lassen sich hervorragend durch ein Bewertungssystem wie etwa Schulnoten beantworten und versuchen, eine Aussage über die Qualität einer Geschäftsidee zu machen. So könnten diese Fragen etwa wie folgt formuliert werden:	Quantitative Fragen verlangen nach einer zählbaren und klaren Antwort. Über die Qualität Ihrer Geschäftsidee erfahren Sie mit Hilfe dieser Fragen nichts. Quantitative Fragen könnten etwa wie folgt lauten:
■ Wie gut gefällt Ihnen das Design des Produktes? ■ Wie nützlich finden Sie die Dienstleistung? ■ Wie zufrieden wären Sie mit den Öffnungszeiten? ■ Wie schätzen Sie den Preis für das Produkt oder die Dienstleistung ein?	■ Wie viele Angebote für die genannte Dienstleistung würden Sie einholen? ■ Wie oft nehmen Sie das Produkt oder die Dienstleistung in Anspruch? ■ Wie weit würden Sie fahren, um die Dienstleistung in Anspruch zu nehmen? ■ Wie viel Geld würden Sie für das Produkt ausgeben?

Offene Fragen

Offene Fragen sind wichtig für jede Befragung, denn an dieser Stelle kann Ihr Kunde eine individuelle Antwort geben. Der Informationswert dieser Fragen ist zwar hoch, aber die Auswertung ist schwierig, da unter Umständen kein klares Bild entsteht. Ein paar typische offene Fragen verdeutlichen, was sich hinter diesem Fragetyp versteckt:

- Wenn Sie diese Dienstleistung in Anspruch nehmen: Was gefällt Ihnen und was ärgert Sie?
- Weshalb würden Sie das Produkt kaufen / nicht kaufen?
- Welche anderen Anbieter kennen Sie, die die gleiche Dienstleistung anbieten?
- Welche anderen Marken oder ähnliche Produkte/Dienstleistungen kaufen Sie?
- Wo kaufen Sie regelmäßig ein?
- Welche Zeitungen und Zeitschriften lesen Sie regelmäßig?

Um die Auswertbarkeit zu erhöhen, können Sie einige Antworten vorgeben. Sinnvoll und wichtig ist allerdings bei offenen Fragen eine individuelle Antwortmöglichkeit. Das stellt sich in der Regel wie folgt dar:

Wo kaufen Sie regelmäßig Ihre Kleidung?

- Im günstigen Discount
- Bei gängigen Ketten im Einkaufszentrum oder in Innenstadtbereichen
- Im Modefachgeschäft mit individueller Beratung
- Im luxuriösen Fachhandel mit individuellem Service
- ....

In der Regel besteht jeder Themenbereich, über den Sie Ihre Kunden befragen wollen, aus einer Mischung verschiedener Fragetypen. Welche sich dabei anbieten, hängt ganz von der Zielsetzung Ihrer Befragung ab.

Sinnvoll ist immer auch die Aufnahme von Fragen, die Auskunft über die Preisvorstellungen Ihrer Kunden geben. Wer etwa Kleidung verkaufen will, sollte fragen, welche Marken von Kunden gekauft werden. So lässt sich schnell erkennen, wie viel ein potentieller Kunde etwa für einen Pullover ausgibt. Ergänzend könnten Sie auch fragen, welche Automarke der Kunde fährt, um so zu verstehen, ob ein Kunde etwa bei der Kleidung das Besondere sucht und beim Fahrzeug womöglich eher zur bodenständigen Auswahl neigt.

Antwortet ein Kunde, dass er seine Kleidung sowohl im Discount als auch im hochpreisigen Fachhandel kauft, sollten Sie eine zweite Befragungsrunde einlegen, um herauszufinden, in welchen Fällen und aus welchen Beweggründen dieses unterschiedliche Kaufverhalten zustande kommt. Für solche Details bieten sich auch die im Folgenden vorgestellten Customer Insights an.

Wenn Sie eine erste Version Ihres Fragebogens entworfen haben, sollten Sie diesen zunächst mit Freunden oder Bekannten testen. Manchmal stellt sich heraus, dass eine Frage unklar formuliert ist und nicht verstanden wird oder dass es zu viele Fragen sind. In diesem Fall sollten Sie Ihren Fragebogen noch einmal überarbeiten.

Einfache, schnell verständliche Fragen sind wichtig und Sie sollten es auch nicht übertreiben. Wer potentiellen Kunden einen mehrseitigen Fragebogen vorlegt, muss damit rechnen, dass die Motivation und Konzentration der Befragten zum Problem wird. Beschränken Sie sich deshalb auf die wichtigsten Fragen und setzen Sie Prioritäten.

Eindeutige Antworten sind selten!

Wenn Sie qualitative Fragen stellen, sollten Sie immer mehr als drei Abstufungen für die Antwort anbieten. Wer etwa fragt „Wie gut gefällt Ihnen das Design des Produktes?" und nur ein, zwei oder drei Punkte erlaubt, wird eine Überraschung erleben: Fast alle Befragten werden eine Zwei vergeben. Weshalb ist das so? Weil es die Neigung gibt, keine Extremwerte zu vergeben. Lassen Sie also genügend Spielraum in der Abstufung um die Tendenz zu erkennen und erwarten Sie kaum Antworten im Extrembereich von „Sehr gut" oder „Sehr schlecht". Dagegen ist die Antwort „Gut" eine klare Richtung, die Ihnen zeigt, dass Sie auf dem richtigen Weg sind.

Um zum Ziel zu kommen, gibt es ganz unterschiedliche Wege. Von der Befragung von Personen bis zur Online-Befragung stehen zahlreiche Varianten zur Auswahl. Die wichtigsten lernen Sie nun kennen:

Art der Befragung	Was zu berücksichtigen ist
Persönliche Befragungen	Ob nun im Bekannten- und Freundeskreis, ob Arbeitskollegen oder einfach Menschen auf der Straße: Die persönliche Befragung bietet vor allem den Vorteil des individuellen Austausches und erlaubt Rückfragen durch den Befragten. So entstehen weniger Missverständnisse und die Ergebnisse sind eindeutiger.

Art der Befragung	Was zu berücksichtigen ist
	Allerdings steht dem ein enormer Zeitaufwand gegenüber. Weiterhin ist es problematisch, mit Befragungen im Bekannten- und Freundeskreis zu arbeiten, denn diese repräsentieren unter Umständen nicht die Zielkundengruppe. Das kann zu vollkommen verzerrten Ergebnissen führen, die eigentlich unbrauchbar sind.
	Ein weiterer Nachteil zeigt sich in der Tatsache, dass die Ergebnisse manuell übertragen werden müssen. Das ist ebenfalls mit einem hohen Zeitaufwand verbunden und stellt eine Fehlerquelle dar. Die Anonymität der Befragten ist nur dann gewährleistet, wenn es sich um eine Befragung von zufällig ausgewählten Personen handelt.
Befragungen mit PDF-Formularen	Mit dem Format PDF kann man nicht nur einfache Dokumente erstellen. PDF kann mehr – etwa das Erstellen von Fragebögen mit der Möglichkeit, Felder auszufüllen oder Kästchen anzukreuzen.
	Die Fragebögen können dann einfach per Mail an die Befragten verschickt werden. Das ist allerdings nur dann sinnvoll, wenn die Befragten über die anstehende Befragung bereits Bescheid wissen und auch mitmachen wollen. Von Anonymität kann also keine Rede sein. In der Regel bietet sich diese Variante also nur dann an, wenn der Kreis der Befragten ganz klar definiert ist und per Mail erreicht werden kann. Der manuelle Übertrag der Ergebnisse zum Zweck der Auswertung bleibt Ihnen darüber hinaus auch hierbei nicht erspart.
	Das Erstellen von Formularen im PDF-Format hat einige technische Tücken und ist nicht ganz simpel. Die wohl einfachste Variante, die zudem kostenlos ist, liegt in der Verwendung von OpenOffice – einem kostenlosen Textverarbeitungsprogramm. OpenOffice kann gefahrlos und kostenfrei heruntergeladen und installiert werden. Damit lassen sich dann Formulare erstellen, die einfach als PDF exportiert werden und schon ist der Fragebogen fertig. Es gibt darüber hinaus auch spezielle Software dafür. Für eine relativ kleine Befragung ist aber die Einarbeitung zu aufwändig und auch die Kosten sprengen in der Regel den Rahmen.

Art der Befragung	Was zu berücksichtigen ist
Onlinebefragungen mit selbst erstellen Formularen	Wer eine Online-Befragung mit einer eigenen Webseite durchführen will, darf keine Angst vor der Verwendung neuer Software-Produkte haben oder braucht technische Kenntnisse in Sachen Programmierung. Auch wenn ein simpler Fragebogen, der auf einer Webseite eingebunden wird, für Profis leicht zu erstellen ist: Für Anfänger ist das keine Option.

Wer Kenntnisse in HTML, CSS, PHP oder einer anderen Programmiersprache hat, kann einen Fragebogen verhältnismäßig schnell umsetzen und braucht dabei auch keine weitere Hilfestellung. Einzig schwierig kann die Übertragung der Daten zum Zweck der Auswertung werden. Unter Umständen ist auch hierbei wieder Handarbeit gefragt. Wer sich nicht auskennt, muss professionelle Hilfe an Bord holen und je nach anstehender Aufgabe können die Kosten dafür extrem variieren. Aus diesem Grund bietet sich eher die Verwendung von Webanwendungen an, die eine Online-Befragung recht leicht machen. |
| Onlinebefragungen mit Webanwendungen dritter Anbieter | Einige Webanwendungen bieten ebenfalls die Möglichkeit der Durchführung von Befragungen an. SurveyMonkey, UmfrageOnline oder auch die Verwendung von GoogleDocs sind dabei nur einige Beispiele von Vielen. Der Vorteil liegt ganz klar auf der Hand: Sie müssen dafür nicht programmieren können. Nur die Verwendung von GoogleDocs zeigt sich etwas komplizierter, als andere Anwendungen.

Doch wie funktioniert eine solche Webanwendung denn nun überhaupt? Eigentlich ist es recht einfach – die Verwendung folgt in der Regel in ein paar wenigen Schritten:

Registrierung beim Anbieter

Erstellung des Fragebogens: Hierbei wird eine URL erzeugt, die dann auf einer Webseite eingebunden werden kann oder die einfach per Mail an die Befragten versandt wird.

Auswertung der Ergebnisse: Diese erfolgt in Echtzeit in Form von Charts oder durch den Export von Daten in eine andere Software. |

Art der Befragung	Was zu berücksichtigen ist
	Um möglichst viele Antworten zu erhalten, müssen Sie also dafür sorgen, dass Ihre Befragung in vielen Foren, auf Ihrer Webseite, in E-Mails und auf anderen Wegen bekannt gemacht wird. Bitten Sie ruhig um Mithilfe. Viele Menschen sind bereit, Gründern zu helfen und nehmen sich ein paar Minuten Zeit, um Ihre Fragen zu beantworten.
	Was die Kosten angeht, ist die Verwendung von Webanwendungen in der Regel sehr übersichtlich. Kostenlos bis etwa 50,00 Euro für einen Monat – damit ist der Fall für die meisten Gründungen erledigt.
	Dabei nimmt man zwar oft ein paar Nachteile in Kauf wie etwa die Einblendung von Werbung im Fragebogen oder eingeschränkte Funktionen. Größere und professionellere Lösungen für umfangreiche Befragungen beginnen ab einem Preis von etwa 300 Euro.

Zu guter Letzt werfen wir nun noch einen Blick auf die Auswertung. Achten Sie bei der Auswahl Ihrer Art der Befragung auf jeden Fall darauf, dass Sie die Daten exportieren können.

Manchmal brauchen Sie eine andere Darstellung oder wollen Zusammenhänge sehen. Ein solcher Zusammenhang ist etwa die Analyse einer ganz bestimmten Personengruppe. So könnte es etwa von Bedeutung sein, die Angaben derjenigen näher zu beleuchten, die angegeben haben, besonders häufig im Baumarkt einzukaufen. Diese Information mit handgeschriebener Dokumentation in Erfahrung zu bringen, ist zeitlich einfach zu aufwändig.

Excel oder die kostenlose Tabellenkalkulation im OpenOffice-Paket reichen meist für die Auswertung aus. Statistiksoftware wie SPSS eignet sich dagegen nur für Profis und ist nicht ganz einfach zu verwenden, zu bedienen und zu interpretieren. Wer aber im Rahmen des Studiums oder anderweitig schon Erfahrungen damit gemacht hat, kann sich selbstverständlich daran versuchen.

Befragungen sind gut, um einen breiten Blick auf die Rückmeldung der befragten Personen zu werfen. Allerdings bergen Befragungen aber auch einige Gefahren: Starke Einschränkung der Rückmeldungen, Sie erfahren keine neuen Ansätze und Ideen, die Befragung ist meist nicht repräsentativ, Sie können die Gefühlswelt der Befragten schlecht erfassen und das Umfeld der Befragten wird nicht einbezogen.

Vor allem aber können Sie nur das in Erfahrung bringen, wonach Sie gefragt haben. Überraschungen, ganz neue Ideen oder andere Dinge, die Ihnen schlichtweg noch gar nicht ein- oder aufgefallen sind; das können Sie im Zuge einer Befragung nicht herausfinden.

3. Stufe Drei: Customer Insights

Wesentlicher Gesichtspunkt für ganz neue Ein- und Ansichten ist eine empathische Herangehensweise. Empathie – also Einfühlungsvermögen – ist die Kunst, sich in andere Menschen hineinzuversetzen und deren Sichtweise zu verstehen. Dabei wird die Sichtweise des Kunden aber nicht beurteilt oder bewertet, sondern vollständig wertfrei hingenommen.

Tiefe Einblicke in die Lebenswelt Ihrer Kunden werden vor allem durch das Führen von Interviews möglich. Diese Kunst, qualitativ hochwertige Informationen mit dem nötigen Fingerspitzengefühl zu erfragen, ist nicht nur vor der Gründung wichtig. Ganz im Gegenteil: Sie können die hier vorgestellten Techniken und Erkenntnisse auch in jeglichem Gespräch mit Ihren Kunden verwenden und so stets neue Erfahrungen machen, die zur weiteren erfolgreichen Entwicklung Ihres Geschäftsmodell beitragen werden. Auch in Verkaufsgesprächen ist Empathie ein wichtiger Erfolgsfaktor. Beginnen Sie also frühzeitig, sich darin zu üben.

Doch wie sieht nun die Vorgehensweise aus, mit der Sie zu spannenden neuen Erkenntnissen kommen? Das folgende Ablaufschema zeigt, wie Sie Ihre Customer Insights in vier Phasen gewinnen können:

Phase	Was versteckt sich dahinter?
Deliberate	**Die Vorbereitungsphase**

Der englische Begriff „deliberate" bedeutet „reflektieren, erwägen, sich etwas ausdenken". In diesem Sinne geht es hier darum, die Interviews vorzubereiten. Dabei überlegen Sie zunächst, was Sie eigentlich erreichen wollen beziehungsweise was Sie eigentlich herausfinden oder welche Bereiche Sie näher beleuchten wollen.

④ Verify
- Interpretation
- Weitere Interviews
- Expertengespräche
- Befragungen

① Deliberate
- Aufgabenstellung
- Ziele
- Vermutungen
- Fragen
- Allgemeine Vorbereitung

③ Empathise
- Offene Interviews
- Einfühlungsvermögen
- Vertrauen
- Aktives Zuhören
- Keine Bewertungen

② Anticipate
- Thesen aufstellen
- Antworten vorweg nehmen
- Weiterführende Fragen
- Erwartungen

Customer Insights in vier Phasen

Notieren Sie

- welche Aufgabenstellung zugrunde liegt,
- worum es geht,
- welches Ziel erreicht werden soll,
- welche Vermutungen Sie bereits haben,
- welche Ergebnisse aus Fragebögen Ihnen erstaunlich erscheinen,
- welche Themenbereiche Sie näher beleuchten wollen,
- welche konkreten Fragestellungen es von Ihrer Seite gibt,
- welches Kundenverhalten Ihnen rätselhaft erscheint,

Phase	Was versteckt sich dahinter?
	• welche Aussagen von Experten beleuchtet werden sollen, • wie und wo Sie potentielle Interviewpartner finden (Familie, Freunde, Netzwerke, Arbeitskollegen, fremde Menschen ansprechen, anderes). Neben dieser mentalen Vorbereitung gibt es auch noch ein paar ganz praktische Dinge zu klären: Ein ungestörtes Umfeld für die Interviews muss gefunden werden, ein Zeitplan ist sinnvoll, Termine für Interviews müssen gefunden und vereinbart werden. Viele Interviews lassen sich auch telefonisch durchführen. Sie benötigen außerdem etwas zum Schreiben oder ein Diktiergerät zum Aufzeichnen. Bevor Sie sich an erste Interviews machen, ist es sinnvoll, bereits erste Marktdaten zur Hand zu haben. Je mehr Sie schon im Vorfeld wissen, desto besser können Sie etwa die Aussagen im Rahmen von Studien überprüfen oder näher beleuchten. Alternativ können Sie sich auch mit Aussagen von Experten beschäftigen oder Sie haben festgestellt, dass das Preisgefüge Ihrer Wettbewerber unlogisch erscheint. Aber auch Interviews, die einfach nur den Kunden, seine Vorlieben und sein soziales Gefüge in Augenschein nehmen, können ganz erstaunliche Resultate bringen. Bei der Vorbereitung Ihrer Fragestellungen sollten Sie bedenken, dass es stets darum geht, Ihre Kunden nicht nur als einzelne Person zu betrachten. Das Umfeld Ihres Kunden spielt eine enorme Rolle und gehört unweigerlich zu Ihren Betrachtungen. Um mögliche Ansätze für Fragestellungen zu erhalten, bietet sich die sogenannte Empathiekarte an, mit deren Hilfe Ihre Fragen gut strukturiert werden können und die auch schon ganz konkrete Fragen für die Durchführung von Interviews liefert. Im Gegensatz zur klassischen Darstellung der Empathiekarte stelle ich hier jedoch eine Empathie-Mindmap vor, die Sie verwenden können, um Ihre Fragestellungen auszuarbeiten, ohne dabei wichtige Aspekte zu vergessen.

Phase	Was versteckt sich dahinter?
	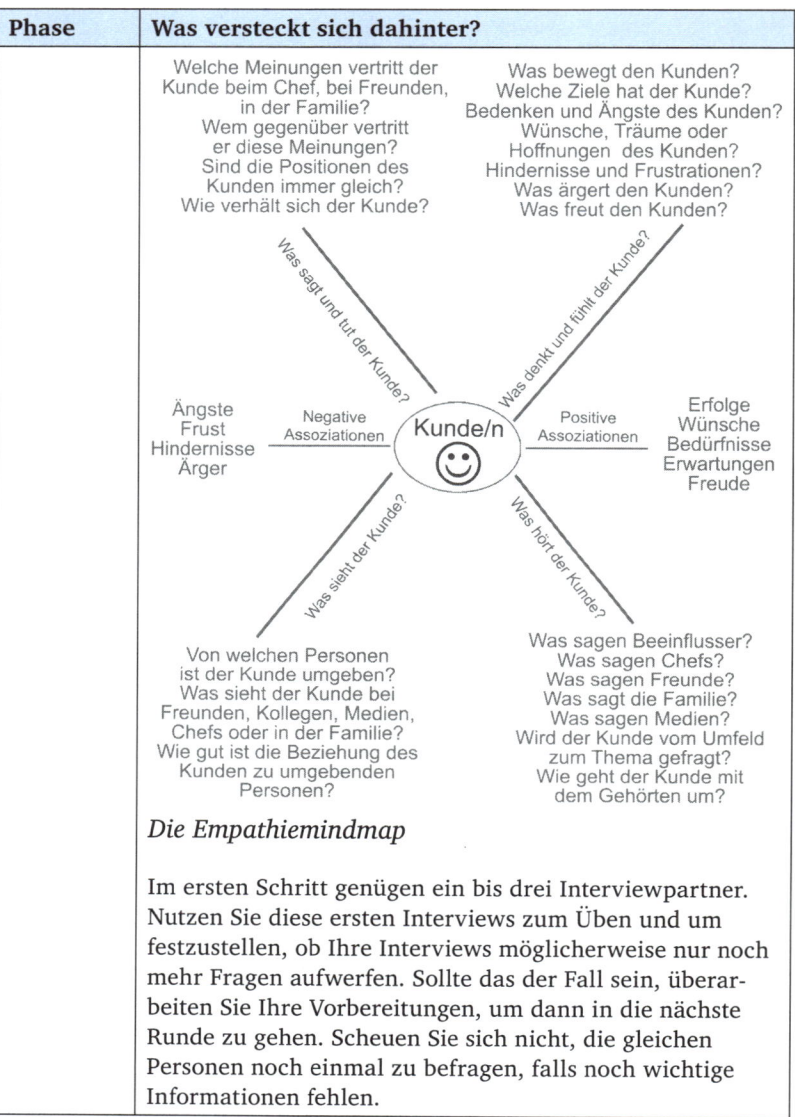

Welche Meinungen vertritt der Kunde beim Chef, bei Freunden, in der Familie? Wem gegenüber vertritt er diese Meinungen? Sind die Positionen des Kunden immer gleich? Wie verhält sich der Kunde?

Was bewegt den Kunden? Welche Ziele hat der Kunde? Bedenken und Ängste des Kunden? Wünsche, Träume oder Hoffnungen des Kunden? Hindernisse und Frustrationen? Was ärgert den Kunden? Was freut den Kunden?

Was sagt und tut der Kunde? *Was denkt und fühlt der Kunde?*

Ängste Frust Hindernisse Ärger — Negative Assoziationen — **Kunde/n** ☺ — Positive Assoziationen — Erfolge Wünsche Bedürfnisse Erwartungen Freude

Was sieht der Kunde? *Was hört der Kunde?*

Von welchen Personen ist der Kunde umgeben? Was sieht der Kunde bei Freunden, Kollegen, Medien, Chefs oder in der Familie? Wie gut ist die Beziehung des Kunden zu umgebenden Personen?

Was sagen Beeinflusser? Was sagen Chefs? Was sagen Freunde? Was sagt die Familie? Was sagen Medien? Wird der Kunde vom Umfeld zum Thema gefragt? Wie geht der Kunde mit dem Gehörten um?

Die Empathiemindmap

Im ersten Schritt genügen ein bis drei Interviewpartner. Nutzen Sie diese ersten Interviews zum Üben und um festzustellen, ob Ihre Interviews möglicherweise nur noch mehr Fragen aufwerfen. Sollte das der Fall sein, überarbeiten Sie Ihre Vorbereitungen, um dann in die nächste Runde zu gehen. Scheuen Sie sich nicht, die gleichen Personen noch einmal zu befragen, falls noch wichtige Informationen fehlen. |

Phase	Was versteckt sich dahinter?
	Alternativ können Sie auch kleinere „Wellen" einplanen – etwa mit drei Interviewpartnern zu Beginn und drei folgenden Interviewpartnern, die aber zeitlich versetzt an der Reihe sind. Das gibt Ihnen die Möglichkeit, Ihre Ergebnisse zunächst zu reflektieren und möglicherweise die Fragestellungen zu überarbeiten. Mehrere Interviewrunden sind immer dann sinnvoll, wenn Sie einen größeren Themenkomplex beleuchten wollen. Typischerweise sind die neuen Impulse und Erkenntnisse so vielfältig und zahlreich, dass eine zweite Runde garantiert notwendig wird.
	In der Regel brauchen Sie nur einige wenige Interviews, um qualifizierte Informationen zu erhalten. Im besten Falle wählen Sie solche Personen aus, die zu Ihrer Zielkundengruppe gehören, denn genau über diese Menschen wollen Sie etwas in Erfahrung bringen.
Anticipate	**Das Gespräch vorweg nehmen**
	Sie haben nun sicherlich schon erste Ideen, wie Ihr Interview aussehen kann. Um möglichst gewieft und ohne „Hänger" durch ein Interview zu kommen, empfiehlt es sich, das Gespräch vorweg zu nehmen. So können Sie schon im Vorfeld mögliche Antworten ermitteln und über denkbare weiterführende Fragen nachdenken. Das verhindert, dass Sie während des Interviews einfach hängen bleiben und nicht mehr weiter wissen:
	<ul><li>Haben Sie Thesen oder Vermutungen bezüglich bestimmter Phänomene oder bezüglich der Auswertung von Fragebögen? Halten Sie diese schriftlich fest und nutzen Sie das Interview, um herauszufinden, ob Sie mit Ihren Vermutungen und Thesen richtig liegen.</li><li>Schreiben Sie für jede Ihrer Fragen verschiedene Antwortmöglichkeiten Ihrer Kunden auf. Was könnte wohl die Antwort auf Ihre Frage sein?</li><li>Entwickeln Sie aus den Antworten, die auf Ihre Fragen gegeben werden, eine oder mehrere weiterführende Fragen.</li><li>Gibt es bestimmte Verhaltensweisen, Meinungen oder Einstellungen, die Sie von Ihren Kunden im Gespräch erwarten? Ist es denkbar, dass Ihre Erwartungen bezüglich Verhaltensweise, Meinungen oder Einstellungen nicht erfüllt werden? Welche anderen Verhaltensweisen, Meinungen, Einstellungen oder Thesen wären denkbar?</li></ul>

Phase	Was versteckt sich dahinter?
	▪ Wenn es Antworten gibt, bei denen es Ihnen schwer fällt, eine weiterführende Frage zu finden, sollte Ihr Augenmerk besonders an diesen Stellen liegen. Finden Sie so viele weiterführende Fragen wie möglich, um das „Stocken" im Interview zu verhindern.
Empathise	**Die Interviews durchführen**
	▪ Sorgen Sie für ein vertrauensvolles Gesprächsklima. Klären Sie Ihren Gesprächspartner darüber auf, dass das Gesprochene nicht weitergegeben wird. Die Räumlichkeiten sollten ruhig sein – ohne unerwünschte Zuhörer oder störende Anrufe und ähnliches.
	▪ Machen Sie klar, dass Sie die Fragen stellen.
	▪ Zeichnen Sie die Ergebnisse entweder schriftlich oder mit einem Tonbandgerät auf. Fragen Sie Ihre Interviewpartner insbesondere bei Tonaufnahmen vorher, ob diese damit einverstanden sind.
	▪ Durch Ihr Verhalten, Ihre Haltung und Ihre Aufmerksamkeit sollte das Gegenüber das Gefühl bekommen, dass jetzt nichts Wichtigeres existiert, als Ihr Gesprächspartner.
	▪ Achten Sie im Laufe des Gesprächs auf Zwischentöne. Es lohnt sich, genau bei diesen Hinweisen nachzuhaken. Wann auch immer Ihr Gesprächspartner emotional wird: Auch hier ist es lohnenswert, genauer hinzuschauen.
	▪ Vermeiden Sie Missverständnisse und fragen Sie unter Umständen nach, ob Sie etwas richtig verstanden haben. Mit der Frage nach dem „Habe ich das richtig so verstanden?" verschaffen Sie sich außerdem manchmal etwas Zeit, um über die nächsten Fragen nachzudenken.
	▪ Bewerten Sie die Aussagen Ihres Interviewpartners nicht. Nehmen Sie die Antworten einfach hin.
	▪ Beginnen Sie ein Interview immer mit unproblematischen Fragen, wie etwa „Haben Sie gut hergefunden?" oder „Haben Sie etwas Zeit mitgebracht?". Auch das Anbieten eines Getränkes gehört zum Auftauen des Interviewpartners.
	▪ Stellen Sie offene Fragen, die nicht einfach nur mit „ja" oder „nein" beantwortet werden können. Wer, Wo, Was, Wann, Wie, Warum, Woher? Das sind die Worte, mit denen die richtigen Fragen in der Regel beginnen.

Phase	Was versteckt sich dahinter?
	▪ Ihr Fragekoffer – diese Fragen sind immer gut geeignet: Was ist geschehen? Wer war an der Sache oder dem Ereignis beteiligt? Wo und wann geschah es? Wie geschah es? Wie kam es zu diesem Ereignis? Wie hat sich das angefühlt? Wie haben Sie reagiert? Haben Sie mit anderen Menschen über die Sache gesprochen und mit wem und was? Was hätten Sie sich gewünscht? Was hätte besser sein sollen? Was meinen Sie dazu? Wie könnte man das angehen? Was könnte daraus resultieren?
	▪ Wenn Sie einem Gesprächspartner die richtigen Informationen entlocken wollen, ist es oft notwendig, ausschweifende Fragen zu stellen. Wenn jemand einfach antwortet „Da habe ich mich geärgert." ist diese Aussage nicht präzise genug. Fragen Sie weiter: „Da muss ja Einiges passiert sein, dass Sie sich geärgert haben. Können Sie das näher erläutern? Wie ist das zustande gekommen und wie haben Sie sich dabei gefühlt? Haben Sie mit Ihren Freunden oder Kollegen darüber gesprochen und was haben diese dazu gesagt?" Nur so schaffen Sie es, das Thema wirklich intensiv zu beleuchten.
	▪ Wenn der Gesprächspartner schwierig ist: Sagen Sie, was störend ist und bitten Sie um eine Veränderung. Formulierungen wie „Können Sie weniger Fremdworte verwenden?" oder „Können Sie sich kürzer fassen?" sind vollkommen in Ordnung.
	▪ Sollte eine Frage keine brauchbare Antwort mit sich bringen, können Sie die Frage auch wiederholen. Alternativ versuchen Sie, die Frage anders zu stellen. Sie können auch erst einmal eine ganz andere Frage aus dem Ärmel ziehen, um dann wieder zurück zum Thema zu kommen.
	▪ Stellen Sie sich auf Enttäuschungen ein. Es kann passieren, dass Sie einige Anläufe brauchen, bis Ihre Interviews gute Ergebnisse liefern. Manchmal braucht man etwas Zeit, um zu erkennen, wo der Hase im Pfeffer liegt – es erschließt sich oft nicht sofort.

Phase	Was versteckt sich dahinter?
Verify	**Vollendung durch Nachbereitung** Für die Nachbereitung sollten Sie folgende Fragestellungen beachten: ■ Welche Bedürfnisse ergeben sich aus dem Gespräch mit Kunden und erfüllt Ihre Idee die Bedürfnisse des Kunden? ■ Welche Aspekte haben für den Kunden einen besonderen Stellenwert? Gibt es Aspekte, die sich als zusätzliches Produkt oder als Alleinstellungsmerkmal anbieten? Können Sie Merkmale Ihres Produktes oder Ihrer Dienstleistung so weiterentwickeln, dass der „Gewinn" für Ihren Kunden noch größer wird? ■ Gibt es Aspekte, die Ihren Kunden zuwider sind? Welche Aspekte würden den Kunden vom Kauf abhalten? Was sollten Sie unbedingt vermeiden? ■ Gibt es Aspekte, die Ihren Kunden Kopfzerbrechen bereiten oder die für Frust beim Kunden sorgen? Können Sie diese Bedenken oder Frustrationen ausräumen? ■ Gibt es Probleme beim Kunden, die bisher ungelöst sind? Lässt sich daraus ein zusätzlicher Nutzen für Ihre Kunden entwickeln? Können diese Probleme gelöst werden – in Form eines Produktes oder einer Dienstleistung? ■ Gibt es Widersprüche zwischen denken/fühlen und sagen/tun? Können Sie diese Widersprüche nutzen – etwa in Ihrer Unternehmenskommunikation oder beim Produkt selbst? ■ Gibt es Beeinflusser, die eine enorme Rolle spielen? Wenn ja, wie können Sie diese Beeinflusser erreichen? Inwieweit sind Ihre Kunden vielleicht selbst starke Beeinflusser? Falls Ihre Kunden selbst als Beeinflusser oder Ratgeber agieren – wie können Sie dies nutzen? Nicht immer sind die Antworten einfach zu verstehen oder zu interpretieren. So habe ich als Autorin etwa selbst vor der Aufgabe gestanden, einen Zeitschriftenbeitrag rund um gescheiterte Unternehmen zu schreiben. Eine wichtige Erkenntnis aus den Interviews war, dass alle Befragten sehr wohl wussten, dass es nicht gut um das Unternehmen steht und dennoch hat keiner der Befragen frühzeitig genug auf die Schräglage reagiert. Doch weshalb? Diese Frage lässt sich nicht aus den Interviews heraus klären. Vielmehr war eine Nachbereitung in Form eines Gespräches mit einem Psychologen sinnvoll, um eine Erklärung für dieses erstaunliche Phänomen zu finden.

Phase	Was versteckt sich dahinter?
	Unter Umständen ist es also notwendig, einige Aussagen noch einmal näher zu überprüfen oder mit anderen Personen zu besprechen. Hier kann sich insbesondere die Zusammenarbeit mit einem Coach lohnen, der Psychologe ist und Ihnen dabei hilft, die Ergebnisse richtig zu interpretieren. Alternativ können Sie auch noch weitere Interviews durchführen oder eine Befragung folgen lassen. Möglicherweise finden Sie aber auch bei Branchenexperten oder in Studien weiterführende Antworten. Je klarer die Lebenswelt Ihrer Kunden für Sie ist, desto besser können Sie darauf eingehen und ein passgenaues Produkt oder eine maßgeschneiderte Dienstleistung anbieten.

Wenn Sie nun schon erste Einblicke gewonnen haben, ist es an der Zeit noch einmal Ihr Geschäftsmodell festzuhalten. Ihr Werk in Form einer Mindmap wird nach der Durchführung von Customer Insights mit Sicherheit verändert daher kommen. In jedem Fall aber werden Sie in der Lage sein, ein Geschäftsmodell auszuarbeiten, das zu Ihren Kunden so gut passt, wie ein maßgeschneiderter Anzug. Versuchen Sie es nach Ihrem Kundentauchgang noch einmal und Sie werden sehen, dass Ihre Ausarbeitungen deutlich präziser und kundenorientierter sind:

- Angebot (Was genau wollen Sie anbieten?)

- Zielgruppe (Wen genau wollen Sie ansprechen?)

- Kundennutzen (Welchen Nutzen haben Ihre Kunden vom Kauf?)

- Alleinstellungsmerkmal (Was macht Ihr Produkt/Ihre Dienstleistung besonders?)

III. Geschäftsmodell vertiefen: Business Modeling

Die große Mehrheit aller Gründungsberatungen, Bücher rund um die Gründung und Trainings vertreten die Auffassung, dass es nun an der Zeit ist, sich an den Businessplan zu machen. In der Praxis zeigt sich jedoch oft, dass diese Vorgehensweise nicht zum gewünschten Ergebnis führt: Einem gut strukturierten Businessplan, der vor allem auf den Punkt kommt.

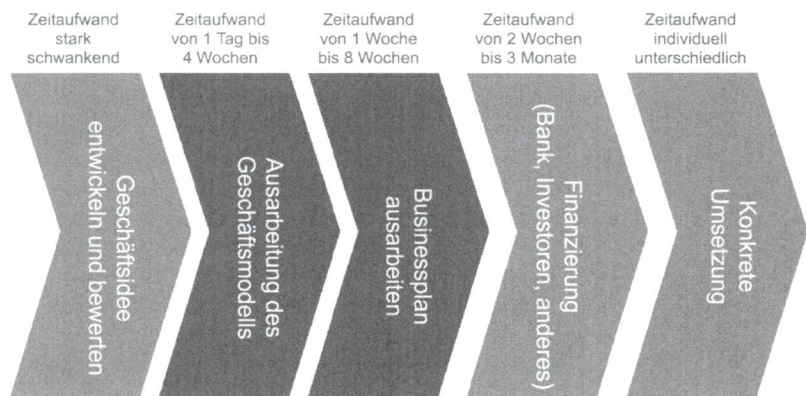

Business Modeling - das betrifft die Ausarbeitung des Geschäftsmodells und den Businessplan. Schrittweise und gut strukturiert kommen Sie damit zum Ziel.

Informationen sammeln

Um sich das Leben etwas leichter zu machen, können Sie einen Zwischenschritt in Ihre Gründungsvorbereitungen einbauen: Die Erstellung einer Geschäftsmodell-Leinwand, die originär Business Model Canvas heißt. Da sich der Begriff „Canvas" weitestgehend durchgesetzt hat, wird auch in diesem Buch die Rede davon sein. Ganz grundsätzlich ist damit ein großes Blatt – am besten im Format A0 – mit einem vorgegebenen Schema gemeint, auf dem komplexe Informationen mit Hilfe von Klebezetteln strukturiert und bearbeitet werden.

Die Vorteile liegen auf der Hand: Mit Hilfe der Klebezettel lässt sich jede Idee und jeder Gedanke zum Thema erst einmal festhalten und in ein Schema bringen. Bei Bedarf kann ein Zettel jederzeit ausgetauscht werden. Weitere Vertiefungen zu einem bestimmten Thema sind ebenfalls jederzeit möglich und können leicht zugeordnet werden. Darüber hinaus bietet eine solche Canvas nur begrenzten Platz. Das ist sinnvoll, denn so vermeiden Sie die Sammlung unnützer Informationen und beschränken sich auf die wirklich wichtigen Fakten. Auch für Gründerteams ist die Verwendung der Canvas ideal, denn an Übersichtlichkeit und schneller Bearbeitbarkeit ist diese Vorgehensweise kaum zu überbieten.

Wenn Sie die Erstellung einer Business Model Canvas in Angriff nehmen, bevor Sie einen Businessplan erstellen, profitieren Sie von folgenden Vorteilen:

- Die Canvas ist ein Schritt zwischen der Ausarbeitung des Geschäftsmodells und der Erstellung des Businessplanes. Dieser Zwischenschritt erlaubt eine sukzessive Annäherung an den später entstehenden Businessplan.

- Ihre Informationen rund um die Gründung werden deutlich besser strukturiert. Das wirkt sich spürbar und sichtbar im darauf folgenden Businessplan aus.

- Zusammenhänge und Wechselwirkungen sind deutlich leichter zu erkennen. Ihr Geschäftsmodell erfährt dadurch meist erkennbare Optimierungen und die Gefahr von Fehlern im Geschäftsmodell wird dadurch reduziert.

- Die Canvas ist einfacher und schneller zu bearbeiten, als ein monströses Word-Dokument und Ordner voller gesammelter Informationen.

- Sie arbeiten mit fokussierteren Informationen und vermeiden es, sich im Word-Dokument zu verzetteln.

- Die entstandene Struktur kann im nächsten Schritt ganz einfach in den Businessplan oder in eine Präsentation übertragen werden. Der Businessplan schreibt sich deutlich leichter, wenn die Inhalte im Prinzip schon auf der Canvas dargestellt wurden.

- Sie erkennen Optimierungspotentiale, Schwächen, Stärken oder Erfolgsaussichten einfacher und schneller.

- Auch wenn zukünftig Wettbewerber in Ihren Markt eintreten, kann die Canvas mit hilfreich sein: Sie können schneller erkennen, worin sich Ihr Unternehmen unterscheidet und welche Ansatzpunkte es gibt, Ihr Geschäftsmodell weiter zu entwickeln.

- Sie verstehen Ihr eigenes Unternehmen schlichtweg besser.

Die Idee einer solchen „Leinwand" wird im Buch „Business Model Generation" von Alexander Osterwalder & Yves Pigneur beschrieben. Die Darstellung der Business Model Canvas – ein echter Verkaufsschlager und eine wirklich exzellente Arbeitshilfe. Es lohnt sich, den gedanklichen Ansatz von Osterwalder und Pigneur weiterzuverfolgen und das Geschäftsmodell in übersichtlicher und grafischer Form darzustellen. Um eine einheitliche und logische Bearbeitung der einzelnen Gründungsschritte zu ermöglichen, stelle ich in diesem Buch eine eigens entwickelte Variante vor. Ihre Gründungsvorbereitungen werden damit schlichtweg übersichtlicher und passen gut zu den geforderten Inhalten im späteren Businessplan – und zwar so, wie es im deutschsprachigen Raum und in gängigen Gründerseminaren und gängiger Literatur üblich ist.

Die Bearbeitung mit Hilfe der Canvas ist verhältnismäßig einfach: Besorgen Sie sich zunächst Klebezettel, auf denen Sie Ihre Gedanken, Informationen und andere Hinweise festhalten. Diese werden dann einfach in den passenden Bereich geklebt. Wenn kein Platz mehr ist, sollten Sie anfangen, Ihre Klebezettelsammlung zu reduzieren. Denn: Auch im Businessplan ist nicht unendlich viel Platz. Wenn Sie sich von Ihren Notizen nicht trennen wollen, können Sie einfach ein paar Blätter mit den Stichworten aus der vorher gezeigten Abbildung bereit legen und dort ältere Zettel archivieren.

In der Abbildung sehen Sie ein Haus in der Mitte des Blattes. Das Haus steht für Ihr Unternehmen. Rund um das Haus finden sich die Aspekte, die dem Markt zuzuordnen sind – beispielsweise die Marktlage und die Zielkundengruppe. In der Abbildung finden Sie darüber hinaus die Begriffe wieder, die bereits im vorherigen Abschnitt behandelt wurden: Die Geschäftsidee bzw. Ihr Angebot, die Zielgruppe, das Alleinstellungsmerkmal, der Kundennutzen. Auch auf die Marktlage und die Wettbewerbssituation wurde bereits im vorigen Abschnitt eingegangen.

Mit Hilfe einer Business Model Canvas können Sie Ihre Ausarbeitungen nun noch einmal in eine gut strukturierte Form bringen. Arbeiten Sie die einzelnen Themen in der Reihenfolge 1 bis 5 (siehe Abbildung vorher) ab. Sie beginnen also mit der Geschäftsidee und machen sich erst im fünften Schritt ans Marketing.

Erst wenn die Schritte 1 bis 5 erledigt sind, ist es an der Zeit, sich mit den anderen Themen zu beschäftigen – Rechtsform, Mitarbeiter, Organisation, rechtliche Aspekte, Finanzen und mehr – damit sollten Sie nicht beginnen. Wenn Sie zwischenzeitlich bereits wichtige Informationen dazu finden: Nutzen Sie Ihre Business Model Canvas einfach als geistige Stütze und kleben Sie einen Zettel in den passenden Bereich. So vergessen Sie nichts und können sich vorerst auf die grundlegenden Schritte 1 bis 5 konzentrieren.

Zu Schritt 5 „Marketing" und zu den nicht nummerierten Schritten finden Sie in diesem Buch noch viele Informationen und Arbeitshilfen. Zum jetzigen Zeitpunkt sollten Sie aber in der Lage sein, sich mit Punkt 1 bis 4 auseinanderzusetzen. Alles andere kann später erledigt werden. Es lohnt sich nicht, sich den Kopf über die Rechtsform oder

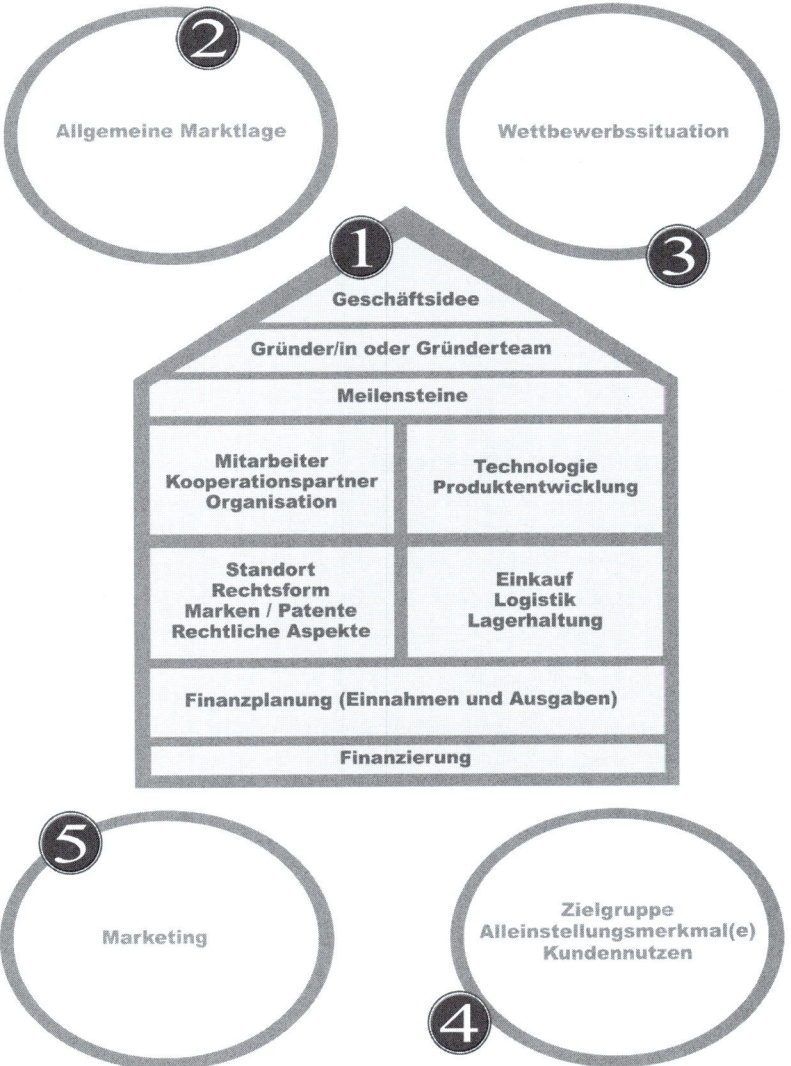

Business Model Canvas

die Organisation zu zerbrechen, wenn die elementarsten Fragen des Geschäftsmodells noch nicht vollständig ausgearbeitet wurden.

Im nächsten Abschnitt „Businessplan" werden Sie sehen, dass die Begriffe aus der Abbildung wieder auftauchen. Das wird Ihnen dann sicherlich keinen Schreck einjagen und Sie können einfach ganz entspannt mit den Informationen arbeiten, die Sie im Zuge der

Erstellung einer Business Model Canvas schon gesammelt haben. Drastische Fehler oder das Vergessen von Informationen – dieses Risiko wird ganz deutlich reduziert. Machen Sie sich also die Mühe mit einer Canvas; es lohnt sich.

Wenn Sie im Team arbeiten, können Sie auch Klebezettel in unterschiedlichen Farben verwenden oder den Namen des betreffenden Ansprechpartners im Team notieren. Ein Gründungsteam sollte allerdings gemeinsam an der Canvas arbeiten. Nur so lässt sich sicherstellen, dass alle im Team das gleiche Verständnis der anstehenden Gründung haben. Nur wenn es um Detailaufgaben – wie etwa das Einholen von Angeboten für die Finanzplanung – geht – ist eine Arbeitsaufteilung sinnvoll.

Missverständnisse beseitigen!

Diskutieren Sie Missverständnisse im Team so früh wie möglich. Verstehen alle Mitglieder des Teams das Gleiche unter der Geschäftsidee? Haben alle Teammitglieder die gleiche Vorstellung über die Organisation im späteren Unternehmen? Ist das Alleinstellungsmerkmal für Alle nachvollziehbar? Nur wenn diese und andere Fragen gemeinsam geklärt wurden, zieht das Team an einem Strang und kann dann auch das Unternehmen viel besser voran bringen und repräsentieren. Das gilt auch, wenn es nur zwei Gründungsmitglieder gibt.

IV. Der Businessplan

Der Businessplan soll Ihr Vorhaben mit allen Aspekten beschreiben. In erster Linie ist der Businessplan zur Vorbereitung einer Existenzgründung so wichtig, weil Sie Ihr Vorhaben damit qualitativ und quantitativ beleuchten – für Ihre eigenen Zwecke und um das spätere Unternehmen vorweg zu nehmen.

Qualitativ gesehen wird beispielsweise die Frage erörtert, ob Ihnen ein geeignetes Marketingkonzept vorschwebt. Quantitativ gesehen wird die Frage beantwortet, ob Ihr Marketingkonzept genügend Kunden bringen kann, um letztlich Gewinne zu erwirtschaften und welche Kosten für Ihr Marketingkonzept anfallen werden. So entsteht eine Planung, die Schritt für Schritt alle erdenklichen Überlegungen zu Ihrem Unternehmen aufgreift.

Der Businessplan ist auch zwingende Voraussetzung für eine Finanzierung von Seiten der Bank oder durch einen Investor. Auch für die

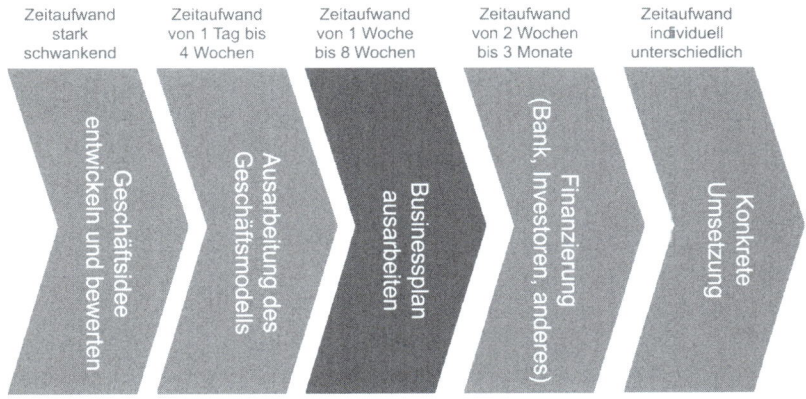

Zeitaufwand stark schwankend | Zeitaufwand von 1 Tag bis 4 Wochen | Zeitaufwand von 1 Woche bis 8 Wochen | Zeitaufwand von 2 Wochen bis 3 Monate | Zeitaufwand individuell unterschiedlich

Geschäftsidee entwickeln und bewerten · Ausarbeitung des Geschäftsmodells · Businessplan ausarbeiten · Finanzierung (Bank, Investoren, anderes) · Konkrete Umsetzung

Der Businessplan: Darstellung des Gründungsvorhabens mit allen relevanten Aspekten im Text- und Zahlenteil - ein Muss für jede Gründung.

Informationen sammeln

Gründungsfahrplan: Der Businessplan

Beantragung von Fördermitteln ist er erforderlich. Am wichtigsten aber ist er für Sie selbst. Bevor Sie Ihren Businessplan angehen, sollten Sie sich eingehend über die professionelle Darstellung Ihres Vorhabens informieren. Es gibt bei Banken, Investoren oder anderen Organisationen meist nur eine Chance – nutzen Sie diese richtig.

Die Erstellung eines Businessplanes ist nicht nur für große Pläne sinnvoll. Auch der Businessplan für ein kleines Kosmetikstudio, einen Raumausstatter oder für einen Freiberufler ist wichtig, um Schwächen im Konzept aufzudecken und sich mit der Frage zu beschäftigen, ob das Vorhaben langfristig bestehen kann. Wenn der Businessplan nicht für externe Zwecke wie etwa die Finanzierung erstellt wird, kann er auch stichpunktartig geschrieben werden. Wird er dagegen etwa bei einer Bank eingereicht, muss das Dokument auch formal richtig sein.

Doch welche Gliederungspunkte gehören nun eigentlich hinein in den Businessplan? Im Grunde genommen sind es genau die Punkte, die bereits beim Geschäftsmodell erwähnt wurden. Nur beim Zahlenwerk gibt es eine Struktur, die aus der Business Model Canvas noch nicht ersichtlich ist.

Sie werden in der gängigen Gründungsliteratur verschiedene Vor-
schläge für Gliederungen finden. Lassen Sie sich davon nicht irri-
tieren. Es gibt kein „genau so muss es sein". Vielmehr gibt es Spielräume, die Sie kreativ nutzen können und je nach Vorhaben und
Leserschaft sollten einige Punkte intensiver ausgearbeitet werden
– andere Punkte können dagegen ganz wegfallen. Im ersten Schritt
stelle ich nun eine Gliederung vor, die ich seit vielen Jahren nutze
und die in der Regel von Gründern aller Branchen gut abgearbeitet
werden kann, ohne dabei ins Trudeln zu kommen:

- Zusammenfassung bzw. Überblick oder Executive Summary

- Die Geschäftsidee (Angebot, Alleinstellungsmerkmal, Kundennutzen)

- Der Markt (allgemeine Marktlage und Wettbewerbssituation)

- Zielkundengruppe(n), Preisgestaltung, Marketing für die Ziel-
  kundengruppe(n)

- Gründer, Mitarbeiter und Kooperationspartner

- Technologie, technologische Entwicklung, Produktentwicklung

- Rechtsform, Standort(e), Organisation

- Patente, Marken und ähnliche Rechte

- Einkauf, Lagerhaltung und Logistik

- Chancen und Risiken

- Investitionsplanung, Umsatzvorschau, Rentabilitätsplanung und
  Liquiditätsplanung

- Anhang (Zeugnisse, Angebote, Mietverträge, andere wichtige Unterlagen)

Was für Ihre Sache nicht relevant ist, fällt bei der Gliederung einfach
unter den Tisch. Was dagegen für Ihre Sache sehr wichtig ist, wird
im Businessplan etwas ausholender beschrieben.

In der Kürze liegt die Würze!

In der Regel sollte ein Businessplan für eine Bank oder einen Investor nicht mehr als etwa 20 Seiten umfassen – mit Text- und Zahlenteil (ohne Anhänge). Mit anderen Worten: Wird die Gliederung noch weiter aufgesplittet, bleibt meist nicht genügend Platz übrig. Es ist sinnvoller, auf den Punkt zu kommen, als Leser mit Text und Zahlen zu überfordern. Bei einem Businessplan, der etwa 40 Seiten umfasst, weiß Ihr Leser spätestens auf Seite 20 nicht mehr, was auf Seite 2 stand. Das Ergebnis: Wichtige Informationen werden nicht wahrgenommen und das schadet Ihrer Sache eher, als dass es nützlich ist.

Weniger ist also mehr und genau darin liegt die Kunst beim Schreiben. Nur wenn es ausdrücklich gefordert ist – etwa für die Beantragung von Fördergeldern oder im Hochschulbereich – können Sie auch ein größeres Werk abliefern. Für Investoren ist darüber hinaus eine etwa drei- bis fünfseitige Zusammenfassung üblich. Die Zusammenfassung kann erst geschrieben werden, wenn alle anderen Teile des Businessplanes fertig sind. Meist erfährt Ihr Businessplan mehrere Überarbeitungen und das hätte eine ständige Überarbeitung Ihrer Zusammenfassung zur Folge.

1. Der Textteil

Der Textteil muss zunächst einigen Ansprüchen genügen. Diese sind zwar zunächst recht einfach zu überblicken, aber nicht immer ganz so simpel umzusetzen. Ein paar Überarbeitungsrunden sind normal und es ist noch kein Meister vom Himmel gefallen. Wer im Beruf viel schreiben musste, tut sich mit dem Businessplan meist recht leicht, während Menschen, die keine Übung im Schreiben haben, viel mehr Anlaufzeit benötigen. Je nachdem sollten Sie etwas mehr oder etwas weniger Zeit zum Schreiben einplanen. Doch nun zu den konkreten Tipps für Ihren Textteil:

Jeder Businessplan beginnt mit einem Deckblatt und einem Inhaltsverzeichnis. Auf dem Deckblatt sollten sich folgende Informationen finden: Die Überschrift „Businessplan" oder „Geschäftskonzept", Ihre Kontaktdaten und eine Schlagzeile, die die Geschäftsidee umreißt. Fügen Sie auch eine Fußzeile mit Seitenzahlen und Ihrem Namen ein. Handelt es sich um einen Businessplan für eine Arbeitsagentur oder ein Jobcenter, sollte auch die Kundennummer auf dem Deckblatt und in der Fußzeile auftauchen.

Vermeiden Sie in Ihren Texten jegliche Übertreibungen. Bleiben Sie trotz aller Begeisterung für Ihre Sache immer sachlich. Worte wie „größte", „unschlagbar" haben im Businessplan nichts zu suchen. Behaupten Sie außerdem nichts, was Sie nicht belegen können.

Verwenden Sie ein konsistentes Layout. Viele verschiedene Schriftarten und -farben sind tabu. Auch mit Hervorhebungen wie Fettschrift oder Unterstreichungen sollten Sie sehr sparsam umgehen. Die Schriftgröße sollte zwischen 11 und 12 Punkt liegen. Eine zu kleine Schrift lässt sich schlecht lesen – eine zu große Schrift raubt zu viel Platz.

Kommen Sie auf den Punkt und fassen Sie sich so kurz wie möglich. Setzen Sie Prioritäten und stellen Sie nur dar, was wirklich wichtig ist. Kurze Sätze und kurze Absätze erleichtern Ihren Lesern das Erfassen der Informationen.

Sie können vereinzelte Bilder verwenden, der Businessplan sollte aber nicht zur Werbebroschüre werden. Bilder sind immer dann sinnvoll, wenn Sie etwa Ihre Geschäftsidee besser darstellen wollen. Vereinzelt kann ein Bild etwa die geplante Atmosphäre in einem Restaurant besser beschreiben, als Worte. Sie stellen so auch sicher, dass Ihre Leser den richtigen Eindruck bekommen. Auch die Darstellung eines Standortes mit Umgebungskarte und eingezeichneten Wettbewerbern kann beispielsweise im Einzelhandel sinnvoll sein, um Lesern einen schnellen Überblick zu ermöglichen. Wenn es bereits ein Logo gibt – auch wenn es nur vorläufig ist – fügen Sie dieses in den Businessplan ein. Sie müssen aber noch kein Logo oder einen Firmen- und Markennamen nennen.

Wann immer sinnvoll, gehen Sie bereits im Textteil auf die Zahlen ein, die Sie später in Ihren Kalkulationen verwenden. So gehört etwa die Höhe der Miete zur Standortbeschreibung und die Kosten für die Erstellung einer Webseite sollten bereits im Abschnitt „Marketing" erwähnt werden. So kann leicht nachvollzogen werden, woher Ihre Daten im Zahlenteil überhaupt kommen und Sie schaffen Transparenz.

Bei der Darstellung der Marktlage sollten Sie sich ausschließlich auf Daten aus Studien oder von bekannten Organisationen beziehen. Verzichten Sie unbedingt auf eigene Einschätzungen wie „ich glaube" und „ich denke". Wenn Sie auf eine bestimmte Entwicklung setzen, müssen Sie beschreiben, weshalb Sie denken, dass diese Entwicklung eintreten wird.

Falls Sie Ihren Businessplan für eine Bank schreiben: Ihr Standort muss vor Abgabe des Businessplanes geklärt sein. In vielen Fällen ist das problematisch, weil die Standortsuche gerade ohne Finanzierungszusage schwierig ist. In diesem Fall suchen Sie einen Standort heraus, schreiben Sie Ihren Businessplan als wäre der Standort bereits geklärt und geben Sie das Dokument dann ab. Eventuell ändert sich anschließend der Standort noch einmal. Das ist dann aber unproblematisch, da eine kurze Nachprüfung des Konzeptes durch die Bank recht schnell über die Bühne geht.

Bewerben Sie sich!

Der Abschnitt „Gründer/in" im Businessplan sollte einem Bewerbungsschreiben ähneln. Schreiben Sie diesen Abschnitt also als Fließtext. Ein tabellarischer Lebenslauf gehört dagegen in den Anhang. Aus Ihrem Text sollte hervorgehen, was Sie für die anstehende Gründung qualifiziert und welche Stärken Sie in das Gründungsvorhaben einbringen. Wenn Sie an dieser Stelle auch Schwächen nennen, müssen Sie zu jeder Schwäche darstellen, was Sie dagegen unternehmen wollen.

Falls Sie Ihren Businessplan für eine Arbeitsagentur oder für ein Jobcenter erstellen: Sie erhalten von den zuständigen Behörden zusammen mit dem Antrag einige Merkblätter mit Hinweisen darauf, welche Unterlagen und Inhalte gebraucht werden. Verwenden Sie in Ihren Überschriften die Begriffe aus diesen Merkblättern. So machen Sie es Ihren Bearbeitern einfacher, die geforderten Inhalte zu finden.

Suchen Sie jemanden, der Ihren Businessplan Korrektur liest. Der eine oder andere Tippfehler wird Ihnen verziehen. Ist ein Businessplan aber voller Fehler, kann dieser Eindruck verheerende Auswirkungen haben.

Wenn Sie Ihren Businessplan bei einer Bank oder einem Investor abgeben wollen, sollten Sie eine Gründungsberatung mit entsprechender Erfahrung suchen, die das Dokument mit Ihnen gemeinsam korrigiert. Die hohen Ablehnungsquoten von bis zu 85 % bei Gründerdarlehen machen deutlich, dass der Businessplan für einen Kreditantrag nicht auf die leichte Schulter genommen werden sollte. Die Ablehnungsquoten bei Investoren liegen dagegen sogar noch viel höher.

Sie können im Internet auch verschiedene Musterbusinesspläne lesen oder herunterladen. Das ist gut, um sich mit dem Stil in diesem Dokument vertraut zu machen. Sie sollten aber darauf verzichten, Formulierungen aus diesen Vorlagen zu übernehmen oder gar einfach ein vorgefertigtes Konzept abzukupfern. Damit machen Sie sich weder bei Banken noch bei Arbeitsagenturen oder Kammern beliebt. Für Investoren ist ein solcher Businessplan ohnehin ein rotes Tuch. Es geht schließlich darum, Ihre eigenen Überlegungen festzuhalten und nicht die anderer Gründer. Wenn Sie merken, dass Sie alleine nicht voran kommen, suchen Sie Hilfe in Form von Gründercoachings, Gründungsberatungen, Büchern oder Seminaren.

a) Grundlegendes zum Zahlenteil

Der Zahlenteil im Businessplan wird von den meisten Gründern als der schwierigere Teil wahrgenommen. Allerdings gibt es zahlreiche Arbeitshilfen wie etwa Vorlagen, die Ihnen das Leben erleichtern können. Bevor Sie sich ans Werk machen und sofort munter drauf loslegen, sollten Sie ein paar ganz grundlegende Tipps rund um die Finanzplanung beherzigen:

Im Vorfeld müssen Sie entscheiden, ob Sie mit oder ohne Umsatzsteuer rechnen wollen. In der Regel werden die Beträge zunächst ohne Umsatzsteuer – also netto – festgehalten. Bedenken Sie dies bei Ihrer Datensammlung und halten Sie gegebenenfalls beide Werte fest: Mit Umsatzsteuer und ohne Umsatzsteuer.

Unerwartete Ausgaben sind vorprogrammiert!

Aus Gründen der Vorsicht werden Kosten immer etwas höher angesetzt, als eigentlich notwendig. Jede Planung von Kosten sollte deshalb auch eine Pufferposition mit „sonstigen Kosten" enthalten. Nichts ist so sicher wie die Tatsache, dass es zu unerwarteten Ausgaben kommen wird und dem muss Rechnung getragen werden. Mit etwa 10 % der absehbaren Investitionen liegen Sie meist richtig für Ihren Puffer.

Umsätze dagegen setzen Sie lieber etwas niedriger an. Viele Businesspläne sind einfach zu optimistisch und fallen bei einer näheren Überprüfung durch eine Bank durch, weil diese weiß, dass allzu sportliche Umsätze nicht erreichbar sind. Gehen Sie also lieber vom schlechteren Fall aus und rechnen Sie sehr konservativ. Wie Sie Ihre Umsätze schätzen, lesen Sie in diesem Buch weiter vorne im Abschnitt „Umsatzschätzungen richtig vornehmen". Die dort vorgestellte Vorgehensweise ist sowohl für Arbeitsagenturen/Jobcenter als auch für Banken und Investoren vollkommen in Ordnung.

Sammeln Sie zunächst Informationen über Kosten und Umsätze. Wenn es Kosten gibt, die zu Beginn für Sie nicht einschätzbar sind, recherchieren Sie. Suchen Sie nach Angeboten im Internet, lassen Sie Angebote erstellen oder fragen Sie Branchenexperten. Wenn Ihr Businessplan für eine Bank erstellt wird, gehören vereinzelte Belege (Angebote, Verträge, Mietvertrag, Leasingvertrag oder ähnliches) in den Anhang. Damit zeigen Sie, dass Ihre Daten nicht frei erfunden wurden und verdeutlichen eine gründliche und fundierte Vorbereitung.

Die Finanzplanung umfasst folgende Bestandteile:

- Investitionsplanung

- Finanzierungsplanung

- Rentabilitätsplanung

- Liquiditätsplanung

Um verschiedene Vorlagen oder Anleitungen zu verstehen, sollten Sie vor allem die Begriffe dieser einzelnen Bestandteile verstehen. Diese werden Ihnen immer wieder begegnen und wer den Sinn und Zweck verstanden hat, wird sich mit den meisten Vorlagen viel leichter tun. In den folgenden Abschnitten lernen Sie deshalb nun diese und ein paar neue Begriffe rund um die Finanzplanung kennen.

b) Was sind Abschreibungen?

Die meisten Menschen haben das Wort „Abschreibungen" schon einmal gehört. Für die Finanzplanung ist es notwendig, diesen Begriff tatsächlich auch zu verstehen.

Bei der Anschaffung oder bei der Herstellung von Sachwerten mit einem Wert über 150 Euro setzt die Buchhaltung die entstehenden Kosten nicht zwangsläufig zum Zeitpunkt des Kaufes an. Vielmehr werden die Kosten eventuell auf die voraussichtliche Nutzungsdauer des Vermögensgegenstandes verteilt. Diese Vorgehensweise lässt sich auch anders formulieren: Es werden Abschreibungen angesetzt. Die Nutzungsdauer wird dabei vom Gesetzgeber in Form sogenannter Abschreibungstabellen vorgegeben. So beträgt etwa die fiktive Nutzungsdauer für einen PC oder Laptop 3 Jahre.

Die Buchhaltung ist nicht die ganze Wahrheit

Was bedeutet das in der Praxis? Wir erklären es am Beispiel: Elsa will sich als freiberufliche Journalistin selbstständig machen und plant den Kauf eines neuen Laptops, der 1.200 Euro kostet. Während ihr Geschäftskonto nun um 1.200 erleichtert wird, tauchen in der Buchhaltung in den nächsten drei Jahren jeweils 400 Euro auf. Das Ergebnis ist also eine Abweichung zwischen dem realen Zeitpunkt des Zahlungsflusses und dem, was in der Buchhaltung zu finden ist. Die Daten aus der Buchhaltung geben also nicht zwangsläufig genau das wieder, was sich auf dem Geschäftskonto getan hat.

Die beispielhafte Verteilung des Betrages von 1.200 Euro über drei Jahre nennt sich lineare Abschreibung. Es gibt auch andere Möglichkeiten, Abschreibungen zu berechnen – diese ist aber die Einfachste und für den Businessplan reicht sie aus.

Wenn Elsa nun auch noch vorhat, eine externe Festplatte zu kaufen, die 150 Euro kostet, wird dieser Betrag einfach genau so in der Buchhaltung auftauchen, wie er auch vom Geschäftskonto gebucht wurde. In diesem Fall gibt es keine Abschreibungen und damit auch keine Verteilung des Betrages über mehrere Jahre, die ohnehin nur auf dem Papier stattfindet.

Da also Ihre geplanten Ausgaben unterschiedlich behandelt werden, empfiehlt es sich auch, bei Ihren Notizen und Aufzeichnungen von Anfang an zu unterscheiden, um welche Art der Ausgabe es sich handelt. Das nun folgende Gliederungsschema hilft Ihnen beim Strukturieren Ihrer Datensammlung und erklärt, in welchen Fällen Abschreibungen fällig werden und in welchen nicht:

Gliederung	Kurze Erklärung und Beispiele
Geringwertige Wirtschaftsgüter (GWG) – Mini	**Sachwerte mit einem Wert von weniger als 150 Euro pro Stück.** Nehmen wir an, Sie kaufen 10 Tische im Wert von 200 Euro pro Tisch. In diesem Fall handelt es sich um geringwertige Wirtschaftsgüter im Wert von insgesamt 2.000 Euro. Hinter den geringwertigen Wirtschaftsgütern verstecken sich typischerweise kleinere Büromöbel, Drucker, Geschirr, Dekomaterial, Lampen, Telefone, kleinere Werkzeuge, Fachliteratur und anderer „Kleinkram". Für diese GWG's werden in der Regel keine Abschreibungen angesetzt.

Gliederung	Kurze Erklärung und Beispiele
Geringwertige Wirtschaftsgüter (GWG) – Midi	**Sachwerte mit einem Wert zwischen 151 und 410 Euro pro Stück.** Für diese Sachwerte wie etwa Tische, Lampen, Möbelstücke oder ähnliches werden in der Regel keine Abschreibungen angesetzt. Wenn Sie viele Anschaffungen dieser Art tätigen, sollten Sie Ihren Steuerberater fragen, denn es gibt hier dennoch eine Möglichkeit der Abschreibung. Diese ermöglicht Abschreibungen als Sammelposten mit einer Nutzungsdauer von 5 Jahren.
Geringwertige Wirtschaftsgüter (GWG) – Maxi	**Sachwerte mit einem Wert zwischen 411 und 1.000 Euro pro Stück.** Gegenstände der Ladeneinrichtung, Fotokameras, Registrierkassen, Audio- und Videogeräte, Kücheneinrichtungen, Software und viele andere Dinge fallen oft hierunter. Diese geringwertigen Wirtschaftsgüter können auf unterschiedliche Art und Weise behandelt werden: Mit einer pauschalen Nutzungsdauer von 5 Jahren (als Sammelposten) oder mit der Nutzungsdauer, die die Abschreibungstabellen vorsehen.
Betriebs- und Geschäftsausstattung (BGA)	**Sachwerte (BGA) mit einem Wert von mehr als 1.000 Euro pro Stück.** Typisch für die Betriebs- und Geschäftsausstattung sind Fahrzeuge, PC's, Laptops, hochwertigere Büromöbel, Theken, Ladeneinrichtungen, Maschinen, viele Werkzeuge, Kühl- und Gefrierschränke, Herde und mehr. Diese Sachwerte werden mit der gesetzlich vorgeschriebenen Nutzungsdauer abgeschrieben.
Gründungskosten	Die Gründungskosten – das ist kein ganz klarer Begriff. Sie werden unterschiedliche Einteilungen und Definitionen finden. Letztlich wird danach so gut wie immer gefragt, wenn Sie einen Kreditantrag ausfüllen müssen. Sie können sich bei den Gründungskosten auf folgende Positionen einstellen: Kosten für einen Anwalt, Kosten für einen Steuerberater, Startkosten Marketing und Gebühren für die Gründung. Für Gründungskosten fallen keinerlei Abschreibungen an.
Ersteinkauf Waren oder Material	Wer ein Ladengeschäft mit Ware bestücken will oder Material für die Herstellung von Produkten braucht, muss auch diesen Kauf einplanen. Abschreibungen werden dabei nicht fällig.

Gliederung	Kurze Erklärung und Beispiele
Andere Investitionskosten	Weitere Investitionskosten finden sich häufig in **Dienstleistungen, die nicht zu den Gründungskosten** gehören. Das kann etwa ein Maler sein, der die Räume des Büros auf Vordermann bringt. Aber auch Posten wie Mietkautionen, Provisionen, ein Designer oder Webdesigner gehören dazu. Abschreibungen sind hier nicht relevant. Die kompletten Kosten werden also im Jahr der Entstehung gebucht.
Laufende Kosten	Laufende Kosten wie Leasing, Miete, Telefonkosten, Reisekosten, betriebliche Versicherungen, Stromkosten, Büromaterial und ähnliches werden nicht abgeschrieben. Sie werden in dem Jahr, in dem sie entstehen auch in der Buchhaltung berücksichtigt.

Geringwertige Wirtschaftsgüter können Sie im Businessplan einfach zu einer oder mehreren gesammelten Positionen zusammenfassen. Es genügt für die Finanzplanung im Businessplan, wenn Sie beispielsweise eine Position „Dekorationsmaterial" verwenden, sofern die Einzelwerte unter 1.001 Euro liegen. Zum Berechnen der gesamten Position – ist eine Aufschlüsselung aber unter Umständen trotzdem sinnvoll. Sie können diese Berechnung auch in einer Nebenrechnung vornehmen, die dann aber nicht im Businessplan gezeigt wird. Alternativ können Sie eine solche Nebenrechnung im Anhang unterbringen.

Anschaffungen über 1.000 Euro sollten Sie genau benennen. Eine Position „Kücheneinrichtung" wäre dabei zu grob, wenn es sich um eine Gastroküche im Wert von 20.000 Euro oder mehr handelt. Richtig dagegen ist eine Einteilung in folgender Art und Weise: „Geschirrspülgeräte", „Herde und Mikrowellen" und „Kühl- und Gefriergeräte". Wenn Sie unsicher sind, verwenden Sie in Ihrer Planung vorzugsweise eine Zeile mehr als eine Zeile zu wenig oder notieren Sie direkt in Ihrer Tabelle, welche Einzelpositionen sich hinter einer zusammengefassten Position verstecken. So bleibt das Zahlwerk für Sie stets nachvollziehbar und kann vor allem leicht und schnell geändert werden.

c) Was ist eine Investitionsplanung?

In der fertigen Investitionsplanung werden sowohl reale Zahlungs-flüsse als auch Abschreibungsbeträge berechnet. Anders ausgedrückt bedeutet das, dass reale Kosten und buchhalterische Kosten berech-net werden.

Wir bleiben beim Beispiel vorher und gehen davon aus, dass Elsa einen PC kaufen will. Dieser PC wird nach den Buchstaben des Gesetzes über drei Jahre abgeschrieben und kostet zum Kaufzeit-punkt 1.200 Euro ohne Umsatzsteuer. Außerdem hat sie auch noch andere Kosten für Investitionen in Höhe von 1.200 Euro im 1. Jahr eingeplant. Wie sich das in der Investitionsplanung darstellt, zeigt die Abbildung.

Startinvestition	Anschaffungskosten	Nutzungsdauer in Jahren	Kosten 1. Jahr	Kosten 2. Jahr	Kosten 3. Jahr	Kosten 4. Jahr
Laptop	1.200	3	400	400	400	0
PKW	6.000	6	1.000	1.000	1.000	1.000
Büromöbel	500	1	500	0	0	0
sonst. Büroausstattung	100	1	100	0	0	0
Digitalkamera	400	1	400	0	0	0
Drucker/Scanner/Fax	250	1	250	0	0	0
Marketing (Logo, Visitenkarten, Webseite)	1.200	1	1.200	0	0	0
Beratungskosten	200	1	250	0	0	0
Gebühren	30	1	50	0	0	0
Sonstiges	120	1	150	0	0	0
SUMMEN	**10.000**		**4.300**	**1.400**	**1.400**	**1.000**

Während Elsa insgesamt 10.000 Euro für Investitionen ausgeben muss, finden sich in der Buchhaltung nur 4.300 Euro im ersten Jahr. Die Abweichung entsteht durch Abschreibungen beim Laptop und PKW.

Die Investitionsplanung mit Abschreibungen

In der Tabelle „Investitionsplanung" finden sich nun reale Kosten und buchhalterische Kosten (Abschreibungen). Die buchhalterischen Kosten werden in die Rentabilitätsplanung übertragen. Die realen Zahlungsflüsse für Investitionen werden dagegen in die Liquiditäts-planung übertragen.

Wenn es Dinge gibt, die Sie schon haben und die in Ihrem neuen Unternehmen verwendet werden sollen, erstellen Sie im Businessplan eine Liste dieser Dinge – mit dem Gebrauchtwert. Hätte also Elsa bereits einen PKW und einen Laptop, sollte Sie dies erwähnen und kurz darstellen, wie viel Geld sie bei einem Verkauf der Gegenstände dafür bekäme.

d) Was ist eine Rentabilitätsplanung?

Im ursprünglichen Sinne ist die Rentabilität eigentlich eine betriebswirtschaftliche Kennzahl. Unter der Rentabilitätsplanung im Sinne des Businessplanes versteht man die Darstellung der Kosten- und Ertragssituation des zukünftigen Unternehmens. Die Rentabilitätsplanung zeigt dabei die Daten, die für die Buchhaltung relevant sind. Sie zeigt aber nicht, wie viel Geld Elsa tatsächlich für ihre Investitionen ausgegeben hat.

Das Ergebnis der Rentabilitätsplanung ist der Gewinn vor Steuern. Die folgende Rentabilitätsplanung macht auf einfache Art und Weise deutlich, wie aus Erträgen (Einnahmen oder Umsätze) und Kosten der Gewinn ermittelt wird. Der Gewinn berechnet sich mit Hilfe einer simplen Formel:

$$\text{Umsatz} - \text{Kosten} = \text{Gewinn}$$

Position / Jahr	1. Jahr	2. Jahr	3. Jahr	4. Jahr
Umsatz aus Journalistentätigkeit	27.000	42.000	50.000	52.000
Weitere Umsätze	6.000	6.000	6.000	6.000
Kosten aus Investitionen	-4.300	-1.400	-1.400	-1.000
Raumkosten (Miete, etc.)	0	-4.800	-4.800	-4.800
Telefonkosten	-720	-720	-720	-720
Fahrzeugkosten	-1.200	-1.800	-2.400	-2.500
Büromaterial	-360	-380	-400	-420
Fortbildungen	-600	-600	-600	-600
Beratungskosten	-360	-360	-360	-360
Versicherungen	-200	-200	-200	-200
Sonstiges	-2.400	-2.400	-2.400	-2.400
GEWINN VOR STEUERN	22.860	35.340	42.720	45.000

In der Buchhaltung tauchen die buchhalterischen Kosten auf (also Abschreibungen) und sorgen dafür, dass der Gewinn im ersten Jahr nicht mit Elsas Kontostand überein stimmt.

Die Rentabilitätsplanung mit Abschreibungen

e) Was ist eine Liquiditätsplanung?

Die Liquidität ist für Banken wie auch für Investoren ein wichtiger Begriff. Arbeitsagenturen und Jobcenter legen dagegen nicht sonderlich viel Wert darauf. Eigentlich handelt es sich dabei aber um den allerwichtigsten Teil der Finanzplanung.

Die Liquidität ist die Fähigkeit, zwingend fälligen Verbindlichkeiten jederzeit und uneingeschränkt nachkommen zu können. Anders ausgedrückt: Ihre Zahlungsfähigkeit muss jederzeit gewährleistet sein – privat wie betrieblich. Während in der Rentabilitätsplanung mit Abschreibungen gearbeitet wurde, finden in der Liquiditätsplanung die echten Zahlungsflüsse Anwendung. Elsas Laptop, Auto und all die weiteren Investitionen tauchen hier nun mit den Beträgen aus dem realen Leben auf.

Unsere Gründerin hat außerdem 10.000 Euro zur Verfügung, um die schwache Anlaufphase zu überbrücken, das zeigt sich in privaten Einlagen. Ihre kumulierte (aufgerechnete) Liquidität bleibt im positiven Bereich.

Monat	Jan	Feb	Mrz	...
Umsatz aus Journalistentätigkeit	600	1.200	1.800	...
Weitere Umsätze	500	500	500	...
Kosten aus Investitionen	-10.000	0	0	...
Raumkosten (Miete, etc.)	0	0	0	...
Telefonkosten	-60	-60	-60	...
Fahrzeugkosten	-120	-120	-120	...
Büromaterial	-30	-30	-400	...
Fortbildungen	-50	-50	-50	...
Beratungskosten	-30	-30	-30	...
Versicherungen	-17	-17	-17	...
Sonstiges	-200	-200	-200	...
ZWISCHENSUMME	-9.407	1.193	1.423	...
Private Entnahmen	0	-800	-1.200	...
Private Einlagen	10.000	0	0	...
Steuern	0	0	0	...
Zinsen, Tilgungen	0	0	0	...
Monatsaldo	593	393	223	...
Kumulierte Liquidität (Cash-Flow)	593	986	1.209	...

In der Liquiditätsplanung werden alle Einnahmen und Ausgaben genau so gezeigt, wie und wann sie tatsächlich anfallen. Die kumulierte Liquidität entspricht damit dem tatsächlichen Kontostand.

Die Liquiditätsplanung ohne Abschreibungen

Sie haben nun einen wichtigen neuen Begriff kennengelernt: Die kumulierte Liquidität oder auch den Cash-Flow. Das Wort „kumulieren" heißt ganz einfach „aufrechnen". Aufgrechnet wird das Monatsergebnis bzw. der Monatssaldo. Im ersten Monat hat Elsa ein Monatsplus von 593 Euro in Ihrer Planung zu verzeichnen. Im zweiten Monat schafft sie ein Monatsplus von 393 Euro. Mit anderen Worten: Sie hat jetzt noch 593 Euro + 393 Euro = 986 Euro. Diese Rechnung wird einfach für jeden Monat wiederholt. Rutscht die kumulierte Liquidität ins Minus, haben Sie ein echtes Problem: Sie sind zahlungsunfähig.

f) Was ist eine Finanzierungsplanung?

Wir betrachten erneut die Liquiditätsplanung aus der Abbildung vorher. Hat Elsa nun keine 10.000 Euro zur Verfügung, wären die Folgen fatal. Schon im ersten Monat wäre Ihre Liquidität weit ins Minus gerutscht und es bliebe nicht mehr genug Geld für die Miete oder das Auffüllen des Kühlschrank übrig. Damit die kumulierte Liquidität im Plus bleibt, braucht Elsa die 10.000 Euro, die in diesem Fall von Ihren Privatkonto kommen. Hätte sie das Geld nicht, müsste sie nun auf eine Finanzierung setzen.

Elsas Beispiel verdeutlicht weiterhin eine wichtige Tatsache: Der Kapitalbedarf kann nur mit Hilfe der Liquiditätsplanung wirklich zuverlässig ermittelt werden. Elsa startet recht schnell und verdient von Anfang an einigermaßen nennenswerte Beträge. Das ist nicht immer der Fall und in der Anlaufphase ist es keine Seltenheit, dass der Finanzierungsbetrag höher ist als die Investitionen. Mit anderen Worten: Oft müssen auch laufende Kosten in den ersten Monaten mitfinanziert werden. Wie hoch diese genau sind, geht aus der Liquiditätsplanung hervor.

Finanzplanung zeigt den Weg

Damit ist nun die Finanzplanung richtig rund geworden und komplett. Wir haben Investitionen berechnet, in der Rentabilitätsplanung den zukünftigen Gewinn kalkuliert und mit Hilfe der Liquiditätsplanung wurden reale Kosten dargestellt. Darüber hinaus haben wir auch berechnet, wie es mit einer eventuellen Finanzierung aussieht. Der Sinn und Zweck der Finanzplanung ist damit erfüllt.

Im Einzelnen stellen sich ganz sicher noch viele weitere Fragen – vor allem zu den genauen Berechnungen. Fürs erste aber haben Sie mit den Ausführungen hier schon große Schritte in die richtige Richtung gemacht und stehen auch schon bald vor der Vollendung Ihres

Businessplanes. Wie Sie einen überzeugenden Businessplan erstellen, lesen Sie im Detail im Buch „Der perfekte Businessplan" von Bernd Fischl und Stefan Wagner.

Die Finanzierung des Unternehmens

Investitionen und laufende Kosten im Unternehmen erfordern Ausgaben. Doch woher kommt eigentlich das Geld dafür? Mit dieser Frage setzen wir uns nun auseinander. Es handelt sich um eine bedeutende Frage, denn: Was für den Einen ganz einfach erscheint, wird für den anderen zum Stolperstein auf dem Weg zum eigenen Unternehmen. Viele Gründungen scheitern etwa an den hohen Ablehnungsquoten für Kreditanfragen bis etwa 50.000 Euro bei Banken. So ist eine Ablehnungsquote von 85 % keine Seltenheit. Bei Investoren fällt diese Quote noch höher aus. Schnell wird deutlich, dass der Weg zu einer Finanzierung recht steinig ausfallen kann. Die häufigsten Steine aber werden im Folgenden aus dem Weg geräumt.

I. Die wichtigsten Begriffe aus der Finanzierung

1. Eigen- und Fremdkapital

Eine wichtige Unterscheidung bei der Finanzierung ist die Differenzierung in Eigen- und Fremdkapital. Im Fall des Fremdkapitals kommt das Geld von außerhalb des Unternehmens – meist von einer Bank – und muss nach vorher vertraglich festgelegten Bestimmungen zurückgezahlt werden. Die Rückzahlung wird auch Tilgung genannt. Darüber hinaus fallen beim Fremdkapital Zinsen an. Die Verpflichtungen gegenüber dem Fremdkapitalgeber bleiben auch bestehen, wenn das Unternehmen nicht gut läuft oder vielleicht sogar ganz aufgegeben werden muss. Die klassische Fremdkapitalfinanzierung findet sich beispielsweise im Darlehen einer Geschäftsbank.

Finanzierung: Woher soll das Geld kommen? Ob Banken, Investoren oder anderes: Die Finanzierungsentscheidung muss gut vorbereitet werden.

Gründungsfahrplan: Die Auswahl einer Finanzierung

Beim Eigenkapital wird das Geld dagegen von innen heraus zur Verfügung gestellt. Mit anderen Worten: Der oder die Eigentümer des Unternehmens investieren einen festgelegten Betrag in das Unternehmen. Eine Rückzahlung oder Vergütung in Form von Dividenden kann vorgenommen werden. Stellt sich aber heraus, dass die ganze Sache nicht so rund läuft, wie ursprünglich angenommen, gibt es keinerlei Verpflichtung zur Rückzahlung, da das Eigenkapital der Geldbetrag ist, mit dem die Eigentümer nun einmal für das Unternehmen haften. Typische Beispiele für die Eigenkapitalfinanzierung ist die Verwendung von eigenen und vorhandenen finanziellen Mitteln oder das Auffinden einer oder mehrerer Investoren.

Fremdkapital ist mit Risiken verbunden!

Eine gesunde Mischung aus Eigen- und Fremdkapital ist für jedes Unternehmen ratsam. Eine reine Fremdkapitalfinanzierung ist recht riskant. Denn: Auch in schlechten Zeiten müssen Tilgungen und Zinsen getätigt werden und das kann die Kasse so stark belasten, dass es schlichtweg nicht mehr tragbar ist. Ein zu hoher Fremdkapitalanteil ist tatsächlich einer der häufigen Gründe für eine Insolvenz.

Viele Banken verlangen ohnehin einen gewissen Eigenkapitalanteil, der sehr unterschiedlich ausfallen kann. Je nach Vorhaben wird

Ihnen Ihr Ansprechpartner bei einer Bank dann mitteilen, wie hoch dieser Anteil sein muss. Weiterhin ist es gerade bei Banken ohnehin vorteilhaft, eigenen Einsatz zu zeigen – auch wenn der Eigenkapitalgeber vielleicht nicht Sie selbst sind, sondern Ihre Tante, die Oma oder ein Geschäftspartner. Prinzipiell gilt deshalb: Versuchen Sie zuerst, sich um das Eigenkapital für Ihr Unternehmen zu kümmern. Erst im zweiten Schritt geht es dann an die Frage nach dem Fremdkapital.

2. Förderbank, Hausbank und Bürgschaftsbank

Viele Gründungen werden mit Hilfe von so genannten Gründerdarlehen finanziert. In der Regel kommen diese Darlehen von Förderbanken wie der KfW. Das Startgeld der KfW ist wohl das bekannteste Förderdarlehen. Während die KfW bundesweit agiert, haben die Bundesländer aber auch eigene Förderbanken mit ähnlichen Darlehen wie das Startgeld der KfW.

Um einen Förderkredit zu bekommen, müssen Sie sich in der Regel an eine ganz normale Geschäftsbank wenden. So können Sie etwa Ihre Kreditanfrage für einen Förderkredit an Volksbanken, Sparkassen und andere Kreditinstitute richten. Die Abwicklung mit der Förderbank übernimmt dann diese Geschäfts- oder Hausbank. Das Gleiche gilt für so genannte Bürgschaftsbanken. Nur im Ausnahmefall – wenn das Programm der Förder- oder Bürgschaftsbank dies ausdrücklich vorsieht – können Sie sich direkt an diese Banken wenden.

Bürgschaftsbanken helfen, wenn nicht genügend Sicherheiten vorhanden sind, um eine Kreditfinanzierung über Hausbanken zu bekommen. Sie sind damit eine Alternative oder Ergänzung zu den Krediten oder Darlehen für Selbstständige. Bürgschaftsbanken werden von Institutionen wie Handelskammern, Verbänden, Sparkassen und ähnlichen getragen. Sie sind in jeweils einem Bundesland tätig. Es gibt also eine Bürgschaftsbank für Hessen, für Berlin, für Bayern, usw. Sie übernehmen Ausfallbürgschaften für Existenzgründungen, Betriebserweiterungen, Betriebsübernahmen und einiges mehr. Mit anderen Worten: Sie übernehmen die Haftung für den Kreditbetrag oder einen großen Teil der Haftung gegenüber Ihrer Hausbank.

Es lohnt sich in jedem Fall, die Programme der Förderbanken der Bundesländer ebenfalls zu prüfen und nicht nur die KfW in Betracht zu ziehen. Die folgende Liste zeigt die wichtigsten Ansprechpartner, wobei aber unter Umständen auch noch weitere Institutionen etwa für Bürgschaften oder Fördermittel zur Verfügung stehen:

- KFW-Mittelstandsbank (bundesweit): www.kfw-mittelstandsbank. de

- Investitionsbank des Landes Brandenburg: www.ilb.de

- Investitionsbank Berlin: www.ibb.de

- Bürgschaftsbank Berlin: www.buergschaftsbank-berlin.de/

- Investitionsbank Hessen: www.ibh-hessen.de

- Bank für Infrastruktur (Hessen): www.lth.de

- Wirtschafts- und Infrastrukturbank Hessen: www.wibank.de

- Landesförderinstitut Mecklenburg-Vorpommern: www.lfi-mv.de

- Niedersächsische Bürgschaftsbank (NBB): www.nbb-hannover.de

- Niedersächsische Landestreuhandstelle : www.lts-nds.de

- Investitions und Förderbank Niedersachsen GmbH – N-Bank: www. nbank.de

- NRW-Bank: www.nrw-bank.de

- Investitions- und Strukturbank Rheinland-Pfalz (ISB) GmbH: www. isb.rlp.de

- SIKB – Saarländische Investitionskreditbank: www.sikb.de

- Sächsische Aufbaubank – Förderbank: www.sab.sachsen.de

- Investitionsbank Sachsen-Anhalt: www.ib-sachsen-anhalt.de

- Investitionsbank Schleswig-Holstein: www.ib-sh.de

- Thüringer Aufbaubank: www.aufbaubank.de

- L-Bank (Karlsruhe): www.l-bank.de

- LFA Förderbank Bayern: www.lfa.de

- Bürgschaftsgemeinschaft Hamburg: www.bg-hamburg.de

- Landesförderinstitut Mecklenburg-Vorpommern: www.lfi-mv.de

- Bremer Aufbaubank (BAB): www.bab-bremen.de/

Wer nun glaubt, dass diese Förderbanken etwas zu Verschenken haben, liegt falsch. Die Förderbanken übernehmen üblicherweise bis zu 80 % des Kreditrisikos gegenüber der Hausbank. Mit anderen Worten: Sie tragen im Fall der Zahlungsunfähigkeit eines Gründers fast das gesamte Risiko an der Sache, während die Hausbank auf keinen Fall leer ausgeht.

Das Risiko bei Neugründungen ist recht hoch und letztlich besteht die Förderung aus der Tatsache, dass Sie als Gründer/in überhaupt einen Kredit bekommen können und in moderaten Konditionen wie etwa eine tilgungsfreie Anlaufzeit. Zurückzahlen müssen Sie das Geld aber selbstverständlich trotzdem und es fallen Zinsen an. Wer einen Förderkredit beantragen will, muss sich auf eine eingehende Prüfung der ganzen Sache durch die Hausbank und durch die Förderbank einstellen.

II. Die Prüfung Ihres Vorhabens

Ganz gleichgültig, ob es sich um einen Kredit von einer Haus- oder Geschäftsbank handelt, ob Sie einen Kontokorrentkredit brauchen oder ob ein Investor an Bord geholt werden soll: Ihr Vorhaben und auch das Vertrauen in Ihre Person werden dafür auf den Prüfstand gestellt.

Eine gründliche Überprüfung Ihrer Geschäftsidee mit allen Aspekten ist dabei nicht der einzig relevante Punkt. Vielmehr kommt es auch sehr stark darauf an, ob Sie als Unternehmer/in überzeugen können. Betriebswirtschaftliche Kenntnisse, Kernkompetenzen im von Ihnen geplanten Umfeld (Branchenkenntnisse, spezifische Kenntnisse für das Vorhaben), Durchhaltevermögen, Engagement sowie andere Fähigkeiten und Fertigkeiten spielen eine enorme Rolle. Entsteht der Eindruck, dass Sie nicht der oder die Richtige für die Gründung sind, ist auch eine Finanzierung praktisch ausgeschlossen.

Unter Umständen ist es also sogar sinnvoll und notwendig, sich einige Grundlagen erst einmal zu erarbeiten. Wer etwa im E-Commerce gründen will und keine Vorstellung vom Online-Marketing, von der Softwareentwicklung und/oder vom Handel hat, sollte sich in die Thematik umfassend einarbeiten – in einem praxisorientierten Umfeld.

Das kann eine Weile dauern, aber nur so lässt sich schließlich sicher stellen, dass Sie als Person das nötige Know-How mitbringen und dass man Ihnen die erfolgreiche Umsetzung der Gründungspläne auch zutraut. Das klingt hart, ist aber letztlich nichts anderes als bei einer Bewerbung. Auch wer einen Arbeitsplatz sucht, muss die geforderten Kenntnisse und Fertigkeiten nun einmal mitbringen und kann nicht darauf setzen, alles erst in Ruhe lernen zu dürfen.

Bevor Sie bei einem Investor, bei einer Bank oder anderswo wegen einer Finanzierung anfragen, muss Ihr Businessplan und für Investoren eine etwa drei- bis fünfseitige Zusammenfassung fertig sein. In der Regel ist nämlich Ihr Businessplan oder Ihr Konzept der erste Schritt. Sie werden aufgefordert, dieses zu senden. Erst wenn Ihre Unterlagen interessant oder vielversprechend klingen, kommt es zu einem oder vielleicht auch zu mehreren Gesprächen. Bei Banken und auch bei vielen Investoren müssen Sie damit rechnen, dass Ihr Businessplan „im Hintergrund" von Menschen geprüft wird, die Sie gar nicht zu Gesicht bekommen werden. Mit anderen Worten: Sowohl der Businessplan als auch Sie selbst im persönlichen Gespräch müssen sehr überzeugend sein.

Chancen erhöhen durch persönliche Kontakte!

Bevor Sie Ihre Finanzierungsanfrage stellen, empfiehlt es sich auch, einen lockeren Kontakt mit den betreffenden Personen oder Institutionen herzustellen. Das geschieht am besten im Rahmen von Veranstaltungen wie etwa Gründermessen, Netzwerktreffen oder über bereits existierende Kontakte aus dem privaten oder beruflichen Umfeld. Doch Vorsicht: Wer sich auf einer Gründerveranstaltung oder auf einem Netzwerktreffen von der herrschenden positiven Stimmung blenden lässt, läuft Gefahr, den Prüfungsprozess zu unterschätzen. Auch wenn Sie die Ansprechpartner schon kennen: Es bleibt bei hohen Ablehnungsquoten.

Ein typischer Fehler im Laufe der Gründungsphase ist es, zu wenig Zeit für die Gewinnung von Geldgebern einzuplanen. Auch wenn es im Einzelfall schnell gehen kann: Gehen Sie mindestens von etwa drei Monaten aus. Nicht immer ist Ihr zuständiger Ansprechpartner bei der Bank oder beim Investor gerade verfügbar; vielleicht fahren Sie ein paar Tage in Urlaub und möglicherweise wollen oder müssen Sie mit mehreren Institutionen sprechen. Beim Förderkredit kommt außerdem hinzu, dass zunächst eine Prüfung durch die Hausbank erfolgt und im zweiten Schritt eine weitere Prüfung durch die Förderbank. Das dauert meist eine Weile und kann zu Verzögerungen bei der Gründung führen. Für das eine oder andere Vorhaben ist das unter Umständen kritisch, weil ein guter Gründungszeitpunkt wichtig sein kann.

Ganz gleich, welche Art von Darlehen oder Kredit Sie in Anspruch nehmen wollen: Neben einem Blick in den Businessplan wird auf jeden Fall Ihre Kreditwürdigkeit geprüft. Negative Schufa-Einträge, eine schlechte Bewertung der Auskunfteien oder etwa ein Insolvenzverfahren machen jede Kreditanfrage schon zu sehr frühem Zeitpunkt zunichte. Holen Sie bei der Schufa auf jeden Fall die kostenlose Selbstauskunft ein, um dafür zu sorgen, dass Ihre Daten auf jeden Fall richtig sind. Falsche Adressen, längst nicht mehr existierende Bankkonten oder Kredite sind keine Seltenheit in den Datenbanken der Schufa und anderer Auskunfteien.

Auch wenn Sie nun viel darüber gelesen haben; Banken und Investoren sind garantiert nicht die einzige Variante, um zu einer Finanzierung zu kommen. Wie groß die Vielfalt ist, zeigt der nächste Abschnitt.

III. Mögliche Finanzierungen im Überblick

Die Welt der Finanzierungen ist umfangreich und sie wächst weiter. Innovative Finanzierungsinstrumente wie das Crowdfunding oder das Darlehen für Selbstständige via Internet – das sind Entwicklungen der letzten Jahre, die noch eine spannende Zukunft versprechen. Die folgende Übersicht gibt erste Hinweise, welche Finanzierung für Sie von Interesse sein könnte. So können Sie auswählen, welche Finanzierungen überhaupt in Frage kommen.

Finanzierung	Kurzbeschreibung
Darlehen einer Geschäftsbank	Laufzeit: Langfristig
	Art des Kapitals: Fremdkapital
	Grundlagenfinanzierung für langfristige Investitionen wie etwa Fahrzeuge, technische Anlagen, Einrichtungen und mehr. Kurzfristige Investitionen wie etwa Mieten für die ersten Monate können meist mitfinanziert werden. Die Bearbeitungszeiten können sehr kurz sein und der direkte Draht zur Bank ist vorteilhaft. Für kleine Kredite unter 20.000 Euro ist das Darlehen der Geschäftsbank oft nicht geeignet.

Finanzierung	Kurzbeschreibung
Darlehen einer Förderbank	Laufzeit: Langfristig Art des Kapitals: Fremdkapital Grundlagenfinanzierung für langfristige Investitionen wie etwa Fahrzeuge, technische Anlagen, Einrichtungen und mehr. Kurzfristige Investitionen wie etwa Mieten für die ersten Monate können meist mitfinanziert werden. Üblicherweise gibt es hierbei bessere Konditionen als beim Darlehen einer Geschäftsbank – dafür müssen längere Bearbeitungszeiten in Kauf genommen werden. Bis rund 100.000 Euro sind Förderdarlehen gut machbar; darüber hinaus sind sie für Gründer meist schwierig. Kleine Kredite unter 20.000 Euro gibt es bei Förderbanken nur im Ausnahmefall.
Bürgschaft	Laufzeit: Langfristig Art des Kapitals: Fremdkapital Die Bürgschaft hilft, einen Kredit abzusichern. Bürgschaftsbanken prüfen sehr genau und der gesamte Prüfungsprozess – also inklusive Prüfung der Kreditanfrage bei der Hausbank kann recht lange dauern. Die Zinsen für die Bürgschaft sind eine zusätzliche finanzielle Belastung zu den Kreditzinsen und -tilgungen. Bürgschaften spielen oft eine erhebliche Rolle, wenn der Kreditbetrag über 100.000 Euro liegt. Für kleine Kredite ist die Bürgschaft einer Bürgschaftsbank ungeeignet.
Darlehen von privat über das Internet	Laufzeit: Mittelfristig Art des Kapitals: Fremdkapital Das Internet macht es möglich: Einen Kredit von Privatleuten erhält man auf Plattformen wie etwa smava.de. Allerdings: Die Höhe des Kredits ist begrenzt und er kommt auch nicht einfach für jede Gründung in Frage. Eine Selbstständigkeit muss schon zwei Jahre bestehen oder Sie haben noch eine Festanstellung, mit der Sie Geld verdienen.

Finanzierung	Kurzbeschreibung
Darlehen von privat über Verwandte/Freunde	Laufzeit: Jede Laufzeit möglich Art des Kapitals: Fremdkapital Meist wird ein Kredit aus dem privaten Umfeld als äußerst kritisch wahrgenommen. Aus gutem Grund: Schulden bei der lieben Tante belasten unter Umständen die guten Beziehungen. Dafür liegt der Vorteil auf der Hand: Mit der lieben Tante kann man durchaus reden, wenn es einmal nicht richtig rund läuft. Lassen Sie sich bei der Formulierung privater Kreditverträge von einem Anwalt beraten, um Fallstricke zu vermeiden. Auch in diesem Fall ist der Businessplan eine gute Gesprächgrundlage. Ein offenes Gespräch über die Chancen und Risiken ist ohnehin wichtig. Weiterhin sollten Sie darüber nachdenken, ob Ihre Oma vielleicht auch als Investorin – also als Miteigentümerin – in Frage kommt. Das kann wichtig werden, um einen eventuell geforderten Eigenkapitalanteil von Seiten Bank vorweisen zu können.
Finanzierung durch Kunden	Laufzeit: Mittel- bis langfristig Art des Kapitals: Fremdkapital Auch Kunden können mitfinanzieren. Das ist etwa in Form eines Kredits möglich und wird vor allem bei Geschäftsmodellen mit aufwändiger technischer Entwicklung gemacht. Es finden sich aber auch kreative Lösungen wie etwa eine technische Neuerung, die so interessant ist, dass Kunden schon Monate vor der Fertigstellung eine Anzahlung leisten, mit der dann im Unternehmen die Entwicklung des Produktes vorangetrieben werden kann. Auch das Crowdfunding kann teilweise als Finanzierung durch Kunden betrachtet werden.

Finanzierung	Kurzbeschreibung
Mezzanine Finanzierung	Laufzeit: Mittel- bis langfristig
	Art des Kapitals: Fremdkapital
	„Mezzanine" – das ist in der Architektur ein Zwischenstockwerk. Gibt Ihnen Ihre Tante etwa 10.000 Euro als Eigenkapital und Sie vereinbaren, den Betrag nach zwei Jahren in Raten mit Verzinsung zurück zu zahlen, entsteht eine Finanzierungsform, die eine Mischform aus Eigen- und Fremdkapital darstellt. Der Fremdkapitalcharakter entsteht durch die Rückzahlungsregelungen, die eher typisch für das Fremdkapital sind. Der Eigenkapitalcharakter entsteht durch die Tatsache, dass das Geld dahin ist, wenn das Unternehmen scheitert – Ihre Tante hätte dann keinen Anspruch auf Rückzahlung oder Verzinsung.
Beteiligungs-finanzierung: Business Angels	Laufzeit: Meist mittelfristig
	Art des Kapitals: Eigenkapital
	Business Angels kommen zu sehr frühem Zeitpunkt an Bord. Typischerweise finanzieren sie die Phase der Produktentwicklung mit. Im Technologiebereich sind Angel-Investments üblich und weit verbreitet. Hoch riskante Technologievorhaben sind ohnehin für Banken meist zu riskant. Business Angels tragen ein hohes Risiko – dafür erwarten sie dann in der Regel auch einen hohen Anteil am Unternehmen. Sie sind meist sehr flexibel und schnell. Außerdem finanzieren sie auch mit kleinen Beträgen bis 20.000 Euro.
Beteiligungs-finanzierung: Investor/en bzw. Venture Capital	Laufzeit: Langfristig
	Art des Kapitals: Eigenkapital
	Venture Capitalists – ob nun privat oder Institution – kommen in der Regel erst dann in Frage, wenn die Phase der Produktentwicklung bereits abgeschlossen wurde. Dafür sind sie genauso wie Business Angels für technologische Vorhaben die erste Wahl. Klassischerweise geht es beim Venture Capital um hohe Finanzierungsbeträge und auch Venture Capitalists haben eine hohe Erwartungshaltung im Gegenzug für die Bereitstellung der Mittel. Im Gegensatz zu Banken agieren Sie aber deutlich flexibler und schneller.

Finanzierung	Kurzbeschreibung
Beteiligungs-finanzierung: Crowdfunding und Crowdinvesting	Laufzeit: Langfristig
	Art des Kapitals: Eigenkapital
	Eigenkapital oder Investoren via Internet gewinnen – das ist Crowdfunding. Diverse Internetplattformen stehen dafür zur Verfügung und genauso wie bei allen anderen Finanzierungen müssen Sie mit dem Businessplan und mit der eigenen Person überzeugen und Ihre Darstellung im Internet für potentielle Geldgeber verfügbar machen. In der Regel wird der Finanzierungsbetrag dann durch viele Geldgeber zusammengetragen, von denen jeder Einzelne nur einen kleineren Betrag investiert. Im Gegenzug stellen Sie etwa einen Prozentsatz des Gewinns als Gegenleistung zur Verfügung.
	Es stehen ganz unterschiedliche Plattformen in großer Zahl zur Verfügung – von regionalen Angeboten bis hin zu Angeboten, die sich auf bestimmte Branchen spezialisiert haben. Welche für Sie die Richtige sein könnte, das muss zunächst recherchiert werden. Beim Crowdinvesting handelt es sich im Übrigen um Plattformen für Startups der Informationstechnologie und in der Regel werden die Geldgeber zu stillen Gesellschaftern.
Mikrofinanzierung	Laufzeit: Kurz- bis mittelfristig
	Art des Kapitals: Fremdkapital
	Über so genannte Mikrofinanzorganisationen können Sie einen – meist recht niedrigen Kredit bis zu maximal 20.000 Euro – erhalten. Die Mikrofinanzierung schließt damit die Lücke, die durch Geschäfts- und Förderbanken entsteht, da diese in der Regel keine kleinen Kreditbeträge finanzieren. Bei Mikrofinanzierungen ist in der Regel aber keine allzu lange Laufzeit erwünscht. Fragen Sie im Einzelfall, welche Konditionen und Laufzeiten in Frage kommen.

Finanzierung	Kurzbeschreibung
Kontokorrentkredit	Laufzeit: Kurzfristig
	Art des Kapitals: Fremdkapital
	Ein Geschäftskonto kann man nicht einfach ins Minus rutschen lassen. Der Kontokorrentkredit löst dieses Problem und ist damit der Dispokredit für Geschäftskonten. Was als Privatkunde kein Problem ist, muss als Unternehmen genauso aufwändig beantragt werden, wie ein ganz normaler Kredit – mitsamt Businessplan, Bankgespräch und aufwändiger Prüfung im Hintergrund. Der Kontokorrentkredit ist in der Regel verhältnismäßig teuer.
Lieferantenkredit	Laufzeit: Kurzfristig
	Art des Kapitals: Fremdkapital
	Manche Lieferanten räumen eine lange Zahlungsfrist ein und gewähren ein Skonto bei frühzeitiger Zahlung. Wird diese frühe Zahlung nicht genutzt und der Abzug durch das Skonto entfällt, kommt dies den Zahlungen für Zinsen im Rahmen eines Kredites recht nahe. Das mag praktisch erscheinen, ist aber eine teure Finanzierungsform. Der Vorteil gegenüber dem Kontokorrentkredit liegt auf der Hand: Sie müssen keine aufwändige Prüfung durchlaufen. Meist ist die Inanspruchnahme aber erst ab der zweiten oder dritten Bestellung möglich.
Factoring (Verkauf von Forderungen)	Laufzeit: Kurzfristig
	Art des Kapitals: Eigenkapital
	Ab einem Jahresumsatz von 50.000 Euro ist das Factoring möglich: Ihre Forderungen an Kunden werden dann an einen Factor abgetreten, der die Rechnungsstellung und das Mahnwesen übernimmt. Der Kunde zahlt an den Factor, nicht an Sie selbst. Der Factor dagegen bezahlt Sie und das sehr schnell und garantiert. Diese schnelle und zuverlässige Zahlung hat eine Finanzierungsfunktion, da Sie nicht auf Ihr Geld warten müssen.

Finanzierung	Kurzbeschreibung
Innenfinanzierung	Laufzeit: Jede Laufzeit möglich Art des Kapitals: Eigenkapital Die Innenfinanzierung – also die Finanzierung aus Ihren Einnahmen oder Ihren privaten Einlagen – ist eine der wichtigsten Finanzierungsarten. Sie lässt sich mit allen anderen Finanzierungsinstrumenten kombinieren, sorgt für einen hohen Eigenkapitalanteil und sollte als Grundbaustein jeder Finanzierung betrachtet werden.
Leasing und Miete	Laufzeit: Langfristig Art des Kapitals: nicht anwendbar Um größere Anschaffungen zu vermeiden und damit so manchen Kredit zu umgehen, lässt sich oft eine Lösung über Leasing- oder Mietverträge finden. Leasen kann man praktisch alle größeren Investitionsgüter, darum kümmern sich entsprechende Leasinggesellschaften. Doch gerade für Gründer/innen ist das Leasingangebot eingeschränkt, da viele Leasinggeber fürchten, dass das Unternehmen nicht lange durchhält. Wer aber eventuell schon eine Weile selbstständig ist, kann es auf jeden Fall nutzen. Bei einigen Investitionsgütern wie etwa Autos ist das Leasing ohnehin weit verbreitet und auch für Gründer verhältnismäßig unproblematisch. Manche Hersteller von Maschinen und Geräten bieten ohnehin eine Miet- oder Leasinglösung an.

Sind Sie fündig geworden? Dann ist es jetzt an der Zeit, sich mit Details zu beschäftigen. Weiterführende Literatur, Recherchen, Beratungen und erste Gespräche mit möglichen Kapitalgebern helfen, die Möglichkeiten weiter einzugrenzen. So kommen Sie Schritt für Schritt zu einer Entscheidung und können sich ganz konkret auf die Suche nach dem passenden Finanzierungsangebot für Ihre Gründung machen.

1. Fördermittel

Ein weiterer Beitrag zur Finanzierung eines Unternehmens kann durch Fördermittel entstehen. Während viele Gründer beim Begriff der Fördermittel Zuschüsse erwarten, sieht die Realität oft anders aus: Es werden Förderungen in direkter oder indirekter Form zur Verfügung gestellt. Bezuschusste Beratungsleistungen für Gründer stellen etwa eine indirekte Förderung dar, die durchaus finanzielle Vorteile mit sich bringt, aber nicht für die Betriebs- und Geschäftsausstattung sorgen. Zuschüsse in direkter Form sind ohnehin eher eine Seltenheit.

Insgesamt ist die Landschaft der Fördermittel recht unübersichtlich. Es gibt Förderungen auf Bundesebene, auf Ebene der Bundesländer und manchmal auch bei den Kommunen oder anderen regionalen Trägern. Eine tiefergehende Recherche vor Ort ist also zwingend notwendig, da hier nun nur die wichtigsten Förderungen in aller Kürze vorgestellt werden können. Informationen über Fördermittel erhalten Sie bei Gründungsberatungen, bei Kammern und allen anderen Ansprechpartnern rund um die Existenzgründung und Wirtschaftsförderung.

2. Gründungszuschuss

Der Gründungszuschuss ist eine Förderung, die für Menschen mit dem Bezug des Arbeitslosengeldes Eins in Frage kommt. Er kann von Arbeitsagenturen für eine Existenzgründung bewilligt werden.

Der Gründungszuschuss wird in zwei Phasen unterteilt. Für die ersten sechs Monate wird der Zuschuss in Höhe des zuletzt bezogenen Arbeitslosengeldes zuzüglich einer Pauschale von 300 Euro gewährt. Für weitere neun Monate können im weiteren Verlauf 300 Euro pro Monat bewilligt werden. Es handelt sich bei beiden Phasen um eine Ermessensleistung, die beantragt werden muss. Für den Antrag benötigen Sie einen Businessplan mit Text- und Zahlenteil sowie eine Stellungnahme einer fachkundigen Stelle. Die Stellungnahme der fachkundigen Stelle – auch Tragfähigkeitsbescheinigung genannt – ist eine Beurteilung von externer Stelle, ob Ihr Vorhaben voraussichtlich tragfähig sein wird. Sie erhalten die Stellungnahme bei Gründungsberatungen, bei Steuerberatern, bei Kammern und ähnlichen Organisationen.

Während der Gründungszuschuss in der Vergangenheit ganz unproblematisch war, stellt er sich inzwischen oft als große Hürde dar. Arbeitsagenturen dürfen nicht einfach einen Antrag ablehnen – sie brauchen dafür triftige Gründe. Um die Zahl der Anträge und Bewilligungen einzuschränken, wird deshalb oft schon im Vorfeld eine Antragstellung verhindert und eine Ablehnung in Aussicht gestellt.

Nehmen Sie Hilfe in Anspruch

Ein Recht auf Antragstellung haben Sie aber auf jeden Fall und aufgrund der schwierigen Situation sollten Sie die Antragstellung nicht ohne erfahrene Unterstützung von einer Gründungsberatung oder einem Anwalt in Angriff nehmen. Das Gleiche gilt übrigens für das nun folgende Einstiegsgeld.

3. Einstiegsgeld

Das Einstiegsgeld ist relevant, wenn Sie im Bezug des Arbeitslosengeldes Zwei sind. Wie auch beim Gründungszuschuss gilt: Holen Sie Hilfe für die Antragstellung an Bord, denn es ist keineswegs einfach, diese Hilfestellung zu bekommen.

Das Einstiegsgeld ist eine Ermessensleistung und Ihr Antrag wird durch Ihren zuständigen Bearbeiter beim Jobcenter entschieden. Grundlage für die Berechnung ist Ihr monatlicher Regelbedarf. Das Einstiegsgeld beträgt 50 % der Regelleistung, also rund 175 Euro, die zusätzlich zur Regelleistung gezahlt werden können. Die Förderungsdauer beträgt insgesamt maximal 24 Monate. In der Regel wird das Einstiegsgeld aber zunächst für ein halbes Jahr bewilligt – alles Weitere wird dann entschieden, wenn ein halbes Jahr vergangen ist. Auch für das Einstiegsgeld wird ein Businessplan benötigt.

Oft wird auch eine Stellungnahme der fachkundigen Stelle gefordert, obwohl der Gesetzgeber dies eigentlich nicht vorgesehen hat. Einnahmen aus der Selbstständigkeit werden mit den Zahlungen aus dem Einstiegsgeld verrechnet, so dass die Förderung finanziell nicht sonderlich attraktiv ist. Nichtsdestotrotz kann die Förderung aber den Weg aus der dauerhaften Arbeitslosigkeit bereiten und in der Gründungsphase eine wichtige finanzielle Absicherung darstellen.

Zuschüsse beantragen!

Selbstständige ALG-II-Empfänger können außerdem Zuschüsse bis zu 5.000 Euro bekommen, wenn ernsthaft zu erwarten ist, dass die Hilfebedürftigkeit durch diese Hilfestellung dauerhaft überwunden werden kann. Sprechen Sie die Mitarbeiter in Ihrem Jobcenter aktiv auf diese Möglichkeit an. Gerade für Gründungen mit geringem Ka-

pitalbedarf – wenn etwa nur ein PC und ein Telefon gebraucht wer-
den – kann dies der entscheidende Schritt für die Realisierung Ihrer
Selbstständigkeit sein. Machen Sie sich aber auf jeden Fall darauf
gefasst, dass es recht schwierig ist, einen solchen Zuschuss zu be-
kommen. Sie müssen dafür gut argumentieren und einen wirklich
stichhaltigen Businessplan vorlegen.

4. Gründercoaching Deutschland

Hinter dem Gründercoaching Deutschland versteckt sich eine bundesweite Bezuschussung von Beratungsleistungen. Dabei können Gründer – sobald das Unternehmen gegründet wurde – Zuschüsse für Beratungen von solchen Beratern erhalten, die bei der KfW für das Programm akkreditiert sind. Die KfW führt das Programm durch; die Antragstellung erfolgt aber bei so genannten Regionalpartnern der KfW. Das sind in der Regel die Industrie- und Handelskammern und die Handwerkskammern. Vereinzelt finden sich aber auch andere Organisationen, über die die Antragstellung erfolgen kann. Sämtliche Antragsformulare und weitere Informationen finden sich auf der Webseite der KfW.

Die Zuschüsse betragen 90 % der Beratungskosten bis zu maximal 4.000 Euro bei einer Gründung aus der Arbeitslosigkeit mit Gründungszuschuss oder mit dem Einstiegsgeld. Die Bewilligung für diese Form der Förderung muss innerhalb des ersten Jahres nach der Gründung vorliegen. Die Antragstellung sollte also rechtzeitig erfolgen.

Im ehemaligen Westdeutschland inklusive Berlin sind die Zuschüsse auf 50 % der Beratungskosten festgelegt und im ehemaligen Ostdeutschland auf 65 % der Beratungskosten – innerhalb der ersten fünf Jahre nach Gründung.

Das Gründercoaching Deutschland läuft Ende 2013 aus. Zum heutigen Stand kann mit einer Verlängerung des Förderprogrammes gerechnet werden. Inwieweit die Regelungen dabei überarbeitet werden, ist allerdings unklar: Es wird u.a. diskutiert, ob die Bezuschussung in Hohe von 90 % bei Gründungen aus Arbeitslosigkeit wegfallen soll. Gegebenenfalls sollten Sie also vor der Gründung die neuesten Informationen dazu einholen.

5. Weitere Förderungen und Informations- beschaffung

Es gibt zahlreiche andere Förderprogramme von Bundesländern, vom Bund, von Hochschulen und anderen Organisationen. Eine wichtige Form der Förderung stellen auch Gründerwettbewerbe beziehungsweise Businessplan-Wettbewerbe dar. Sehr viele Förderprogramme finden sich außerdem in der Förderdatenbank des Bundesministeriums für Wirtschaft und Technologie: http://www. foerderdatenbank.de/. Es lohnt sich aber auch, regionale Stellen wie Kammern, Beratungen, Banken und andere zu fragen, denn viele Förderungen sind regional ausgelegt und nicht in der Förderdatenbank des Ministeriums auffindbar.

IV. Finanzierung und Rechtsform

Wie Sie vielleicht schon erkannt haben, steht die Finanzierung auch in engem Zusammenhang mit der Rechtsform, da etwa die Aufnahme neuer Gesellschafter durch die Ausgabe von Aktien, durch Aufnahme eines stillen Teilhabers, durch einen Investor oder ähnliches eine wichtige Rolle spielt.

Auch die Gewinnung von Mitgliedern für einen e.V. hat selbstverständlich eine Finanzierungsfunktion. So bringen also alle Rechtsformen von Haus aus ganz unterschiedliche Möglichkeiten der Finanzierung mit sich. Im nächsten Abschnitt beschäftigen wir uns mit Rechtsformen und auch mit den Finanzierungsvarianten, die durch die Wahl der Rechtsform entstehen.

5. Kapitel

Die Wahl der Rechtsform

5

GmbH, Freiberufler, Gesellschaft des bürgerlichen Rechts und vieles mehr – bei der großen Auswahl an möglichen Rechtsformen kann einem regelrecht der Kopf rauchen. Während die Auswahl in einigen Fällen sehr einfach ist, kann die Frage nach der Rechtsform in vielen Fällen zum heißen Diskussionsthema werden.

Insbesondere in Gründerteams ist die Rechtsform meist ein schwieriger Punkt, der lange Besprechungen mit sich bringt. Um eine Entscheidung zu treffen, die Sie hinterher nicht bereuen, sollten Sie vor allem verstehen, worum es bei der Frage nach der Rechtsform eigentlich geht.

I. Was regelt eigentlich die Rechtsform?

Die Rechtsform regelt ganz verschiedene Themen. Diese Themen lassen sich zwei verschiedenen Aspekten zuordnen: Dem Innenverhältnis und dem Außenverhältnis. Das Innenverhältnis ist das Verhältnis der Gesellschafter zueinander. Das Außenverhältnis ist das Verhältnis des Unternehmens zum Rest der Welt. Alle Themen der Rechtsform sind prinzipiell gesetzlich geregelt. Aber gerade im Innenverhältnis entstehen durch die Verwendung von Gesellschaftsverträgen zahlreiche Spielräume, die die Umsetzung individueller Vorstellungen erlauben.

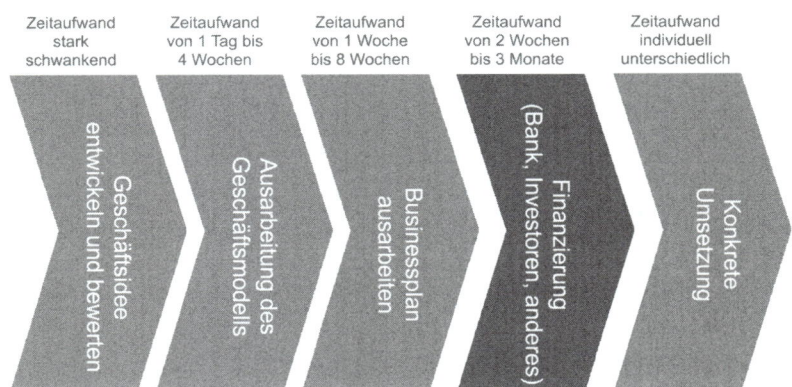

Für die Entscheidung über die Rechtsform brauchen Sie Informationen und müssen sich mit grundlegenden Fragestellungen auseinander setzen.

Gründungsfahrplan: Die Wahl der Rechtsform

Entscheidend ist das Außenverhältnis!

Mit anderen Worten: Das Innenverhältnis ist einigermaßen flexibel; das Außenverhältnis dagegen ist wenig flexibel. Deshalb ist eines der wichtigsten Entscheidungskriterien für die Rechtsform das Außenverhältnis – nicht das Innenverhältnis.

Deutlicher wird das Ganze an einem Beispiel: Die Gesellschaft des bürgerlichen Rechts (kurz: GbR oder BGB-Gesellschaft) wird im Bürgerlichen Gesetzbuch in den Paragraphen 705 bis 740 geregelt. Unsere Mustergründerin Elsa will nun nicht mehr alleine gründen, sondern hat sich eine gemeinsame Gründung mit Ihrer Freundin Lisa vorgenommen. Während Elsa etwa 20.000 Euro als Eigenkapital zur Verfügung stellen will und die Gründung als Vollzeitjob betrachtet, kann und will Lisa etwa 8.000 Euro einbringen; hat aber nur halbtags Zeit.

Nach den Buchstaben des Gesetzes müssten Elsa und Lisa gleich viel Kapital mitbringen (also auf das Geschäftskonto überweisen). Außerdem ist in den gesetzlichen Regelungen bestimmt, dass der Gewinn des Unternehmens zu gleichen Teilen verteilt werden soll. So eine 50:50-Regelung ist aber eigentlich unfair, denn Elsa bringt sowohl mehr Kapital als auch Zeit ein.

Die beiden können nun einen Gesellschaftsvertrag machen, in dem sie einfach etwas anderes festlegen. Im Gesellschaftsvertrag können Sie festhalten, dass Elsa sowohl zwei Drittel des Kapitals zur Verfügung stellt und dass Elsa dafür auch zwei Drittel des Gewinns erhält. Damit ist das Innenverhältnis – also die Beziehung zwischen Elsa und Lisa – nach deren eigenen Wünschen geregelt. Im Außenverhältnis ändert sich derweil nichts: Beide Gründerinnen sind nach wie vor persönlich für die Schulden des Unternehmens haftbar; auch mit dem privaten Vermögen.

Das gleiche Ergebnis bezüglich der Gewinnverteilung und der Einlagen lässt sich auch mit anderen Rechtsformen erreichen. Würden sich Elsa und Lisa nun für eine GmbH entscheiden, wäre die Haftung des Unternehmens beschränkt auf die Kapitaleinlage und sie profitieren möglicherweise vom professionelleren Image und hohen Ansehen der GmbH als Rechtsform. Die Frage, wie das Innenverhältnis gestaltet wird, ist also in diesem Fall nicht der entscheidende Punkt für die Wahl der Rechtsform; es ist vielmehr das Außenverhältnis. Im folgenden Diagramm sehen Sie noch einmal die Themen, die für das Innen- und das Außenverhältnis von Bedeutung sind. Dabei repräsentiert der dunkelgraue äußere Ring das Außenverhältnis – also das Verhältnis zu Kunden, Geschäftspartnern und anderen.

Ein Gesellschaftsvertrag ermöglicht individuelle Regelungen!

Aus dem vorherigen Beispiel wird neben den zu klärenden Punkten noch etwas Anderes klar und deutlich: Ein Gesellschaftsvertrag ist wichtig; auch wenn er gerade für die Gesellschaft des bürgerlichen Rechts nicht zwingend nötig ist. Aber die Auseinandersetzung mit der Frage, wie Kapitaleinlagen und die Gewinnverteilung geregelt werden sollen, muss unbedingt im Vorfeld besprochen und sollte schriftlich festgehalten werden. Im Zweifelsfall gilt sonst das Gesetz und das kann zu bösen Überraschungen führen. Holen Sie also bei einer Gründung mit mehreren Gründungsmitgliedern unbedingt einen Anwalt an Bord, der Ihnen bei der Formulierung eines Gesellschaftsvertrages hilft.

II. Die Entscheidung vorbereiten

Bevor Sie sich nun an die Rechtsformen machen und sich gerade bei einer Teamgründung in die Diskussion über die Rechtsform begeben: Beschäftigen Sie sich zunächst mit den Einzelfragen, die hinter der

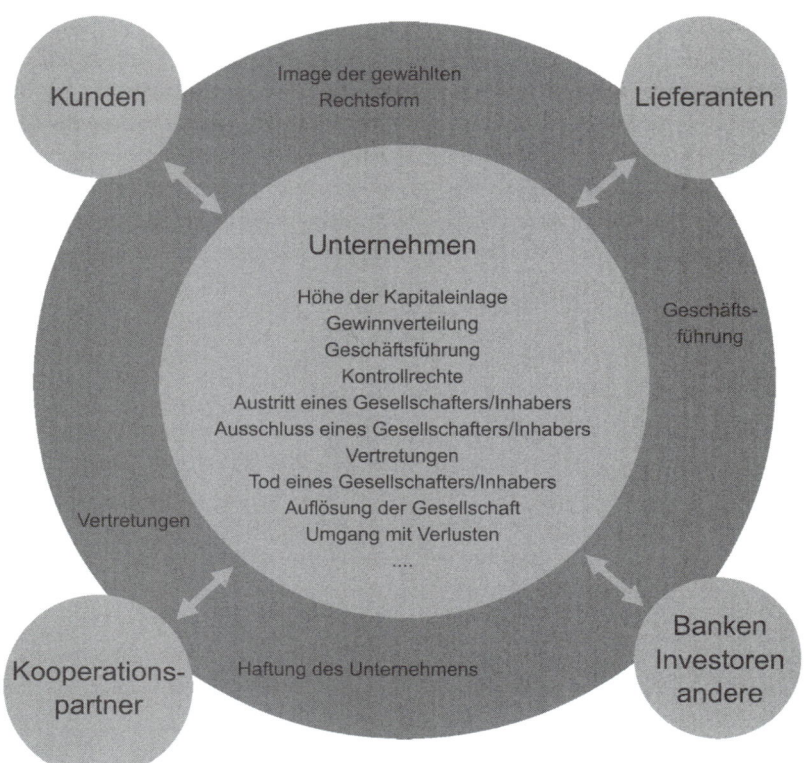

Innen- und Außenverhältnis

Wahl der Rechtsform stehen. Wenn Sie diese Fragen – für sich alleine oder in der Gruppe – beantwortet haben, schränkt sich die Zahl der Möglichkeiten ohnehin stark ein. In vielen Fällen liegt die Lösung dann sogar praktisch schon auf dem Tisch.

Mit der Beantwortung einiger Fragen schaffen Sie es, sich nicht die Köpfe einzuschlagen und ergebnislose Diskussionen zu führen. Wenn Sie alleine gründen, ist die Beantwortung der Fragen ebenfalls eine wichtige Entscheidungsgrundlage. Arbeiten Sie den folgenden Fragenkatalog durch. Die eine oder andere Frage mag für Sie irrelevant sein – lassen Sie diese dann einfach weg. Bei einer Teamgründung sollte jedes Teammitglied die Fragen zunächst für sich alleine beantworten und erst im zweiten Schritt sollte das Team die einzelnen Vorstellungen der Gründungsmitglieder erörtern, um zu einem gemeinsamen Verständnis zu kommen.

Bei allen folgenden Fragen sollten Sie gut überlegen, wie wichtig Ihnen das Kriterium oder das Thema überhaupt ist. Vielleicht haben Sie einen Wunsch, der aber keine sonderlich große Rolle für Sie spielt – vielleicht ist ein anderer Punkt aber für Sie entscheidend. Die Entscheidungsfindung hängt davon ab, wo Ihre ganz persönlichen Prioritäten liegen.

Frage	Wie wichtig ist Ihnen dieser Punkt?
Wie hoch soll die Kapitaleinlage in das Unternehmen sein? Wenn es weitere Gesellschafter gibt: Können Sie sich vorstellen, dass eine Einlage auch durch Dienstleistungen möglich ist?	□ Nicht so wichtig □ Einigermaßen wichtig □ Wichtig □ Sehr wichtig
Wie soll der Gewinn des zukünftigen Unternehmens verteilt werden? Wollen Sie, dass die Gewinnausschüttung bzw. Gewinnauszahlung jedes Jahr erst einmal genau besprochen wird und auf welcher Basis soll die Entscheidung getroffen werden?	□ Nicht so wichtig □ Einigermaßen wichtig □ Wichtig □ Sehr wichtig
Wie soll mit Verlusten oder Schulden des Unternehmens umgegangen werden? Inwieweit sind Sie bereit, dafür aufzukommen? Wie wollen Sie verhindern, dass ein Gesellschafter/Inhaber das Unternehmen in eine unnötige Verschuldung treibt?	□ Nicht so wichtig □ Einigermaßen wichtig □ Wichtig □ Sehr wichtig
Wenn Sie zukünftig möglicherweise einen oder mehrere neue Eigentümer oder Gesellschafter aufnehmen wollen: Welche Voraussetzungen müssten dafür gegeben sein?	□ Nicht so wichtig □ Einigermaßen wichtig □ Wichtig □ Sehr wichtig
Wie stellen Sie sich den Ausstieg eines Gesellschafters vor? Was soll mit eventuellen Kapitaleinlagen des Gesellschafters geschehen? Was soll mit Gewinnen geschehen, die der Gesellschafter möglicherweise mit angekurbelt hat? Wie lange vorher sollten Sie wissen, dass ein Gesellschafter aussteigen muss oder will?	□ Nicht so wichtig □ Einigermaßen wichtig □ Wichtig □ Sehr wichtig

Frage	Wie wichtig ist Ihnen dieser Punkt?
Wie sollen wichtige Entscheidungen im Unternehmen getroffen werden? Wer soll diese Entscheidungen treffen dürfen? Wollen Sie die Entscheidungsfindung vielleicht auf mehrere Personen verteilen – jeder mit einer anderen Zuständigkeit? Soll es einen alleinigen Geschäftsführer geben, oder sollen alle immer demokratisch entscheiden?	☐ Nicht so wichtig ☐ Einigermaßen wichtig ☐ Wichtig ☐ Sehr wichtig
Wer im Unternehmen darf Bestellungen bei Lieferanten oder Dienstleistern vornehmen? Gibt es eine Unterschriftenregelung für anstehende Ausgaben (oft müssen nach dem Vier-Augen-Prinzip zwei Gesellschafter unterschreiben)?	☐ Nicht so wichtig ☐ Einigermaßen wichtig ☐ Wichtig ☐ Sehr wichtig
Was passiert, wenn ein Gesellschafter plötzlich erkrankt oder stirbt? Was soll passieren, wenn Sie als Einzelunternehmer plötzlich erkranken oder sterben?	☐ Nicht so wichtig ☐ Einigermaßen wichtig ☐ Wichtig ☐ Sehr wichtig
Wer trifft Personalentscheidungen im Unternehmen? Wer sucht den Steuerberater und den Anwalt aus? Wer kümmert sich um den Designer/Webdesigner? Können Sie damit leben, dass solche Entscheidungen über Ihren Kopf hinweg getroffen werden? Bevorzugen Sie Kontrollrechte oder Vetorechte?	☐ Nicht so wichtig ☐ Einigermaßen wichtig ☐ Wichtig ☐ Sehr wichtig
Wie wichtig ist Ihnen die Einfachheit der Buchhaltung und anderer bürokratischer Details? Eine einfache Buchhaltung und geringe Bürokratie – das ist in der Regel auch mit geringen Kosten verbunden.	☐ Nicht so wichtig ☐ Einigermaßen wichtig ☐ Wichtig ☐ Sehr wichtig
Welches Image soll die Rechtsform ausstrahlen? Wollen Sie äußerst professionell auftreten? Finden Sie eine sehr persönliche Rechtsform eher attraktiv? Oder wollen Sie eventuell sogar politische oder andere Zwecke als das Verdienen von Geld in den Vordergrund stellen?	☐ Nicht so wichtig ☐ Einigermaßen wichtig ☐ Wichtig ☐ Sehr wichtig
Wer darf wen vertreten? Was ist, wenn ein Gesellschafter erkrankt und ein anderer einspringen muss?	☐ Nicht so wichtig ☐ Einigermaßen wichtig ☐ Wichtig ☐ Sehr wichtig

Frage	Wie wichtig ist Ihnen dieser Punkt?
In welchen Fällen halten Sie den Ausschluss eines Gesellschafters für richtig?	☐ Nicht so wichtig ☐ Einigermaßen wichtig ☐ Wichtig ☐ Sehr wichtig
Welche Art der Finanzierung stellen Sie sich für das Unternehmen vor? Wäre die Aufnahme von Teilhabern zu Finanzierungszwecken für Sie in Ordnung? Welche Mitspracherechte würden Sie einem solchen Geldgeber zugestehen und welche nicht?	☐ Nicht so wichtig ☐ Einigermaßen wichtig ☐ Wichtig ☐ Sehr wichtig

Mit dieser Fragenliste geht es ans Eingemachte und für viele Menschen ist es verhältnismäßig schwer, die Fragen zu beantworten. Spätestens jetzt dürfte dem Einen oder Anderen nämlich klar werden, dass eine Existenzgründung mit Rechten und auch mit Pflichten verbunden ist. Es ist keine Spielerei, die ganz am Rande erledigt und durchgeführt werden kann.

Möglicherweise kommen Sie sogar zu dem Schluss, dass eine Existenzgründung oder die aktive Beteiligung an einem Unternehmen doch nicht das Richtige für Sie ist. Wenn das passieren sollte: Lassen Sie sich keine grauen Haare deshalb wachsen. Es ist besser, zu einem frühen Zeitpunkt zu wissen, was man will – auch für den Rest eines Gründungsteams, das dann unter Umständen ein Gründungsmitglied verliert.

III. Die Rechtsformen im Überblick

Sie sind nun gewappnet, um sich tatsächlich mit den Rechtsformen zu beschäftigen. Manche Rechtsformen sind denkbar simpel, während andere recht kompliziert daherkommen. Gerade bei denen mit komplexeren Regelungen kann davon ausgegangen werden, dass Sie Hilfe bei der Gründung und bei der Umsetzung haben werden. Ein Anwalt ist in diesem Fall ratsam und wichtig. Im laufenden Geschäft werden Sie dann sehen, wie die Dinge im Einzelnen ablaufen. Sie sollten im Vorfeld aber auch danach fragen oder sich weiter informieren. Die folgenden Informationen helfen, die Auswahl einzugrenzen.

1. Freiberufliches Einzelunternehmen und Partnergesellschaft (PartG)

Bei der Freiberuflichkeit im Sinne des § 18 EStG handelt es sich um eine Sonderregelung für Gründer/innen, die alleine gründen. Die Sonderregelung besagt, dass bestimmte Berufe keine Gewerbesteuer zahlen müssen. Diese Berufe sind im Gesetz ausdrücklich aufgelistet: Ärzte, Gesundheitsberufe generell, beratende Betriebs- und Volkswirte, Künstler jeder Art, Journalisten, Übersetzer, Ingenieure und Architekten, Trainer, Erzieher und ähnliche Berufsbilder. Die Rechtsform ist ein Einzelunternehmen. Der Begriff der Freiberuflichkeit ist dagegen für die Rechtsform nicht relevant, wird aber in der Umgangssprache sehr häufig genutzt.

Das Gesetz ist nicht gerade neuesten Datums, deshalb werden zeitgemäße Selbstständigkeiten wie Webdesigner, Softwareentwickler und vergleichbare Berufe nicht genannt. Sie gehören aber auch zu den Freiberuflern. Ganz grundsätzlich sind freie Berufe für all diejenigen wichtig, die wissenschaftlich, künstlerisch, schriftstellerisch oder erzieherisch tätig sind. Im Zweifelsfall wenden Sie sich an Ihr zuständiges Finanzamt, das eine Entscheidung über die Freiberuflichkeit fällen kann. Im Vorfeld sollten Sie sich bei unklaren Fällen dennoch beraten lassen, denn eine falsche Formulierung in den Formularen der steuerlichen Anmeldung kann zur Folge haben, dass der Status als Freiberufler nicht anerkannt wird.

Die Gründung als Freiberufler ist denkbar einfach

Eine Anmeldung beim Finanzamt genügt; das Gewerbeamt kommt nicht ins Spiel. Der gesamte Aufwand für die Buchhaltung und steuerliche Angelegenheiten ist minimal. Wer die Möglichkeit hat, sollte diese Rechtsform auf jeden Fall in Anspruch nehmen – schon alleine wegen der steuerlichen Begünstigung. Die entstehende Personengesellschaft hat zur Folge, dass Freiberufler mit dem Betriebs- und dem Privatvermögen für das Unternehmen haftbar sind.

Bei der Partnergesellschaft handelt es sich um einen Zusammenschluss mehrerer Freiberufler. Die Partner – also die Gründer – schließen einen Partnervertrag ab und jeder einzelne Gründer meldet die Freiberuflichkeit beim Finanzamt an. Der bürokratische Aufwand für die Gründung und Führung einer Partnergesellschaft ist denkbar gering und damit handelt es sich um eine Rechtsform, unter deren Dach eine sehr attraktive Zusammenarbeit entstehen kann.

Diese Rechtsform wird im Gesetz über Partnerschaftsgesellschaften Angehöriger Freier Berufe (PartGG) näher geregelt.

Die Finanzierung einer Freiberuflichkeit erfolgt über die Person des Gründers – also meist über vorhandene Mittel oder über ein Darlehen. Die Aufnahme weiterer Gesellschafter ist nicht möglich. Bei der Partnergesellschaft kann Kapital über die Aufnahme eines neuen Gesellschafters in das gemeinsame Unternehmen gebracht werden. Sowohl für den Freiberufler als auch für die Partnergesellschaft ist kein Mindestkapital erforderlich.

2. Gewerbliches Einzelunternehmen

Das Einzelunternehmen, bei dem im Gegensatz zum Freiberufler ein Gewerbe vorliegt, ist ein echter Klassiker. Auch diese Rechtsform ist nur für Einzelgründer relevant. Neben der Anmeldung beim Finanzamt erfolgt auch eine Anmeldung des Gewerbes beim Gewerbeamt. Damit sind dann auch Gewerbesteuerzahlungen fällig, sofern die Untergrenze für die Besteuerung überschritten wird. Der Aufwand für bürokratische Angelegenheiten wie die Steuererklärung ist sehr gering.

Klassische Einzelunternehmen, die ein Gewerbe betreiben sind etwa Gründungen im Handel, im Handwerk, in der Gastronomie und alle anderen Einzelgründungen, die nicht unter die Freiberuflichkeit fallen. Wie beim Freiberufler handelt es sich um eine Personengesellschaft und damit ist der Einzelunternehmer für das Unternehmen in vollem Umfang haftbar – also auch mit dem Privatvermögen. Ein Mindestkapital ist für diese Rechtsform nicht vorgeschrieben. Das erforderliche Kapital für die Gründung kommt – genau wie bei Freiberuflern – in der Regel über vorhandene finanzielle Mittel oder über Darlehen zustande.

3. Gesellschaft des bürgerlichen Rechts (GbR)

Auch die GbR erfreut sich großer Beliebtheit und eignet sich nur für eine Gründung mit mindestens zwei Personen. Genau wie beim gewerblichen Einzelunternehmen gibt es eine Gewerbeanmeldung beim Gewerbeamt und eine steuerliche Anmeldung beim Finanzamt – schon ist das gemeinsame Unternehmen gegründet.

Klären Sie die Eckpunkte

Allerdings: Wer keinen Gesellschaftsvertrag hat, für den gelten die gesetzlichen Bestimmungen. Ein Gesellschaftsvertrag ist also wichtig, um sämtliche Aspekte des Innen- und Außenverhältnisses zu regeln und um sicherzustellen, dass alle Beteiligten wissen, worauf sie sich eigentlich einlassen.

Die einfache Buchführung mit der Einnahmenüberschussrechnung macht das Leben als GbR verhältnismäßig leicht. Auch die Aufnahme neuer Gesellschafter ist recht unkompliziert und schnell umsetzbar, was also auch die Beteiligungsfinanzierung ermöglicht. Außerdem benötigt auch die GbR kein Mindestkapital. Als Eigentümer einer Gesellschaft des bürgerlichen Rechts sind Sie sowohl an deren Gewinn beteiligt als auch an deren Verlust. Sie sind in vollem Umfang haftbar – mit dem Vermögen des Unternehmens und auch mit Ihrem Privatvermögen.

4. Stille Gesellschaft

Die stille Gesellschaft entsteht durch die Aufnahme eines Gesellschafters, der zwar keine Mitspracherechte hat, aber Eigenkapital zur Verfügung stellt, aus dem Informations- und Kontrollrechte entstehen. Ganz nach Wunsch kann der stille Gesellschafter am Verlust beteiligt werden oder nicht. Wird er nicht am Verlust beteiligt, kommt die ganze Sache einem ganz normalen Kredit recht nahe.

Zur Entstehung oder Gründung einer stillen Gesellschaft reicht ein formloser Vertrag zwischen Hauptgesellschafter und stillem Gesellschafter aus, der aber von einem Anwalt formuliert werden sollte. Nach außen tritt der stille Gesellschafter nicht auf. Mit anderen Worten: Für Außenstehende wie Lieferanten, Kunden oder Kooperationspartner ist der stille Gesellschafter nicht zu erkennen und bleibt anonym. Vorteilhaft zeigt sich die recht einfache Form der Kapitalbeschaffung – ohne Änderungen von Gesellschaftsverträgen, Eintragungen im Handelsregister und ähnlichem.

Je nachdem, welche Rechtsform die Gesellschaft, die einen stillen Gesellschafter aufnimmt, hat, bestimmen sich die Regeln rund um die Buchführung und anderes durch die vorhandene Rechtsform. Die Aufnahme des stillen Gesellschafters ändert also nichts an der einfachen und kostengünstigen Gründung und Führung einer GbR oder eines gewerblichen Einzelunternehmens und sie ändert auch nichts an der deutlich aufwändigeren Gründung und Führung einer GmbH.

5. Kommanditgesellschaft (KG) und Offene Handelsgesellschaft (OHG)

Die Gründung einer offenen Handelsgesellschaft (OHG) eignet sich für die Gründung mit mindestens zwei Personen, die beide die Geschäfte des Unternehmens führen wollen. Die Gründung erfolgt durch einen formlosen Gesellschaftsvertrag und einen Eintrag ins Handelsregister. Der Gesellschaftsvertrag muss aber nicht notariell beglaubigt werden. Dennoch empfiehlt sich vor der Unterzeichnung des Vertrages eine qualifizierte Rechtsberatung durch einen Anwalt oder Notar.

Die Gesellschafter haften mit ihrem gesamten Vermögen (auch dem privaten Vermögen) für die unternehmerische Tätigkeit. Es gelten im Gegensatz zur GbR die erweiterten Vorschriften des Handelsgesetzbuches (HGB) und damit auch eine Verpflichtung zu einer aufwändigeren Buchführung und zur Erstellung einer Bilanz.

Die Existenzgründung in der Rechtsform einer OHG ähnelt der Gründung einer GbR; ist aber aufwändiger und kostenintensiver. Mit dem Eintrag ins Handelsregister entstehen aber auch Vorteile, wie beispielsweise der Schutz des Namens des Unternehmens.

Die Gründung einer Kommanditgesellschaft (KG) ist der Gründung einer OHG ähnlich. Der wesentliche Unterschied liegt in der Haftung: Mindestens ein Gesellschafter, der so genannte Komplementär, muss für die Schulden der Gesellschaft unbeschränkt haften – also auch mit dem Privatvermögen. Der Komplementär hat dann auch die alleinige Geschäftsführungs- und Vertretungsbefugnis und sämtliche Kontrollrechte.

Weiterhin muss die KG mindestens einen Kommanditisten haben – seine Haftung ist auf die Höhe seiner Einlage begrenzt. Der Kommanditist hat gesetzlich keine Geschäftsführungs- oder Vertretungsrechte, sondern nur beschränkte Kontrollrechte (z.B. die Einsichtnahme in den Jahresabschluss und sonstige Geschäftsunterlagen). Das kommt gerade solchen Gründern entgegen, die durch Aufnahme eines Gesellgebers keine Mitspracherechte gewähren wollen.

Es muss ein Eintrag ins Handelsregister erfolgen und es gelten die erweiterten Vorschriften des Handelsgesetzbuches (HGB) und damit auch die Verpflichtung zur doppelten Buchführung und Bilanzierung. Die Existenzgründung in der Rechtsform einer Kommanditgesellschaft ist ebenfalls aufwändiger und kostenintensiver, als die Gründung einer Gesellschaft des bürgerlichen Rechts. Dem steht die Möglichkeit gegenüber, nur einen haftenden Gesellschafter und weitere Gesellschafter – beispielsweise etwaige Kapitalgeber – mit geringer Haftung und geringen Rechten auf Einflussnahme „ins Boot zu nehmen".

Sowohl für die OHG als auch für die KG ist gesetzlich kein Mindestkapital vorgesehen. Im Gesellschaftsvertrag kann aber abweichend von der gesetzlichen Regelung ein Mindestkapital festgelegt werden.

6. Gesellschaft mit beschränkter Haftung (GmbH) und Unternehmergesellschaft (UG)

Die GmbH kommt sowohl für Einzelpersonen als auch für ein Gründerteam in Frage. Das Stammkapital der GmbH muss mindestens 25.000 Euro betragen. Die Einlagen der einzelnen Gesellschafter oder Inhaber können dabei unterschiedlich hoch ausfallen. Der Gesellschaftsvertrag der GmbH muss notariell beurkundet und von allen Gesellschaftern unterzeichnet werden. Vertreten wird die GmbH durch ihren oder ihre Geschäftsführer.

Die Haftung der GmbH ist auf das Stammkapital beschränkt. Banken lassen sich aber bei Inanspruchnahme eines Darlehens von den GmbH-Gesellschaftern wegen der Haftungsbeschränkung häufig eine selbstschuldnerische Bürgschaft aushändigen, um sich dennoch abzusichern. Mit anderen Worten: Die Eigentümer haften in der Regel für Bankschulden auch mit dem Privatvermögen. Auch bei Verstößen gegen das Wettbewerbsrecht oder gegen das Urheberrecht – also beispielsweise bei einer Webseite, die nicht rechtssicher ist – hat die Haftungsbeschränkung keine Relevanz. Lieferanten, Subunternehmern und Mitarbeitern gegenüber greift die Haftungsbeschränkung und ist ein sinnvolles Instrument zur Absicherung des finanziellen Risikos.

Das Stammkapital kann aus Bar- oder Sacheinlagen bestehen. Wer also eine Existenzgründung mit Investitionen in Wirtschaftsgüter, die ohnehin einen Wert von mindestens 25.000 Euro haben, plant, ist mit der GmbH gut beraten. Es gelten die erweiterten Vorschriften des Handelsgesetzbuches (HGB) und damit auch die Verpflichtung zur doppelten Buchführung. Die Gründungskosten können mit mindestens tausend Euro kalkuliert werden. Auch der Aufwand für die Buchhaltung, Steuern und ähnliches ist höher als bei der GbR und anderen Personengesellschaften.

Die Unternehmergesellschaft (UG) – gerne auch Mini-GmbH oder 1-Euro-GmbH genannt – wurde im Jahr 2008 eingeführt. Es handelt sich dabei um eine Möglichkeit, die GmbH langsam entstehen zu lassen. Die UG ist haftungsbeschränkt und das Mindeststammkapital beträgt zunächst nur 1 Euro. Sacheinlagen sind nicht möglich.

Einfach am Start, aber dann ...

Wer eine UG gründet, muss jährlich 25 % des Gewinns als Rücklage zurückhalten – solange bis das Stammkapital der GmbH (25.000 Euro) erreicht ist. Mit dem Erreichen eines Stammkapitals von 25.000 Euro erhält die UG dann den Status der GmbH. Für die Gründung kann ein Musterprotokoll verwendet werden. Dabei handelt es sich um einen Mustergesellschaftsvertrag, den Sie auch auf der Webseite des Justizministeriums herunterladen können.

Die Zahl der Gesellschafter ist bei einer Gründung mit Musterprotokoll auf drei Personen beschränkt. Wer mit mehr Personen gründen will, braucht einen individuellen Gesellschaftsvertrag. Allerdings ist gerade bei einer Gründung mit mehreren Personen – also auch mit zwei Gründern – ohnehin ein individueller Gesellschaftsvertrag ratsam, da viele wichtige Themen im Musterprotokoll nicht geregelt werden. Ganz gleichgültig, ob Gründung mit standardisiertem Musterprotokoll oder nicht: Der Gang zum Notar ist auf jeden Fall erforderlich. Alle anderen Regelungen sind denen der GmbH gleich.

7. Englische Limited (Ltd.)

Viele Gründer sehen in der englischen Ltd. eine Alternative zur deutschen GmbH, die deutlich kostengünstiger zu gründen ist. Eigentlich handelt es sich bei der Ltd. um eine Aktiengesellschaft, bei der die Aktien aber nicht öffentlich gehandelt werden. Damit hat sie einen ähnlichen Charakter wie die deutsche GmbH.

Für die Gründung müssen drei Positionen besetzt werden: Ein Shareholder (Aktionär, Gesellschafter) und ein Director/ Board of Directors (Geschäftsführer). Der Company Secretary (Gesellschaftssekretär) ist zwischenzeitlich nicht mehr verpflichtend. Der Shareholder beruft einen Director; beide Positionen können aber auch von ein und derselben Person besetzt werden. Der Company Secretary übernimmt die Kommunikation mit den englischen Behörden. Diese Position darf nicht mit dem Director übereinstimmen und kann mit Hilfe von Agenturen ganz einfach besetzt werden. Das ist insofern vorteilhaft, als dass die Agentur dann auch die gesamte Abwicklung der steuerlichen Angelegenheiten, Einreichung von Unterlagen bei Behörden und Registern oder ähnliche Aufgaben übernimmt.

Das Unternehmen wird letztlich in England gegründet und alle Unterlagen werden in englischer Sprache verfasst. Die Ltd. lässt sich schon mit einem Euro gründen; es gibt keine Untergrenze für das sogenannte Share Capital. Die Haftung des Unternehmens ist auf das Share Capital begrenzt.

Diese Regelungen erscheinen auf den ersten Blick traumhaft. Kaum Kapital und praktisch keine Haftung – das hat in den letzten Jahren viele Gründer motiviert, eine solche Ltd. zu gründen. Allerdings: Die Ltd. genießt genau wegen dieser Regelungen kein sonderlich gutes Ansehen. Manche Vermieter schließen etwa die Vermietung eines Büros an eine Ltd. komplett aus. Auch wenn Sie das möglicherweise ärgert: Aber was ist von einem Mieter zu halten, der eine Rechtsform gewählt hat, die ihn praktisch zu nichts verpflichtet? Das streut große Zweifel und führt zu einem enormen Vertrauensverlust.

Hinzu kommt eine rechtlich unsichere Situation. Es handelt sich um ein Unternehmen, das nach englischem Recht gegründet wurde. Falls es zu Streitigkeiten mit einem Lieferant, mit einem Kunden oder einer anderen Partei kommt, ist die rechtliche Lage für keine der beteiligten Parteien einfach zu beurteilen – auch für den Gründer nicht. Wenig absehbare Kosten im Fall rechtlicher Streitigkeiten sind die Folge. Außerdem sollten Sie bedenken, dass sämtliche behördlichen Vorgänge stets von einer Agentur übernommen werden müssen und daraus entsteht eine Abhängigkeit, die ebenfalls problematisch ist.

8. Aktiengesellschaft (AG)

Eine Aktiengesellschaft (AG) besteht aus Gesellschaftern, die mit Einlagen am Grundkapital beteiligt sind. Auch bei der AG besteht eine Haftungsbegrenzung auf das Grundkapital der Gesellschaft – die Aktionäre haften nicht persönlich. Die AG entsteht mit der Eintragung in das Handelsregister. Das Mindestkapital beträgt 50.000 Euro. Die Möglichkeit der Ausgabe von Aktien erleichtert die Gewinnung von Eigenkapital für das Unternehmen.

Die Aktiengesellschaft wird durch ihre Organe vertreten. Die Organe bestehen aus dem Vorstand, der Aktionärsversammlung (Hauptversammlung) und dem Aufsichtsrat. Der Vorstand einer AG übernimmt die Geschäftsführung und vertritt die Gesellschaft nach innen und nach außen. Im Rahmen der Hauptversammlung treffen die Aktionäre – also die Eigentümer – zusammen und treffen wichtige Entscheidungen wie etwa die Vertreter der Aktionäre im Aufsichtsrat, die Gewinnverwendung, Satzungsänderungen und ähnliches. Der Aufsichtsrat übt wichtig Kontrollfunktionen aus. Er wählt und überwacht etwa den Vorstand und kann den Vorstand auch abberufen.

Auch eine Einzelperson kann eine AG gründen. Es gelten die erweiterten Vorschriften des Handelsgesetzbuches (HGB) und die erweiterte doppelte Buchführung. In jedem Falle muss eine eingehende Rechtsberatung erfolgen. Damit ist die Gründung einer Aktiengesellschaft verhältnismäßig aufwändig und kostenintensiv. Dem stehen aber Vorteile bei der Finanzierung und in der Wahrnehmung durch Kunden und Geschäftspartner gegenüber. Die Aktiengesellschaft bietet sich für die Gründung größerer Unternehmen an.

9. Eingetragener Verein

Ein Verein wird mit dem Eintrag in das Vereinsregister des zuständigen Amtsgerichtes rechtsfähig und darf sich e.V. (eingetragener Verein) nennen. Zur Gründung sind sieben Gründungsmitglieder notwendig. Die Gründer legen für die Gründung in einer Gründungsversammlung die Vereinssatzung fest und wählen den Vorstand. Danach wird der Verein in das Vereinsregister eingetragen und der Vorstand meldet den Verein beim Finanzamt an.

Ein Verein muss nichts zwangsläufig gemeinnützig sein; ein gemeinnütziger Verein wird aber steuerlich bevorzugt behandelt. Die Gemeinnützigkeit entsteht durch einen mildtätigen, einen kirchlichen oder einen gemeinnützigen Zweck nach Paragraph 52 der Abgabenordnung (AO). Zu den gemeinnützigen Zwecken nach Abgabenordnung zählen beispielsweise die Förderung von Kunst und Kultur, die Förderung von Landschafts- und Denkmalschutz, die Förderung von Sport, die Förderung von Wissenschaft und Forschung, die Förderung von Bildung, die Förderung der Altenhilfe und einiges mehr.

Der gemeinnützige Verein muss weiterhin eine selbstlose Förderung bestimmter Zwecke verfolgen. Mit „Selbstlosigkeit" ist gemeint, dass der Verein beispielsweise nicht auf die eigene Erwerbstätigkeit oder auf die wirtschaftliche Tätigkeit des Vereins ausgerichtet ist. Weiterhin muss der gemeinnützige Verein der Allgemeinheit zugute kommen.

Der Vorstand des Vereins wird von der Mitgliederversammlung gewählt. Er vertritt den Verein nach außen und führt die Geschäfte. Die Mitgliederversammlung ist die Versammlung aller Mitglieder des Vereins. Sie trifft grundsätzlich alle Vereinsentscheidungen, wobei jedes Vereinsmitglied genau eine Stimme hat.

Gemeinsam zum Ziel

Zur Finanzierung der Aktivitäten stehen dem Verein viele Möglichkeiten offen: Durch die Gewinnung von Mitgliedern, durch einen wirtschaftlichen Geschäftsbetrieb, durch Spenden oder durch Sponsorings. Der Verein ist aufgrund der Wahrnehmung in der Öffentlichkeit immer dann von Interesse, wenn die Gründer mit Hilfe der Rechtsform ein Image der Mildtätigkeit oder der Förderung bestimmter Zwecke erreichen will.

10. Genossenschaft

Die Genossenschaft wird von den wenigsten Gründern oder Gründerinnen als Rechtsform in Erwägung gezogen, obwohl sie eine attraktive Rechtsform ist. Die Genossenschaft muss aus mindestens drei Gründungsmitgliedern bestehen. Wesentlich ist, dass die Genossenschaft zum Vorteil der Mitglieder der Genossenschaft handelt und damit einen anderen Zweck verfolgt, als Unternehmen oder der eingetragene Verein. Die Genossenschaft ist damit eine ideale Rechtsform für Kooperationsvorhaben.

Die Mitglieder der Genossenschaft handeln durch die Organe der Genossenschaft, die den Organen der Aktiengesellschaft ähnlich sind:

Die Generalversammlung der Genossenschaft ist die Versammlung der Mitglieder. Die Mitglieder beschließen in diesem Rahmen beispielsweise die Gewinnverwendung oder wählen den Aufsichtsrat und den Vorstand. Der Aufsichtsrat muss mindestens aus drei Mitgliedern der Genossenschaft bestehen (natürliche Personen). Der Aufsichtsrat überwacht den Vorstand, prüft Bücher, prüft den Jahresabschluss, erstattet der Generalversammlung Bericht und vieles mehr. Der Aufsichtsrat kann auch Vorstandsmitglieder vorläufig abberufen. Der Vorstand muss mindestens aus zwei Mitgliedern der

Genossenschaft bestehen. Der Vorstand übernimmt die Geschäftsführung der Genossenschaft.

Die Existenzgründung als Genossenschaft ist ideal für Teamgründungen. Weiterhin sollte im Vordergrund stehen, dass die Genossenschaft an sich nicht auf Gewinnstreben ausgerichtet ist, sondern dass sie zum Vorteil der Mitglieder handelt. Die Anzahl der Mitglieder ist allerdings nicht begrenzt – es können soviele Mitglieder aufgenommen werden, wie eben gewollt ist. Die Gründungsmitglieder können natürliche oder juristische Personen sein. Gesetzliche Grundlage ist das Genossenschaftsgesetz. Die Mitglieder der Genossenschaft sind ähnlich wie die Gesellschafter einer AG. Sie kaufen im Rahmen der Mitgliedschaft Anteile an der Genossenschaft und stellen auf diese Weise Eigenkapital zur Verfügung.

Ideal für Teams – aber teuer

Die Genossenschaftsgründung muss notariell beurkundet werden und im weiteren Verlauf fallen ebenfalls Kosten für Rechts- und Steuerberatungen an. Insofern ist die Genossenschaft keine kostengünstige Gründungsform.

Besteuerung des Unternehmens

Das Thema der Steuern ist umfangreich und wird oft als schwer zu bewältigende Hürde wahrgenommen. Doch ganz so schlimm ist es gar nicht. Wenn sie sich damit nicht auskennen, ist es ohnehin ratsam, mit einem Steuerberater zusammenzuarbeiten. Die wichtigsten Grundlagen werden Sie im Folgenden kennenlernen und dabei feststellen, dass diese durchaus überschaubar sind.

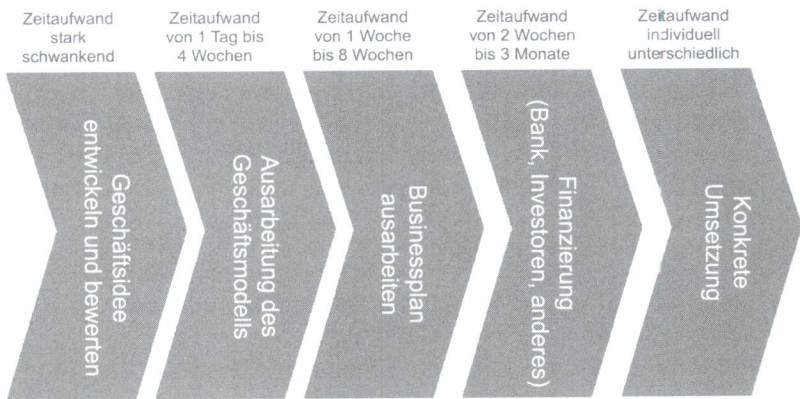

Jedes Unternehmen muss Steuern zahlen. Während Ihr Steuerberater die Details kennt, sollten Sie zumindest die wichtigsten Dinge zum Thema wissen.

Gründungsfahrplan: Thema Steuern erarbeiten

Die wichtigsten Steuern sind die Umsatzsteuer (auch Mehrwertsteuer genannt), die Einkommensteuer, die Gewerbesteuer, die Körperschaftssteuer und die Lohnsteuer. Die Steuererklärungen werden nach heutigem Stand nur noch in elektronischer Form akzeptiert. Das gute alte Formular, das mit der Post zu den Finanzbehörden geschickt wurde, ist nicht mehr verwendbar. Dabei gibt es unterschiedliche Lösungen, die das Finanzamt anbietet. Vor allem die Software ELSTER steht als Download auf den Webseiten der Finanzämter kostenfrei zur Verfügung und wird für die Erstellung der Steuererklärung gebraucht. Alternativ können die Daten auch online eingegeben werden. Informieren Sie sich rechtzeitig, welche Lösung Sie verwenden wollen, denn nichts ist aufreibender als eine dringend zu erstellende Steuererklärung ohne die dazu notwendige Infrastruktur.

I. Einkommensteuer

Die Einkommensteuer ist die Besteuerung des Einkommens natürlicher Personen, nicht des Unternehmens. Die Einkommensteuer ist eine so genannte Jahressteuer – sie wird immer für das vergangene Kalenderjahr berechnet und auch erhoben. Als selbstständig Tätige/r sind Sie in jedem Fall zur jährlichen Erstellung der Einkommensteuererklärung verpflichtet.

Das Finanzamt legt Vorauszahlungsbeträge und Intervalle für die Einkommensteuer fest. Die Höhe Ihrer Einkommensteuer richtet sich nach den Gesamteinkünften aus verschiedenen Einkunftsarten und nach Ihrer Steuerklasse. Insgesamt werden für die Ermittlung der relevanten Einkünfte sieben Einkunftsarten zusammengerechnet. Die Summe abzüglich einiger anderer Positionen ergibt das zu versteuernde Einkommen und damit also den Betrag, auf den Einkommensteuer erhoben wird:

+ Einkünfte aus Land-/Forstwirtschaft (Gewinn aus Land- und Forstwirtschaft)
+ Einkünfte aus Gewerbebetrieb (Gewinn aus Gewerbebetrieb)
+ Einkünfte aus selbstständiger Tätigkeit (Gewinn aus freiberuflicher Tätigkeit)
+ Einkünfte aus nichtselbstständiger Arbeit (aus Festanstellung)
+ Kapitalerträge (Einkünfte aus Kapitalvermögen)
+ Einkünfte aus Vermietung/Verpachtung
+ Sonstige Einkünfte (Renten, Spekulationsgewinne)

= Gesamtbetrag der Einkünfte

- Freibeträge
- Sonderausgaben (z.B. Sozialversicherungsbeiträge)
- Verlustabzug aus Vorjahr(en)
= Zu versteuerndes Einkommen

Der Gewinn aus den vorher genannten Einkunftsarten wird bei Personengesellschaften meist aus dem Überschuss der Einnahmen über die Ausgaben ermittelt. Der Gewinn für Kapitalgesellschaften wird dagegen aus der Bilanz ermittelt. Auf die bilanzielle Ermittlung geht dieses Buch nicht näher ein, da davon ausgegangen werden kann, dass dies ein Steuerberater übernimmt. Die Berechnung bei der Personengesellschaft erfolgt nach folgender Formel:

$$\text{Betriebseinnahmen} - \text{Betriebsausgaben} = \text{Gewinn}$$

Einnahmen und Ausgaben sind alle Beträge, die im Rahmen der unternehmerischen Tätigkeit vereinnahmt oder verausgabt wurden. Mit anderen Worten: Eine Einbruchversicherung für ein Ladengeschäft ist eine steuerlich relevante Betriebsausgabe. Ihre Krankenversicherung dagegen ist Ihre Privatsache und ist deshalb auch keine Betriebsausgabe. Die Beträge werden bei der Ermittlung der Einkommensteuer netto (also ohne Berücksichtigung der Umsatzsteuer) angesetzt.

Je nach Steuerklasse und Höhe des zu versteuernden Einkommens sind die zu zahlenden Beträge unterschiedlich hoch. Eventuell kommt auch ein Verlustvortrag – also die Übernahme von negativen Einkünften – in das nächste Kalenderjahr in Frage. Die Höhe richtet sich nach den jeweils gültigen Beträgen in der Steuertabelle des aktuellen Jahres. Sie finden diese Tabellen mit Sicherheit im Internet. Alternativ können Sie auch nach automatischen Berechnungen der Einkommensteuer im Internet suchen, die insbesondere während der Gründungsphase eine recht gute Schätzung der zu erwartenden Steuern erlauben. Grundlage für die Schätzungen für Ihre Existenzgründung ist die Rentabilitätsplanung, in der Sie den voraussichtlichen Gewinn berechnet haben.

Bedenken Sie, dass Ihre Steuern für ein Jahr erst im Folgejahr fällig werden. So kommt es oft zustande, dass nach einer Gründung zwei bis drei Jahre lang keine oder nur sehr geringe Steuern anfallen.

In den ersten Jahren nicht übermütig werden

Im dritten bis vierten Jahr aber kommt das Finanzamt dann oft mit hohen Zahlungsforderungen auf die jungen Unternehmen zu. Steuern für das letzte Jahr und Vorauszahlungsbeträge für das laufende Jahr werden dann gleichzeitig fällig und können sehr empfindlich ausfallen oder sogar für echte Schwierigkeiten sorgen. Lassen Sie unbedingt schätzen, mit welchen Beträgen zu rechnen ist. Nur so können Sie genügend Geld zur Seite legen, um Ihren finanziellen Verpflichtungen gegenüber den Finanzbehörden nachzukommen.

II. Gewerbesteuer

Die Gemeinden erheben von jedem Gewerbebetrieb eine Gewerbeertragsteuer, die kurz auch Gewerbesteuer genannt wird. Der Gewerbeertrag ist der ermittelte Gewinn. Die Steuer wird auf die Höhe des Gewerbeertrages – also auf den Gewinn – erhoben.

Für die exakte Berechnung muss unterschieden werden, ob es sich um eine Kapitalgesellschaft oder eine Personengesellschaft handelt. Zu Zwecken der Schätzung im Businessplan stelle ich die Berechnung der Gewerbesteuer für Personengesellschaften vor. Diese ist einfacher zu handhaben und kann als Schätzwert auch für Kapitalgesellschaften verwendet werden. Wer genauere Berechnungen braucht, sollte sich an einen Steuerberater wenden.

Der Gewerbeertrag und die dazugehörende Steuer ergeben sich aus dem folgenden Berechnungsschema:

    Gewinn aus Gewerbebetrieb
+ Hinzurechnungen (z.B. Gewinnanteile des typischen stillen Gesellschafters)
− Kürzungen x
+ (z.B. die Anteile am Gewinn einer offenen Handelsgesellschaft)

= Gewerbeertrag
− Gewerbeverlustvortrag aus Vorjahren
− Freibetrag 24.500 Euro (nur bei Personengesellschaften und Einzelunternehmen)

= zu versteuernder Gewerbeertrag x Messzahl

= Gewerbesteuermessbetrag x Gewerbesteuerhebesatz (variiert je nach Gemeinde)

= Höhe der Gewerbesteuer

Der zu versteuernde Gewerbeertrag wird mit einer so genannten Messzahl (siehe Berechnungsschema) multipliziert. Die Messzahl ist ein Prozentwert, der nach der Höhe des Gewerbeertrages gestaffelt ist:

Für die ersten 24.500 Euro 0 % (Freibetrag)
Für die weiteren 12.000 Euro 1 % = 120,00 Euro
Für die weiteren 12.000 Euro 2 % = 240,00 Euro
Für die weiteren 12.000 Euro 3 % = 360,00 Euro
Für die weiteren 12.000 Euro 4 % = 480,00 Euro
Für jeden weiteren Euro 5 % variabler Betrag

Hat ein kleines Ladengeschäft 42.500 Euro Gewerbeertrag erwirtschaftet, so berechnet sich die Höhe der Gewerbesteuer bei einem Hebesatz von 490 % beispielsweise wie folgt:

Für die ersten 24.500 Euro: 0 % bzw. 0 Euro

Für die weiteren 12.000 Euro: 1 % x 12.000 = 120,00 Euro

Für die weiteren 6.000 Euro: 2 % x 6.000 = 120,00 Euro

SUMME bzw. Gewerbesteuermessbetrag: 240,00 Euro

240,00 Euro x Hebesatz 490 % = 1.176 Euro Gewerbesteuer

Den geltenden Hebesatz an Ihrem gewünschten Standort können Sie bei der zuständigen Handelskammer, bei der Stadt/Gemeinde oder auch beim Steuerberater in Erfahrung bringen. Die Hebesätze schwanken zwischen 250 % bis 490 %. Die Prüfung, welcher Standort in Ihrer Nähe oder anderswo einen günstigen Hebesatz hat, ist also möglicherweise lohnenswert.

III. Körperschaftsteuer und Kapitalertragsteuer

Kapitalgesellschaften wie die GmbH und AG unterliegen in Deutschland zusätzlich der Körperschaftsteuer. Für Personengesellschaften wie Freiberufler, Einzelunternehmen oder die GbR ist sie also nicht relevant. Grundlage für die Ermittlung der Körperschaftsteuer ist der Gewinn einer Kapitalgesellschaft. Da der oder die Eigentümer der Kapitalgesellschaft auch Einkommensteuer zahlen, wird die schon gezahlte Körperschaftsteuer bei der Einkommensteuer der Gesellschafter angerechnet. Der Steuersatz beträgt 25 % auf den Gewinn des Unternehmens.

Beschließen die Gesellschafter eine Gewinnausschüttung – also die Auszahlung des Gewinns – muss die Kapitalgesellschaft außerdem Kapitalertragsteuer von 20 % an das Finanzamt abführen. Die Gesellschafter müssen dann die Hälfte der Gewinnausschüttung versteuern. Die seitens der Gesellschaft bezahlte Kapitalertragsteuer können die Gesellschafter ebenfalls auf die Einkommensteuer anrechnen.

Sollten sie eine GmbH oder AG gründen wollen, so reicht es aus, wenn Sie im Businessplan oder in anderen Berechnungen einfach mit dem pauschalen Steuersatz von 25 % auf den Jahresgewinn kalkulieren. Für weitergehende Informationen oder genauere Berechnungen ist es dagegen sinnvoll, einen Steuerberater zu beauftragen.

IV. Umsatzsteuer

Alle Gewerbetreibenden und auch die meisten Freiberufler sind verpflichtet, ihren Kunden Mehrwertsteuer (Umsatzsteuer) in Rechnung zu stellen. Andererseits können Sie grundsätzlich die von Ihnen selbst gezahlte Umsatzsteuer als so genannte Vorsteuer mit der eingenommenen Umsatzsteuer verrechnen. Ein kleines Beispiel verdeutlicht die Begriffe:

Position	Nettobetrag	Umsatzsteuer (19 %)	
Kauf Laptop	600,00 Euro	114,00 Euro	
Kauf Handelsware	1.000,00 Euro	119,00 Euro	
Verausgabte Umsatzsteuer (114,00 Euro + 119,00 Euro)			**233,00 Euro**
Umsatz Produktgruppe 1	500,00 Euro	95,00 Euro	
Umsatz Produktgruppe 2	1.800,00 Euro	342,00 Euro	
Umsatz aus Dienstleistungen	250,00 Euro	47,50 Euro	
Vereinnahmte Umsatzsteuer (95,00 Euro + 342,00 Euro + 47,50 Euro)			**484,50 Euro**
Differenzbetrag (An das Finanzamt abzuführende Umsatzsteuer)			**251,50 Euro**

Im Beispiel wird deutlich: Die Umsätze waren höher als die Ausgaben. In diesem Fall wird dann eine Umsatzsteuerzahlung an das Finanzamt fällig. Die verausgabte Umsatzsteuer wird dabei als Vorsteuer mit der eingenommenen Umsatzsteuer verrechnet. Insbesondere während der Startphase kommt oft der umgekehrte Fall vor, bei dem die Ausgaben wesentlich höher sind als die Einnahmen. In diesem Fall gibt es dann eine Erstattung durch das Finanzamt, die auf Ihr Geschäftskonto überwiesen wird.

Position	Nettobetrag	Umsatzsteuer (19 %)	
Kauf Laptop	600,00 Euro	114,00 Euro	
Kauf Handelsware	5.000,00 Euro	950,00 Euro	
Verausgabte Umsatzsteuer (114,00 Euro + 119,00 Euro)			1.064,00 Euro
Umsatz Produktgruppe 1	500,00 Euro	95,00 Euro	
Umsatz Produktgruppe 2	1.800,00 Euro	342,00 Euro	
Umsatz aus Dienstleistungen	250,00 Euro	47,50 Euro	
Vereinnahmte Umsatzsteuer (95,00 Euro + 342,00 Euro + 47,50 Euro)			484,50 Euro
Differenzbetrag (Erstattung durch das Finanzamt)			579,50 Euro

In Ihrer steuerlichen Anmeldung müssen Sie angeben, wie hoch Ihre Gewinne voraussichtlich ausfallen werden. Entsprechend Ihrer Angaben setzt das Finanzamt fest, in welchen Intervallen Ihre Umsatzsteuererklärung erstellt werden muss. Auch wenn es zu finanziellen Veränderungen im laufenden Betrieb kommt, kann das Finanzamt die Intervalle ändern. Sollten Sie selbst feststellen, dass Ihre finanzielle Situation weit von den ursprünglichen Schätzungen abweicht, können Sie sich mit Ihrer zuständigen Finanzbehörde in Verbindung setzen und um eine Anpassung bitten.

Individuelle Steuersätze beachten!

Die Höhe der Umsatzsteuer beträgt in der Regel 19 % des Nettopreises. Doch es gibt zahlreiche Ausnahmen, bei denen ein anderer Steuersatz angewendet wird: Lebensmittel 7 %, Druckerzeugnisse 7 %, Kunstgegenstände 7 %, Essen zum Mitnehmen 7 %, Übernachtungen 7 %, Essen im Haus 19 %. Im Vorfeld der Gründung sollten Sie sich informieren, welcher Steuersatz für Ihre Produkte und Dienstleistungen anzuwenden ist.

Die Höhe der Umsatzsteuer beträgt in der Regel 19 % des Nettopreises. Doch es gibt zahlreiche Ausnahmen, bei denen ein anderer Steuersatz angewendet wird: Lebensmittel 7 %, Druckerzeugnisse 7 %, Kunstgegenstände 7 %, Essen zum Mitnehmen 7 %, Übernachtungen 7 %, Essen im Haus 19 %. Im Vorfeld der Gründung sollten Sie sich informieren, welcher Steuersatz für Ihre Produkte und Dienstleistungen anzuwenden ist.

V. Die Kleinunternehmerregelung

Für Unternehmen mit einem Umsatz von bis zu 17.500 Euro des Gründungsjahres und einem voraussichtlichen Umsatz im folgenden Jahr von bis zu 50.000 Euro gelten nach Wunsch vereinfachte Vorschriften. Das Unternehmen ist in diesem Fall nicht verpflichtet Umsatzsteuer in Rechnung zu stellen oder an das Finanzamt abzuführen. Andererseits steht dem Unternehmen dann aber auch nicht zu, gezahlte Umsatzsteuer als Vorsteuer zu verrechnen. Diese Möglichkeit der vereinfachten Besteuerung wird Kleinunternehmerregelung genannt.

Auch hier wird das Ergebnis anhand einiger Beispieldaten deutlich. Im vorliegenden Fall hat das Unternehmen 233,00 Euro Umsatzsteuer ausgegeben, aber aufgrund der Kleinunternehmerregelung keine Umsatzsteuer eingenommen. Da die Vorsteuer (233,00 Euro) nicht verrechnet werden kann, bleibt das Unternehmen sozusagen auf diesem Betrag sitzen. Eine Erstattung durch das Finanzamt gibt es nicht.

Ganz generell gilt: Wenn die Ausgaben in einem Unternehmen – sei es noch so klein – relativ hoch sind, ist die Kleinunternehmerregelung oft zum Nachteil des Unternehmens. Lassen Sie sich von einem Steuer- oder Gründungsberater bei der Entscheidung helfen, ob Sie die Regelung in Anspruch nehmen wollen oder nicht.

Position	Nettobetrag	Umsatzsteuer (19 %)	
Kauf Laptop	600,00 Euro	114,00 Euro	
Kauf Handelsware	1.000,00 Euro	119,00 Euro	
Verausgabte Umsatzsteuer (114,00 Euro + 119,00 Euro)			233,00 Euro
Umsatz Produktgruppe 1	500,00 Euro	0,00 Euro	
Umsatz Produktgruppe 2	800,00 Euro	0,00 Euro	
Umsatz aus Dienstleistungen	250,00 Euro	0,00 Euro	
Vereinnahmte Umsatzsteuer (0,00 Euro)			0,00 Euro
Differenzbetrag (keine Erstattung durch Finanzbehörden)			233,00 Euro

Die Kleinunternehmerregelung ist keineswegs eine Verpflichtung – der Unternehmer kann frei wählen, ob er sie in Anspruch nehmen will oder nicht. Die Entscheidung wird in der Regel bei der steuerlichen Anmeldung getroffen. Entscheiden Sie sich für die Kleinunternehmerregelung, sind Sie für fünf Jahre an diese Entscheidung gebunden, solange Ihre Umsätze unterhalb der Grenze von 17.500 bzw. 50.000 Euro bleiben. Die Entscheidung ist außerdem davon abhängig, welche Signale die Kleinunternehmerregelung an Ihre Kunden sendet. Eine Rechnung ohne Umsatzsteuer aufgrund der Kleinunternehmerregelung lässt Sie eventuell als „Kleinkrauter" dastehen. Das ist oft unerwünscht und alleine deshalb wird häufig auf die Inanspruchnahme der Regelung verzichtet. Dabei verzichten Sie dann andererseits auf den Vorteil, etwas günstiger zu sein, als Ihre Wettbewerber.

VI. Lohnsteuer

Wenn Sie Mitarbeiter beschäftigen, müssen Sie die auf das monatliche Gehalt anzurechnende Lohnsteuer Ihrer Beschäftigten einbehalten und an das Finanzamt abführen. Die Lohnsteuer ist innerhalb von 10 Tagen nach Ende des Anmeldezeitraumes gegenüber dem Finanzamt zu erklären und abzuführen. Dabei ist die Inanspruchnahme eines Steuerberaters oder einer Lohnbuchhaltung dringend zu empfehlen. Mehr dazu finden Sie auch im Abschnitt „Mitarbeiter beschäftigen".

7. Kapitel

Das Marketing für Ihre Sache

7

Das Marketing gehört zu jedem Unternehmen. Dabei wird der Begriff in der Umgangssprache oft mit „Werbung" gleichgesetzt. In Wahrheit aber versteckt sich dahinter deutlich mehr: Ihre Preisgestaltung, die Gestaltung Ihrer Produkte, die Öffentlichkeitsarbeit und viele weitere Themen gehören dazu und sind entscheidende Grundlage Ihres Geschäftsmodells.

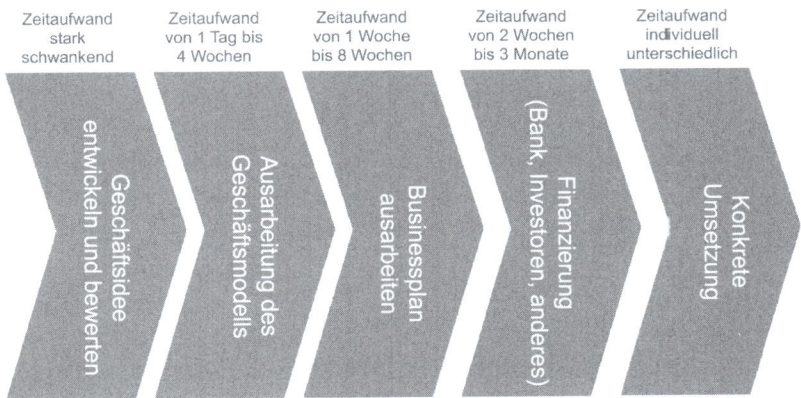

Zeitaufwand stark schwankend	Zeitaufwand von 1 Tag bis 4 Wochen	Zeitaufwand von 1 Woche bis 8 Wochen	Zeitaufwand von 2 Wochen bis 3 Monate	Zeitaufwand individuell unterschiedlich
Geschäftsidee entwickeln und bewerten	Ausarbeitung des Geschäftsmodells	Businessplan ausarbeiten	Finanzierung (Bank, Investoren, anderes)	Konkrete Umsetzung

Preisgestaltung, Werbung, Öffentlichkeitsarbeit und mehr:
Ohne zielgerichtetes Marketing kann kein Unternehmen existieren.

Informationen sammeln

Gründungsfahrplan: Das Marketingkonzept ausarbeiten

I. Der Marketing-Mix

Im Rahmen des Marketing-Mix werden unterschiedliche Entscheidungen getroffen. Die Festlegungen sollten im Businessplan benannt und begründet werden. Insbesondere für die Bank oder auch für Investoren ist es von großer Bedeutung, dass Sie glaubhaft darstellen können, mit den von Ihnen gewählten Instrumenten die vorher ausgewählte Zielkundengruppe erreichen zu können. Die folgenden Entscheidungen stehen an:

Vertragspolitik

Gibt es neben dem Preis weitere vertragliche Rahmenbedingungen, die Sie für Ihr Produkt festlegen müssen? Üblich ist etwa die Festlegung von Liefer- und Zahlungsbedingungen. Achten Sie bei Ihrer Entscheidung darauf, welche Kriterien für Ihre Kunden wichtig sind. So kann etwa eine schnelle Lieferung oder Reaktion von Ihrer Seite zum entscheidenden Erfolgsfaktor werden.

Distributionspolitik

Im Rahmen der Distributionspolitik werden Vertriebswege festgelegt. Mit anderen Worten: Sie legen fest, auf welchen Wegen Ihr Produkt zum Kunden oder Endkunden kommt. Die wesentlichste Überlegung ist die Frage danach, ob Sie Ihr Produkt oder Ihre Dienstleistung alleine und selbst vertreiben wollen oder ob Sie sich sogenannter Vertriebspartner wie etwa Handelsvertreter oder Kooperationspartner bedienen wollen. Sofern Vertriebspartner zum Einsatz kommen sollen, müssen Sie mit Provisionszahlungen rechnen, die sich dann auch in den Berechnungen im Businessplan zeigen.

Der Vertrieb über Vertriebspartner kann sehr sinnvoll sein. Da viele Neugründungen zunächst unter einem geringen Bekanntheitsgrad und mangelndem Netzwerk leiden, haben Vertriebspartner in der Regel bereits den Zugang zu potentiellen Kunden. Wer Kaffeemaschinen für die Gastronomie produziert ist also mit Handelsvertretern, die bereits mit anderen Produkten in der Gastronomie aktiv sind, gut aufgestellt. Die Provisionen sind dabei in der Regel gar nicht so hoch: Rund 10 bis maximal 20 Prozent sind üblich. Abweichende Werte können aber auch vorkommen. Ob sich ein Auftrag nach Abzug einer Vertriebsprovision noch lohnt, muss im Einzelnen berechnet werden.

Produktpolitik

Welche Produkte und Dienstleistungen wollen Sie anbieten? Welchen allgemeinen Ansprüchen sollen Ihre Produkte oder Dienstleistungen genügen? Soll es produktbegleitende Dienstleistungen geben? Wie wird Ihr Produkt verpackt? Welchen Qualitätsstandards sollen Ihre Produkte und Dienstleistungen entsprechen? Diese Fragen werden im Rahmen der Produktpolitik geklärt. Im Gegensatz zum Angebot, das wir bereits tiefgehend beleuchtet haben, ist die Produktpolitik allgemeinerer Natur. Nehmen wir an, Sie betreiben einen Webshop. Sie können im Rahmen der Produktpolitik eine Liste anfertigen, die folgende Frage beantwortet: Welche Merkmale müssen Produkte aufweisen, die in den Shop aufgenommen werden? Eine solche Kriterienliste verhindert, dass Sie in der Hektik und Emotionalität einer Messe etwa Produkte bestellen, die eigentlich nicht in Ihre Angebotspalette passen.

Kommunikationspolitik

Die Kommunikation Ihrer Geschäfts- oder Produktidee ist von großer Bedeutung. Ohne die Existenz des Produktes zu kommunizieren, können Sie nichts verkaufen. Überlegen Sie gut, über welche Medien Sie Ihr Produkt und/oder Geschäft kommunizieren möchten. Es gibt eine Vielzahl von Möglichkeiten: Zeitungsanzeigen, Internetwerbung, Plakatwerbung, Broschüren, Pressearbeit und vieles mehr. Ansätze hierzu sollten bereits über die Analyse der Zielgruppe klar sein. Wichtig ist: Es geht darum, dass die Kommunikation Ihre Kunden ansprechen soll – nicht Sie selbst oder den Designer. Sie müssen im Businessplan Ihre geplanten Kommunikationsmittel benennen und die Kosten dafür einschätzen.

Immer wieder kommt hier die Meinung zum Ausdruck, dass die Kommunikation nichts kosten darf. Wer aber an der falschen Stelle spart, kann kaum auf Erfolge hoffen. Einige Investitionen für die Kommunikation Ihrer Marke, Ihrer Produkte oder Ihrer Dienstleistungen sind nun einmal notwendig und wichtig. Die Bedeutung der Kommunikationspolitik kommt auch in den nächsten Abschnitten zum Ausdruck, in denen das Thema noch näher beleuchtet wird.

II. Kommunikationspolitik

1. Corporate Identity – Zentrales Element der Kommunikation

Die Corporate Identity (deutsch: Firmenpersönlichkeit) soll den Charakter eines Unternehmens darstellen und vermitteln. Ganz ähnlich, wie einem Menschen bestimmte Eigenschaften zugeschrieben werden, ist dies auch für ein Unternehmen möglich. Die menschliche Identität zeigt sich durch Sprache, Bewegung, Kleidung und ähnliches. Dem Unternehmen wird entsprechend dieser Wahrnehmung ebenfalls ein passendes „Kleid" verpasst. Dieses Kleid zeigt sich dann in bestimmten Farben, Formen und dem Sprachstil. Auch die Benennung des Unternehmens soll die Unternehmensidentität unterstreichen.

Die Festlegung einer Corporate Identity spielt bei einer Existenzgründung eine große Rolle – nur wer mit einer ordentlichen Identität aufwarten kann, wird auch wahrgenommen und vor allem wird das Erinnerungsvermögen der potentiellen Kunden und Geschäftspartner damit animiert. Kurz gesagt: Ein passender Name für Ihr Unternehmen und ein Logo, das die Identität des Unternehmens zum Ausdruck bringt, müssen her. Das ist eine Aufgabe, die nicht einfach ist. Logos „von der Stange" sind nicht geeignet, um eine Corporate Identity zu entwickeln.

Das menschliche Gehirn braucht Brücken, um sich erinnern zu können. Tests, bei denen Versuchspersonen Unterlagen von Unternehmen gezeigt wurden, haben gezeigt, dass sich die Versuchspersonen am besten an die Farben der Unterlagen erinnern konnten. Bei Testwiederholungen zeigte sich dann, dass nach der Erinnerung an Farben die Erinnerung an Formen folgt und erst danach merkt sich ein Betrachter einen Namen. Diesen Namen verbindet er dann mit Ihrem Produkt. Die „Brücke", die ein potentieller Kunde braucht, um sich an Sie zu erinnern, besteht also aus Farbe, Form, Namen und Produkt. Das entspricht der Grundlage der Corporate Identity: Logo und ein Unternehmensname. Eventuell kommt noch ein Slogan hinzu.

Die Corporate Identity kann auch ihrem persönlichen Namen entsprechen – wenn sie beispielsweise freiberuflich arbeiten. Wichtig ist aber trotzdem die Verbindung des Namens mit Farbe und Form und am allerbesten mit einer bestimmten Leistung, die Sie von anderen abhebt. In einem weiteren Schritt müssen potentielle Kunden Logo und Namen dann auch mit Ihren Produkten oder Dienstleistungen verbinden können. Sofern sich das nicht ohnehin mit dem Namen des Unternehmens erklärt, bietet sich ein Namenszusatz oder ein Slogan an, der deutlich macht, worum es bei Ihrem Geschäftsfeld geht.

Das Logo und die Gestaltung Ihres Namens haben weitreichende Auswirkungen: Es werden Gestaltelemente festgelegt, die Sie in weiteren Kommunikationsmitteln wie beispielsweise auf einer Webseite ebenfalls verwenden sollten. Weichen sie nicht zu stark von der festgelegten Identität ab; sonst verlieren sie genau diese vorher festgelegte Identität. Klar wird hiermit auch: Buntes Kopierpapier mit schwarz/weiss-Kopien sind nicht geeignet, um eine Corporate Identity zu vermitteln.

Denken sie auch daran: Je professioneller sie sich darstellen wollen, umso weniger kommen sie an einer professionellen Identität vorbei. Dafür müssen sie auch mit Kosten rechnen. Ein guter Name oder ein Logo finden sich nicht „mal eben schnell nebenbei".

Das folgende Diagramm hilft, eine Corporate Identity auszuarbeiten. Sie finden in dieser Darstellung Begriffe, die ein Unternehmen charakterisieren können. Die sich gegenüber-stehenden Begriffe sind gegensätzlicher Natur und so lässt sich die Ausprägung einer Charaktereigenschaft für Ihr Unternehmen leicht bestimmen. Kreuzen Sie einfach in den Kreisen an, ob Ihr Unternehmen etwa eher modern oder eher klassisch daherkommen soll. Das entstandene Profil können Sie nutzen, um etwa einem Grafiker eine Vorstellung dessen zu vermitteln, welche Stilrichtung eingeschlagen werden soll.

niveauvoll	☐	☐	☐	☐	☐	einfach
modern	☐	☐	☐	☐	☐	klassisch
passiv	☐	☐	☐	☐	☐	aktiv
ernsthaft/sachlich	☐	☐	☐	☐	☐	spielerisch/heiter
originell/innovativ	☐	☐	☐	☐	☐	konservativ
spontan/experimentell/ dynamisch	☐	☐	☐	☐	☐	in festen Grenzen/ statisch
komplex/intellektuell	☐	☐	☐	☐	☐	einfach
angepasst	☐	☐	☐	☐	☐	außergewöhnlich
hell	☐	☐	☐	☐	☐	dunkel
warm	☐	☐	☐	☐	☐	kalt

gebunden	☐	☐	☐	☐	☐	ungebunden
Gruppenerleben	☐	☐	☐	☐	☐	Einzelerleben
———————		☐	☐	☐	☐	☐	———————
———————		☐	☐	☐	☐	☐	———————
———————		☐	☐	☐	☐	☐	———————
———————		☐	☐	☐	☐	☐	———————

2. Maßnahmen im Marketing – Wege zum Kunden

Nach so viel Theorie wird es nun ganz praktisch. Nachfolgend lernen Sie unterschiedlichste Maßnahmen des Marketings kennen. Die Beschreibungen hier sind oberflächlich – sie sollen Ihnen helfen, Marketing-Maßnahmen auszuwählen, die zu Ihrem Geschäft passen. Üblicherweise stützt man sich dabei auf etwa zwei bis drei „Hauptsäulen" – weitere Maßnahmen sind selbstverständlich nicht ausgeschlossen. In die Maßnahmen, für die Sie sich entscheiden, sollten Sie sich dann mit Hilfe von Seminaren, Literatur oder mit Hilfe eines Gründercoachings tiefer einarbeiten.

Mit Hilfe dieser Konzentration auf einige wesentliche Stützpfeiler können Sie sicherstellen, dass Sie sich mit Ihren Marketingmaßnahmen gut auskennen und im Laufe der Zeit Ihre Erfahrungen zur Optimierung des Marketings nutzen können. Ein größeres Unternehmen hat selbstverständlich mehr finanzielle Möglichkeiten, verschiedenste Methoden zu erproben – ein kleineres Unternehmen kann sich dies meist nicht leisten. Es ist besser, wenn Sie Profi für zwei bis drei Maßnahmen sind oder werden, als über zehn verschiedene Maßnahmen kaum etwas zu wissen.

E-Mail-Marketing

Die Vorteile des E-Mail-Marketings liegen auf der Hand: Die Versandkosten sind äußerst gering und elektronische Nachrichten erreichen Ihre Empfänger innerhalb kürzester Zeit. Außerdem kann die Reaktion des Empfängers leicht nachvollzogen werden. Dafür ist die Neukundengewinnung durch Massen-E-Mails aber auch problematisch: Adressen sind zwar käuflich zu erwerben; oft landen die E-Mails aber im Spam-Filter der potentiellen Leser oder werden manuell aussortiert. Des Weiteren sind strenge Regeln zu beachten, um keinen Spam zu versenden (unerwünschte Werbemails). Das E-Mail-Marketing bietet sich an, wenn eine große Masse potentieller Kunden schnell erreicht werden soll.

Newsletter-Marketing

Die Vorteile des Newsletter-Marketings sind denen des E-Mail-Marketings ähnlich: Die Versandkosten sind äußerst gering und elektronische Nachrichten erreichen Ihre Empfänger innerhalb kürzester Zeit. Auch hier kann die Reaktion des Empfängers leicht nachvollzogen werden. Das Newsletter-Marketing ist verhältnismäßig kostengünstig – einzig die Einrichtung einer geeigneten Anmeldeseite ist notwendig.

Das Newsletter-Marketing dient dabei sowohl der Kundenbindung als auch der Neukundengewinnung, denn mancher Newsletter-Leser wird erst auf die Dauer zum Kunden. Das Newsletter-Marketing bietet sich an, wenn Sie eine professionelle Internetpräsenz betreiben, die auch einigermaßen gut besucht ist oder wenn Sie eine solche aufbauen wollen. Es bietet sich weiterhin für alle Bereiche an, die informationsintensiv sind (z.B. für beratende Berufe) oder wenn Sie im Zuge anderer Marketing-Massnahmen Zugang zu einer breiten Kundengruppe haben. Das Newsletter-Marketing kann hervorragend von Unternehmen aller Größenordnungen eingesetzt werden und es ist verhältnismäßig kostengünstig.

White Papers, Downloads und anderes Infomaterial

Wer Unternehmen als Kunden hat, muss hochwertige Informationen zur Verfügung stellen. Das so genannte White Paper ist ein weit verbreitetes Instrument der Öffentlichkeitsarbeit und damit werden insbesondere Entscheider in Unternehmen erreicht. Es informiert über Sachverhalte, ohne dabei typische Werbeinhalte zu vermitteln. Besondere Einsatzgebiete finden sich bei der Darstellung komplexer Produkte/Sachverhalte. Ein White Paper erläutert ein Thema und bezieht eindeutig Position. Es beantwortet eine für die Entscheider essentielle Frage und erklärt auf anschauliche Weise, wie eine bestimmte Aufgabe in einem Unternehmen besser gelöst werden kann.

Aber auch andere Informationsmaterialien, die nicht mit Werbeaussagen gespickt sind, sondern die Ihre Kompetenz in Form von nützlichen Tipps und Tricks und anderem zeigen, eignen sich für das

Marketing – nicht nur wenn Sie Unternehmen ansprechen wollen. Der Vorteil liegt auf der Hand: Infomaterialien sind einigermaßen kostengünstig; Sie können Ihre Kompetenz zeigen; Ihre „Werbung" bringt potentiellen Kunden einen Nutzwert und wird daher nicht als belästigend empfunden. Allerdings: Das Informationsmaterial müssen Sie erst einmal zu Ihrer Zielkundengruppe bringen. Informationen zur Verfügung stellen, die keiner liest, das bringt selbstverständlich wenig. Insofern kann diese Möglichkeit immer nur begleitend zu anderen Marketingmaßnahmen eingesetzt werden – beispielsweise für die Öffentlichkeitsarbeit oder im Rahmen des Internetmarketings.

Sponsored Links

Unter „Sponsored Links" sind Suchmaschinenergebnisse zu verstehen, für die ein Gebot gemacht werden muss – man könnte es als „bezahlte Anzeigen auf Suchmaschinen" betrachten. Sponsored Links lohnen sich, wenn die Kosten pro Klick (Sie zahlen nur, wenn ein potentieller Kunde auf Ihre „Anzeige" klickt) in vernünftigem Verhältnis zum potentiellen Umsatz stehen.

Sponsored Links eignen sich auch als Ergänzung zur klassischen Suchmaschinenoptimierung. Und zu anderen Marketingmaßnahmen. Sponsored Links sind für Unternehmen jeder Größenordnung geeignet; das Budget kann frei gewählt werden; ein „Versuch" kann auch im kleinen finanziellen Rahmen gewagt werden. Vorteilhaft zeigt sich auch, dass es eine Maßnahme des Marketings ist, die sehr schnell umsetzbar ist und zu schnellen Ergebnissen führt.

Sponsored Links bei Google finden sich im Bild oben auf dem blauen Hintergrund und im rechten Bereich der Browseranzeige. Google ist wegen der hohen Reichweite der wichtigste Anbieter. Zweitwichtigster Anbieter ist Overture bzw. Yahoo Search Marketing; dieser Anbieter arbeitet mit mehreren Suchmaschinen und anderen Seiten zusammen. Sponsored Links sind äußerst flexibel – die Kosten können von Ihnen jederzeit festgelegt werden. Wer mit einem kleineren Budget anfängt, kann schnell und einfach testen, ob Sponsored Links die gewünschten Ergebnisse erzielen. Sponsored Links lassen sich sehr schnell in die Tat umsetzen und bringen schnelle Ergebnisse.

Affiliate-Marketing

„Affiliate" ist englisch und hat verschiedene Bedeutungen: angeschlossenes Unternehmen, Schwestergesellschaft, Tochtergesellschaft, Partner und andere Begriffe. Im Rahmen des Marketings ist der Aufbau von Partnerprogrammen als Basis für kooperative Werbeformen gemeint. Affiliate-Marketing bezeichnet also den Einsatz eines Partnerprogramms im Marketing-Mix.

Im Rahmen von Affiliate-Programmen werden meist andere Unternehmen mit Logo, Link(s) und weiteren Informationen vorgestellt. Hierdurch entsteht ein virtuelles Partner-Netzwerk, das von den gegenseitigen Verweisen profitiert. Die Vergütung der Partner erfolgt üblicherweise resultatorientiert. Es wird eine Provision zwischen den beiden Parteien vereinbart.

Das Affiliate-Marketing bietet sich nur dann an, wenn Sie eine geeignete Webseite dafür haben. Ohne diese Grundvoraussetzung können Sie damit nichts erreichen. Ist diese Voraussetzung aber geschaffen, so zeigt sich das Affiliate-Marketing vorteilhaft: Sie können es in kleinem Budgetrahmen einsetzen; Sie können sehr zielgerichtet werben und Sie bezahlen nur dann, wenn es zu Verkäufen, zu Anfragen oder zu Klicks kommt. Typische Affiliate-Netzwerke finden Sie beispielsweise unter www.zanox.de oder unter www.affili.net.

Bannerwerbung

Bannerwerbung gibt es seit mehr als zehn Jahren. Die Werbung wird dabei meist als Grafik- oder Flashdatei in eine Webseite eines Werbeträgers eingebunden. Das Banner verweist auf die Website des werbenden Unternehmens. Klickt also der User auf das Banner, landet er auf der Webseite des Werbenden. Die Messung des Erfolges spielt auch hier eine große Rolle. Übliche Kennzahlen sind die sogenannte Click-Through-Rate und die bereits erwähnte Conversion-Rate. Die Click-Through-Rate gibt an, welcher prozentuale Anteil an Betrachtern einer Seite auf ein Banner klickt. Die Conversion-Rate gibt an, wieviele der Klicks auf die Seite des werbungstreibenden Unternehmens in Aufträge umgewandelt werden.

Die Bezahlung der Werbung erfolgt üblicherweise auf Basis von Page-Impressions. Die Zahl der Page-Impressions gibt an, wie oft das Banner gezeigt wird. Damit ist die Planung einer Banner-Kampagne nicht ganz einfach: Das bloße Anzeigen Ihres Banners kostet Geld – wieviele Besucher aber auf Ihre Seite kommen und wie hoch der Auftragswert aus einer Kampagne ist, lässt sich ohne Erfahrung schwer vorhersagen.

Da Bannerwerbung üblicherweise nur ab bestimmten Auftragsgrößen in Frage kommt, lohnt sich die Bannerwerbung selten für Kleinstgründungen – wer allerdings größere Pläne hat, kann die Aufschaltung von Bannern in Erwägung ziehen. Essentiell ist dabei dann die Auswahl der richtigen Medien. Sie finden auf den meisten größeren und bekannten Websites unter „Mediadaten" Informationen über die Zielkundengruppe der Seite und über Werbemöglichkeiten – so auch über die Aufschaltung von Bannern.

Eintrag in Webkatalogen, Foren und Kleinanzeigenmärkten

Das Beispiel vorher zeigt: Der Eintrag auf Foren, in Webkatalogen oder auf anderen fremden Seiten kann sich positiv auswirken. Große Kleinanzeigen-Anbieter im Netz werden in der Regel gut gefunden und dies macht den Eintrag bzw. die Schaltung einer Anzeige attraktiv. Eine Anzeige bei den meisten Kleinanzeigenbörsen ist kostenlos.

Klar wird: Der Eintrag bei Kleinanzeigenmärkten, Foren und Webkatalogen ist meist kostengünstig. Sie können jedoch mit einer zielgerichteten Werbeform rechnen, die sich auch für ein schmales Budget eignet. Eine allzu große Reichweite ist mit dieser Form der Werbung allerdings nicht möglich.

Suchmaschinenoptimierung

Das Ziel der Suchmaschinenoptimierung ist das Erreichen einer hohen Platzierung in den Ergebnislisten der Suchmaschinen. Insofern kann die Suchmaschinenoptimierung im weitesten Sinne der Öffentlichkeitsarbeit zugeordnet werden. Die Suchmaschinenoptimierung ist die Königsdisziplin im Online-Marketing

Die Voraussetzung für den Erfolg ist eine gute Webseite, die auch bestimmten technischen Anforderungen genügen muss. Ein bloßer Eintrag bei Suchmaschinen ist in keinem Fall geeignet, um in den Suchergebnissen von Suchmaschinen nach vorne zu kommen und es gibt auch kein schnelles Vorankommen. Der zeitliche Aufwand und das notwendige Fachwissen stellen eine hohe Hürde dar.

Empfehlungsmarketing

Das Empfehlungsmarketing spielt für viele Unternehmen eine große Rolle. Schließlich sind potentielle Kunden häufig eher geneigt, einen Auftrag an jemanden zu vergeben, den sie von Freunden, Bekannten,

Kollegen oder Geschäftspartnern empfohlen bekommen haben, als einem x-beliebigen Unternehmen, das eine Anzeige geschaltet hat.

Dabei sind Empfehlungen keineswegs ein Zufall, auf den sie lediglich hoffen sollten. Grundlage für Empfehlungen ist, dass Sie und Ihr Unternehmen auch wirklich empfehlenswert sind. Arbeiten sie aktiv daran, Ihre Stärken auszubauen und Empfehlungen gezielt zu generieren. Das Empfehlungsmarketing kommt für jedes Unternehmen in Frage – ob nun kleiner Freiberufler oder großes Internet-Startup. Das Empfehlungsmarketing ist kostengünstig und bringt potentielle Kunden, die ein hohes Maß an Vertrauen mitbringen. Im Rahmen des Empfehlungsmarketings bietet sich auch die Suche nach geeigneten Kooperationspartnern an, die bereits den Zugang zu Ihrer Kundengruppe haben. In jedem Falle ist empfehlenswert, sich mit Hilfe eines Buches, Seminars oder Coachings in die Möglichkeiten einzuarbeiten und nicht nur auf zufällige Empfehlungen zu warten.

Öffentlichkeitsarbeit

Die Öffentlichkeitsarbeit oder auch Public Relations ist ein wichtiger Bestandteil des Marketings. Eine ganze Zahl von Einzelmaßnahmen wie Fachvorträge (z.B. für Berater oder Anwälte), Fachbeiträge in Fachmagazinen, Beiträge in verschiedenen Print- und Online-Medien, die Veröffentlichung eines Buches, die Kooperation mit Medien, das Durchführen von Veranstaltungen, das Erstellen und Verteilen von Pressemitteilungen, das Erstellen von Pressemappen, die Durchführung von Pressekonferenzen und vieles mehr fallen unter die Öffentlichkeitsarbeit.

Die Öffentlichkeitsarbeit sollte gut geplant werden und in Einklang mit der restlichen Marketingstrategie stehen. Ohne Kenntnisse und Erfahrungen im Bereich Öffentlichkeitsarbeit sollten Sie sich mindestens mit Hilfe von schriftlichen Ratgebern zum Thema einarbeiten. Besser ist die Beauftragung von Spezialisten, die Ihnen hierbei helfen. Das kann auch im Rahmen eines Gründercoachings abgewickelt werden.

Die Öffentlichkeitsarbeit ist in der einen oder anderen Form für Unternehmen jeder Größenordnung einsetzbar; die Kosten sind stark abhängig von den konkreten Einzelmaßnahmen. Allzu teuer muss es jedoch gar nicht sein – auch mit kleinerem Geldbeutel lässt sich im Rahmen der Öffentlichkeitsarbeit eine Menge erreichen; vorausgesetzt man geht es richtig an.

Telefonmarketing

Das Telefonmarketing wird für viele Produkte eingesetzt; den besten Ruf hat es allerdings nicht. Sie können Ihr Telefonmarketing im kleineren Rahmen selbst organisieren; wenn Sie sehr viele potentielle Kunden ansprechen wollen, können Sie Call-Center, die sich auf die Durchführung von Telefonmarketing-Kampagnen spezialisiert haben, beauftragen. Im Gegensatz zum Dialogmarketing geht es beim Telefonmarketing meist darum, möglichst noch am Telefon zu einer Zusage durch den Kunden zu kommen; es ist insofern eine verhältnismäßig aggressive Form der Werbung. Wer also beispielsweise Unternehmen als Kunden langfristig an sich binden will, sollte eher auf das Dialogmarketing setzen.

Wer das Telefonmarketing im kleineren Rahmen selbst durchführen will, sollte dafür geeignete Software einsetzen; mit Hilfe eines CRM-Systemes (CRM = Customer Relation Management) kann die Akquise organisiert werden. Andere Software wie beispielsweise Excel-Listen ist zu umständlich, um die Vielzahl an Informationen wie Namen, Adressen, Termine, getätigte Anrufe und ähnliches zu verwalten. Solche Software steht auch kostenlos in größerer Auswahl zur Verfügung. Wer das Telefonmarketing selbst in Angriff nimmt, hat damit eine kostengünstige Variante des Marketings, die sich auch von Kleinstunternehmen problemlos durchführen lässt.

Dialogmarketing

Das Dialogmarketing wird fälschlicherweise oft mit dem Telefonmarketing verwechselt. Im Gegensatz zum „Verkaufen am Telefon" setzt das Dialogmarketing aber – wie der Name schon sagt – auf den Dialog mit Kunden oder potentiellen Kunden. Das kann mit Hilfe verschiedener Kommunikationsmittel wie dem Telefon, dem Brief, per E-Mail oder per Fax geschehen.

So wird das Telefon hierbei häufig eingesetzt, um einen ersten Kontakt herzustellen und den Kunden zu fragen, ob man denn Informationsmaterial zur Verfügung stellen darf. Im weiteren Verlauf wird der Dialog dann – wieder mit Hilfe unterschiedlicher Kommunikationsmittel – fortgesetzt. Klar wird: Das Dialogmarketing setzt auf den Aufbau einer langfristigen Beziehung.

Auch im Rahmen des Dialogmarketings ist die Einsatz einer CRM-Software sinnvoll, die auch kostenlos in verschiedensten Varianten zur Verfügung steht. Damit ist das Dialogmarketing genauso wie das

Telefonmarketing eine kostengünstige Angelegenheit, wenn sie denn selbst durchgeführt wird. Für größere Unternehmen/Gründungen bietet sich auch hier die Beauftragung von Dienstleistern an – spezialisierte Dialogmarketing-Agenturen bieten hierfür ihre Dienste an. Weiterhin ist das Dialogmarketing besonders für das Marketing bzw. den Verkauf von Dienstleistungen geeignet; aber auch andere Geschäftszweige sollten prüfen, ob diese Form des Marketings in Frage kommt.

Anzeigenschaltung in Zeitungen/Zeitschriften

Ein Klassiker im Marketing ist die Schaltung von Anzeigen in Zeitungen und/oder Zeitschriften. Hier kommt es darauf an, welche Art der Anzeigenschaltung Sie anstreben. Kleinanzeigen sind üblicherweise recht kostengünstig; allerdings können Sie Ihr Unternehmen hier nicht mit Farbe und Bildern präsentieren. Wer eine bebilderte Anzeige in Farbe plant, muss meist recht tief in die Tasche greifen. Von der Erstellung der Anzeige bis hin zur Schaltung ist das nicht gerade kostengünstig. Die Wirksamkeit stellt sich bei dieser Form der Anzeigen üblicherweise erst nach längerer Zeit ein – die Anzeige muss also mehrfach wiederholt werden. Im Gegensatz zur Kleinanzeige dient die Zeitungsanzeige dann allerdings auch dem Aufbau des Bekanntheitsgrades und des Unternehmensimages.

Kleinanzeigen können sich dagegen verhältnismäßig schnell positiv auswirken; sie sind allerdings nur dann geeignet, wenn das Image als kleines Unternehmen kein Problem für Sie darstellt. Die Kosten der Anzeigenschaltung sind also recht unterschiedlich – auch aufgrund der breiten Vielzahl an möglichen Medien. Insofern kann diese Marketingmaßnahme von vielen Unternehmen in Anspruch genommen werden; je nachdem ob sich ein geeignetes Medium findet und welche Art von Anzeigen geschaltet werden sollen.

Werbebeilagen in Zeitungen/Zeitschriften

Beilagen in Zeitungen/Zeitschriften werden verwendet, wenn eine große Menge an potentiellen Kunden erreicht werden soll. Hier kommt es auf die Auswahl des Mediums an – von großen Publikumszeitschriften bis hin zu kleinen Fachzeitschriften stehen viele Medien zur Verfügung. Sie sollten sich beim jeweiligen Medium informieren, ob es diese Werbeform überhaupt bietet und wie hoch die Kosten dafür sind. Bei Tageszeitungen mit hoher Auflage sind die Kosten verhältnismäßig hoch; dafür haben diese Zeitungen aber auch eine hohe Reichweite. Die Beilage in Zeitungen/Zeitschriften ist also für Kleinstgründungen kaum geeignet – für größere Vorhaben mit entsprechendem Budget kann diese Marketing-Maßnahme jedoch durchaus in Frage kommen. Sie können sich bei ausgewählten Medien auch informieren, welche weiteren Möglichkeiten bestehen – manchmal ist auch die Beilage von Datenträgern möglich.

Radiowerbung

Radiowerbung kann ein geeignetes Marketinginstrument sein, wenn Ihre Zielkundengruppe nicht zu eng eingegrenzt ist. Dabei können Sie sowohl regionale Werbung als auch überregionale Werbung betreiben. Klar dürfte sein, dass das Budget für Radiowerbung nicht ganz so gering sein kann. Alleine für die Produktion eines Radiospots müssen Sie mit 1.000 bis 1.700 Euro rechnen; im Verhältnis zur TV-Werbung ist dies allerdings immer noch recht günstig. Anbieter für Produktionen finden Sie unter www.funkwerbung.de; www.rms.de ist ein nationaler Vermarkter von Werbeplätzen im Radio.

Zum Bekanntmachen einer Marke oder zum Erreichen einer sehr breiten Zielkundengruppe ist die Radiowerbung also durchaus geeignet; mit Wiederholungen bei der Sendung eines Spots muss auf jeden Fall gerechnet werden. Oft bietet sich auch die Kombination mit anderen Werbeformaten – beispielsweise mit Werbung auf der Webseite des entsprechenden Radiosenders – an. Für Kleinstunternehmen mit eingegrenzter Zielkundengruppe ist die Radiowerbung kein geeignetes Marketing-Instrument. Wer etwas größere Pläne hat, eine breite Zielkundengruppe erreichen will (auch regional) sollte das Radio durchaus in Erwägung ziehen und Angebote einholen.

TV-Werbung

TV-Werbung bietet sich an, wenn viele Menschen mit der Werbebotschaft erreicht werden sollen. Dabei gibt es die Ausstrahlung von 30-Sekunden-Spots schon ab rund 4.500 Euro. Selbstverständlich hängt der Preis für die Ausstrahlung von der Dauer des Spots, vom Sender, von der Sendezeit und von anderen Kriterien ab. Da der Spot allerdings auch produziert werden muss und – wie im Radio – die Wiederholung notwendig ist, sollte man von einem Mindestbudget von rund 100.000 Euro ausgehen. Da wird schnell klar: Für Kleinstgründungen ist die TV-Werbung völlig ungeeignet; das ergibt sich aber auch schon alleine aus der Tatsache, dass die breite Zielkundengruppe, die im Fernsehen angesprochen wird, nicht durch einen Kleinstgründer abgedeckt werden kann.

Weitergehende Chancen bieten sich derzeit im IP-TV (Fernsehen über das Internet). Hier können neuartige Werbeformate eingebunden werden und es ist davon auszugehen, dass sich ein breiteres Angebot von Spartensendungen entwickeln wird. Das macht eine gezielte Ansprache von Zielkunden möglich und neue Werbeformate wie beispielsweise interaktive Elemente zum Anklicken, erschließen den TV-Werbemarkt auch für kleinere Unternehmen mit geringerem Budget. Für Kleinstunternehmen mit sehr schmalem Budget wird die TV-Werbung aber wohl nach wie vor zu kostspielig bleiben.

Sponsoring

Das Sponsoring ist ebenfalls eine attraktive Form der Kommunikation im Marketing. Beim Sponsoring unterstützen Sie Organisationen oder Veranstaltungen finanziell und erhalten im Gegenzug verschiedene Leistungen wie beispielsweise die Einbindung Ihres Logos bei Vorträgen, auf Webseiten von Veranstaltungen oder Sie können im Rahmen von Messen vor den Messebesuchern sprechen oder einen Messestand buchen.

Der Vorteil des Sponsorings liegt in einer sehr gezielten Zielkundenansprache – es eignet sich insofern für solche Gründungen, bei denen eine einschränkte Zielkundengruppe angesprochen werden soll. Die breite Streuung – die z.B. bei der TV-Werbung relevant ist – finden Sie hier nicht vor. Die Höhe der Kosten kann sehr unterschiedlich ausfallen; je nachdem, welche Form des Sponsorings Sie in Angriff nehmen wollen und welche Organisationen oder Veranstaltungen Gegenstand Ihres Sponsorings sind.

Flyer erstellen und verteilen

Die meisten Gründer ziehen in Erwägung, Flyer zu erstellen und zu verteilen. Das ist kein Hexenwerk – typische Flyerformate sind schnell erstellt; liegen dann aber häufig im Büro des Gründers herum und werden nicht richtig eingesetzt.

Da sich der Druck von Flyern meist nur dann lohnt, wenn größere Auflagen bestellt werden, sollte vorher gut überlegt sein, was mit den Flyern geschehen soll. Die Aufgabe besteht also darin, das gedruckte Material an den Mann oder an die Frau zu bringen. Eine gute Verteilmöglichkeit ist also wichtig. Professionelle Verteilerdienste bieten das Verteilen von Flyern an; auch bundesweit. Sie können Ihre Flyer eventuell auch selbst verteilen; das ist allerdings meist zeitlich sehr aufwändig. Die Verteilung durch den Gründer oder die Gründerin selbst lohnt meist nur dann, wenn Ihr Angebot auf ein kleines Umfeld begrenzt ist; wenn Sie also beispielsweise ein Ladengeschäft eröffnen, mit dem Sie nur die nähere Umgebung erreichen wollen. Sie sollten berücksichtigen, dass die meiste Haushaltswerbung im Briefkasten oder hinter dem Scheibenwischer ohnehin im Abfall landet.

Eine höhere Aufmerksamkeit erreichen Sie, wenn Sie neben professionellen Verteilerdiensten und der breiten Streuung von Flyern auch die Auslage von Flyern bei Kooperationspartnern anstreben. So kann beispielsweise ein neu eröffneter Altenpflegedienst Flyer in Apotheken, bei Ärzten oder bei kirchlichen Vereinigungen auslegen; sofern die Kooperationspartner damit einverstanden sind. In jedem Falle ist es ratsam, sich im Vorfeld gut zu überlegen, was Sie mit Ihren Flyern überhaupt anfangen wollen – Sie können dann auch kalkulieren, wie viele Flyer Sie überhaupt brauchen.

Aufsteller, Schilder, Schaufenster und ähnliches

Wer eine Existenzgründung wagt, die von einem exponierten Standort abhängt, der kommt an typischen Maßnahmen der Außenwerbung nicht vorbei. Hierzu zählen Maßnahmen wie Aufsteller, Schilder, Schaufenster, Displays und vieles mehr. Preislich gibt es hierfür unterschiedlichste Möglichkeiten; von verhältnismäßig kostengünstig bis hin zu sehr kostspielig ist alles möglich. Insofern zeigen sich typische Maßnahmen der Außenwerbung finanziell sehr flexibel; sie eignen sich aber nur für solche Unternehmen, die auf Laufkundschaft setzen.

Neben klassischen Außenwerbungen können auch ergänzende Maßnahmen hilfreich sein; so ist beispielsweise das Anbringen einer Box mit Informationsmaterial oder Visitenkarten sinnvoll.

Social Media

Plattformen wie Facebook, XING oder LinkedIn können nützlich für das Marketing sein. Doch der Erfolg kommt nur, wenn Social Media richtig eingesetzt wird. Eine FanPage bei Facebook ist keine private Seite und muss erst erstellt werden. Fans kommen ebenfalls nicht von alleine zustande – in der Regel sind dafür Werbekampagnen auf Facebook notwendig. Etwas einfacher geht es bei XING. Aber auch hier will die richtige Nutzung gekonnt sein. Vorteilhaft zeigt sich, dass der Einsatz von Social Media verhältnismäßig günstig ist. Dennoch ist aber gerade ein professioneller Auftritt und eine hohe Reichweite bei Facebook alles andere als kostenlos. Ein Premium-Account bei XING dagegen reicht auch für ein Minibudget. Wer sich damit tiefer auseinander setzen will, sollte ein entsprechendes Buch kaufen, ein Seminar besuchen oder sich anderweitig einarbeiten.

Postwurfsendungen

Postwurfsenden haben allgemein nicht den besten Ruf. Allerdings tut man dieser Möglichkeit der Werbung damit Unrecht. Moderne Instrumente im Direktmarketing per Brief erlauben eine sehr detaillierte Auswahl der Zielgruppen – von demografischen bis hin zu psychografischen Daten oder Persönlichkeitsmerkmalen. Der größte Anbieter weit und breit ist die Post und so altbacken dies klingen mag: Als Marketingmaßnahme können Postwurfsendungen der Post sehr attraktiv sein. Je zielgerichteter dabei geworben wird, desto besser. Eine breite Streuung bringt in der Regel schließlich auch hohe Streuverluste.

III. Preispolitik

1. Preisuntergrenzen ermitteln

Die Frage nach dem richtigen Preis für ein Produkt oder für eine Dienstleistung sorgt bei manchen Gründern für schlaflose Nächte. Doch keine Sorge, die Preisgestaltung kann man ganz strukturiert in Angriff nehmen. Um einen Verkaufspreis für Ihr Produkt oder Ihre Dienstleistung festzulegen, müssen Sie die Kosten für das Produkt einbeziehen. Letztlich entscheidet der Markt über die Preise – durch die Kosten wird aber die Untergrenze des Preises festgelegt, den Sie ansetzen müssen. Wie Sie die Untergrenze für Ihre Preise ermitteln, zeigt ein einfaches Beispiel:

Wir nehmen an, Sie hätten fixe Kosten in Form einer Miete von 600,00 Euro pro Monat. Sie können diese Fixkosten bei drei Produkten einfach auf die einzelnen Produkte verteilen (also 600 / 3 = 200). Eine Schätzung der Absatz- oder Verkaufsmengen pro Monat haben Sie für das Beispiel schon vorgenommen.

	Produkt 1	Produkt 2	Produkt 3
Variable Kosten pro Stück / Material	20	30	10
Variable Kosten pro Stück / andere	5	10	5
Variable Kosten pro Stück Gesamt = KURZFRISTIGE PREIS-UNTERGRENZE	25	40	15
Anteilige Fixkosten / Monat	200	200	200
Schätzung Absatzmenge pro Monat	50	40	100
Schätzung anteilige Fixkosten pro Monat (Fixkosten / Menge)	200/50 = 4	200/40 = 5	200/100 = 2
Gesamtkosten (Fix + Variabel) pro Stück = LANGFRISTIGE PREIS-UNTERGRENZE	25+4=29	40+5=45	15+2=17
Private Lebenshaltungskosten (2.400 Euro)	2400/3 = 800	2400/3 = 800	2400/3 = 800
Private Lebenshaltungskosten pro Stück	800/50 = 16	800/40 = 20	800/100 = 8
Gesamtkosten (Fix + Variabel + Privat) pro Stück = LANGFRISTIGE PREIS-UNTERGRENZE	29+16=45	45+20=65	17+8=25

Anhand der nun ermittelten Zahlen können Sie die Preisuntergrenzen ermitteln. Die Preisuntergrenze ist der Preis, den Sie berechnen müssen, um Ihre Kosten zu decken. Man unterscheidet hierbei in „langfristige Preisuntergrenze" und „kurzfristige Preisuntergrenze".

Langfristige Untergrenze

Die langfristige Preisuntergrenze ist einfach zu erklären: Sie müssen langfristig gesehen alle Kosten decken – deshalb ist die Zahl in der letzten Zeile, die Gesamtkosten pro Stück hierfür maßgebend. Für Produkt 1 ist eine langfristige Preisuntergrenze von 29,00 Euro anzusetzen, sofern man nur betriebliche Kosten berücksichtigt. Allerdings:

Ihr Leben muss auch finanziert werden. Deshalb sollten Sie Ihre Lebenshaltungskosten in die Berechnungen einbeziehen. In der Regel werden Sie dann bei einer deutlich erhöhten Preisuntergrenze landen. Im Beispiel oben sind das 45,00 Euro für Produkt 1, anstatt 29,00 Euro. Weitere Kosten wie Strom, Personal, Versicherungen, Telefon, Marketingkosten und anderes müssen ebenfalls berücksichtigt werden, um eine zuverlässige Preisuntergrenze zu ermitteln.

Etwas mehr Spielräume in Ihren Kalkulationen sind darüber hinaus ebenfalls sinnvoll. Ein kleiner Aufschlag schadet also nicht, da Ihre Absatzmengen oft nicht genau vorausgesagt werden. Unter Umständen ist es notwendig, die Berechnung noch einmal neu vorzunehmen, wenn sich im Zuge der Gründung zeigt, dass die tatsächlichen Absatzmengen stark von der ursprünglichen Schätzung abweichen.

Kurzfristige Untergrenze

Zum Erklären der kurzfristigen Preisuntergrenze gehen wir ebenfalls von einem Beispiel aus: Nehmen Sie an, die drei Produkte würden seit zwei Monaten verkauft und die Zahlen würden den Schätzungen etwa entsprechen. Sie könnten dann damit rechnen, dass Ihre Gesamtkosten damit abgedeckt sind. Käme nun ein Kunde auf Sie zu und wollte Produkt 2 ausnahmsweise zu einem Preis von 41,00 Euro kaufen – würden Sie diesen Preis akzeptieren? Ihre fixen Kosten sind bereits abgedeckt – daran ändert sich nichts, wenn Sie ein Stück mehr verkaufen. Wenn die Gesamtkosten mit der Absatzmenge gedeckt werden können, lohnt sich der Verkauf jedes zusätzlichen Stückes, solange der Preis mindestens die variablen Kosten deckt. Die kurzfristige Preisuntergrenze ist also durch die variablen Kosten pro Stück gegeben.

Ob ein solch niedriger Preis allerdings wünschenswert ist, hängt auch von anderen Faktoren ab. Preise müssen zu Ihrer Corporate Identity, zu Ihrer Zielkundengruppe und zum Image Ihrer Arbeit oder Ihrer Produkte passen. Wenn Sie auf eine Zielkundengruppe setzen, die Premiumprodukte oder Dienstleistungen auf höchstem Niveau erwartet, ist eine Preisminderung aus strategischen Gründen nicht ratsam – auch wenn die kurzfristige Preisuntergrenze weit unter dem Verkaufspreis liegt. Allenfalls zum Abverkauf von Saisonware kann eine solche Preisreduktion dann sinnvoll sein.

2. Den Marktpreis einbeziehen

Der Preis Ihrer Produkte oder Dienstleistungen kann sich unmöglich nur an der Preisuntergrenze orientieren, denn auch die Erreichung einer bestimmten Zielkundengruppe muss gewährleistet sein.

Die folgende Abbildung zeigt zwei Beispiele, an denen deutlich wird, wie nun die Preisuntergrenze mit dem Marktpreis zusammenspielt. Die unterschiedlichen Kleidungsmarken, die im Diagramm genannt werden, sind von günstig bis hochpreisig recht unterschiedlich aufgestellt. Dementsprechend fühlen sich auch unterschiedliche Kundengruppen davon angesprochen. Während Prada von einer wohlhabenden Klientel mit Exklusivitätsanspruch gekauft wird, ist Zara für jeden erschwinglich und bringt aktuelle Mode auch für kleinere Geldbeutel in den Laden.

In Beispiel 1 will sich das neu zu gründende Modelabel in der Mitte positionieren und hat damit letztlich Preise, die etwa der Marke Emporio Armani entsprechen. Die langfristige Preisuntergrenze liegt deutlich unterhalb des Marktpreises. Gut so, denn der Marktpreis ist leicht realisierbar und es wird sogar mehr verdient, als unbedingt sein müsste. Den Marktpreis in diesem Fall zu ignorieren, wäre Irrsinn: Sie würden bares Geld verschenken. Wie hoch der Preis letztlich dann sein wird, ergibt sich dann ganz einfach aus einer Recherche, in welcher Preislage die Kleidungsstücke der Marken liegen, die sich in der gleichen Region tummeln, wie unser neues Modelabel.

Beispiel 2 dagegen ist ein echtes Problemkind. Der Marktpreis liegt leicht unter dem Marktpreis aus Beispiel 1. Dafür ist aber die Preisuntergrenze deutlich über dem Marktpreis. Diese Situation ist nicht akzeptabel und würde die schöne neue Modemarke über kurz oder lang ruinieren. Ein höherer Marktpreis lässt sich in der Regel nicht durchsetzen, also lässt sich am Verkaufspreis nichts ändern. Es müsste also geprüft werden, ob die Kosten in der Art verändert werden können, dass die Preisuntergrenze unter den Marktpreis fällt. Alternativ bleibt nur eine strategische Neuausrichtung und die Ansprache einer anderen Zielkundengruppe, die bereit ist, einen rentablen Preis zu zahlen.

Die gleiche Art und Weise der Einordnung Ihrer Produkte oder Leistungen können Sie für fast jedes Geschäftsmodell verwenden – es sei denn, es handelt sich um ein komplett neuartiges Produkt oder eine neuartige Dienstleistung. In diesem Fall gibt es nur die Preisuntergrenze als Anhaltspunkt. Der Marktpreis ist dann in der Regel nicht

Beispiel 1

Beispiel 2

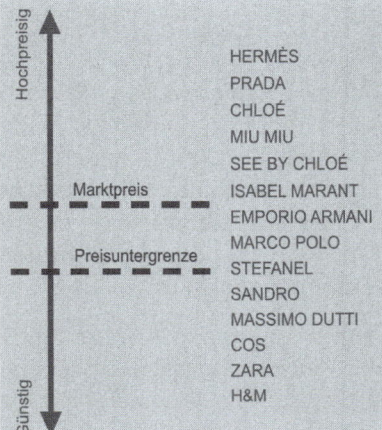
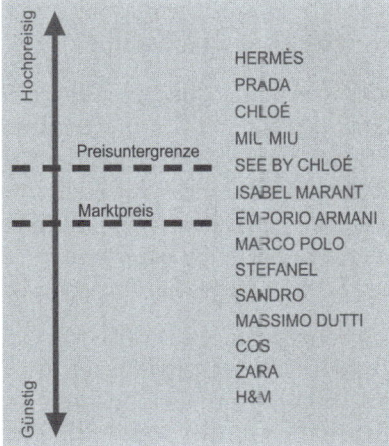

Abgleich von Preisuntergrenze und Marktpreis

bekannt. Er kann aber über Befragungen und Tests ermittelt werden. Wenn Sie also etwas vollkommen Neuartiges anbieten, müssen Sie bei Ihren Vorbereitungsarbeiten einen besonderen Fokus auf die Ermittlung der Zahlungsbereitschaft Ihrer Kunden legen.

Bundles verschleiern die Preise

Hilfreich ist unter Umständen auch das Schnüren von so genannten Bundles: Wer mehrere Produkte und Leistungen in ein „Paket" verpackt, kann Einzelpreise verstecken und damit im Wettbewerb bessere Preise erzielen, als Mitbewerber mit gleichen Produkten.

Auf jeden Fall sollten in Ihrer Preiskalkulation auch Rabatte berücksichtigt werden. Hierbei sollten Sie besonders vorsichtig sein: Lassen Sie sich nicht darauf ein, ein Billig-Angebot anzubieten, bloß weil Sie neu am Markt sind.

Sie können anfängliche Preisreduzierungen bieten; hier sollten Sie jedoch von Anfang an klar machen, dass es sich um ein Einführungsangebot handelt. Ihre Kunden sollten auf keinen Fall der Meinung sein, dass Sie oder Ihre Produkte ganz besonders billig sind und billig bleiben; es sei denn, dass dieses Ihr Geschäftsmodell ist (wie z.B. Im Einzelhandel bei Trash-Artikeln). Sie können anfängliche oder auch andere Preisreduzierungen im Laufe Ihrer Geschäftstätigkeit beispielsweise in Form von Coupons oder Gutscheinen realisieren.

Damit bleibt der eigentliche Preis für Ihre Kunden offensichtlich und Sie laufen nicht Gefahr, sich späterhin für Preissteigerungen rechtfertigen zu müssen.

Wer Preise mit Kunden verhandeln muss – beispielsweise im Dienstleistungsbereich – sollte Kunden niemals vorweg „belohnen". Eine Preisreduktion, bloß um einen eventuellen Kunden zu ködern, ist selten zielführend. Was auch immer potentielle Kunden in Aussicht stellen; die „Belohnung" in Form einer Preisreduktion sollte es immer erst dann geben, wenn der Kunde oder ein potentieller Kunde tatsächlich in größerem Umfang bei Ihnen eingekauft hat.

Sie können beispielsweise in Verträgen vereinbaren, dass es am Ende eines Kalenderjahres Gutschriften gibt, wenn bestimmte Grenzen bei Auftragswerten überschritten wurden. So stellen Sie sicher, dass Ihr Geschäft rentabel bleibt; denn was auch immer potentielle Kunden in Aussicht stellen, kann später stark von der Ankündigung abweichen; vielleicht wird Ihre Rechnung gar nicht erst bezahlt. Lassen Sie einen Kunden niemals spüren, dass Sie von der Angst, es käme kein Auftrag zustande, getrieben sind. Ihre langfristige Preisuntergrenze muss nun einmal mindestens erreicht werden, ansonsten lohnt sich die Selbstständigkeit nicht.

IV. Weitere Anregungen für Ihr Marketing

Über das Marketing haben Sie nun viel gelesen und gelernt. Beim Marketing handelt es sich allerdings um eine äußerst umfangreiche und vielseitige Disziplin. Ein paar weitere Anregungen und Ideen können helfen, Ihr Geschäftsmodell voran zu bringen.

Kostengünstige Selbstdarstellung – Bildschirmschoner und Hintergrundbilder

Handy- und PC-Nutzer lieben die schönen Bilder im Hintergrund. Kaum ein Arbeitsplatz, heimischer PC oder Handy hat heutzutage noch einen farblosen Hintergrund. Bieten sie einfach die kostenlose Verwendung eines oder mehrer schöner Hintergrundbilder an und bringen Sie Ihren Namen, Ihr Logo oder Ihre Webadresse unter. Besonders vorteilhaft dabei ist die Nachhaltigkeit – der Nutzer sieht Ihre Unternehmensfarben und den Namen wiederholt; das bleibt hängen. Außerdem werden die schönen Bilder gerne auch per Mail an Freunde, Bekannte und Arbeitskollegen weitergeleitet.

Kunden erstellen Werbematerial

Weithin besteht die Meinung, dass große Unternehmen stets teuere Werbemaßnahmen ergreifen. Diese Wahrnehmung entspricht allerdings nicht ganz der Realität. Gerade große Konzerne sind meisterhaft im Entwickeln günstiger Werbeformen. Machen Sie also die Augen auf und scheuen Sie sich nicht, die eine oder andere Idee einfach nachzuahmen.

Eine besonders interessante Variante der kostengünstigen Werbung der „Großen" besteht darin, dass sie sich gerne Ihr Werbematerial durch Kunden erstellen lassen ... zu Niedrigstpreisen. Dies können Sie ganz leicht auch für Ihr Geschäft verwenden: Starten Sie einfach eine Aktion, in der Sie Bilder oder Geschichten von Ihren Kunden sammeln und diese dann veröffentlichen (im Internet, im Schaufenster des Ladens oder in Ihrem Büro). Hier ein paar Beispiele:

Tierhandlung: Schicken Sie uns Fotos Ihres „Lieblings". Die Schönsten erhalten einen Einkaufsgutschein.

Spieleladen: Schickt uns die coolsten Bilder aus euren Games. Die besten 10 werden mit einem Paket von drei neuen Games prämiert.

Dienstleistung: Schicken Sie uns Ihre Geschichte – die ersten fünf erhalten zwei kostenlose Beratungsstunden.

Dienstleistung: Unser wichtigstes Motto ist „Vorfahrt für Individualität" – schicken Sie uns Ihre Bilder und Ideen zu diesem Thema.

Manche große Unternehmen lassen sich auf diesem Weg sogar ganze Werbespots fürs Fernsehen erstellen. Die Werbewirkung ist bei dieser Vorgehensweise besonders erheblich: Sie wecken die Neugier und die Lust am Einblick in private Augenblicke anderer Menschen. Vergessen Sie ganz unabhängig vom Zweck dabei in keinem Fall, sich die ausdrückliche Erlaubnis zur Verwendung und Veröffentlichung des Text-, Bild-, oder Tonmaterials für den jeweiligen Verwendungszweck geben zu lassen.

Dies funktioniert natürlich nur, wenn Sie bereits Kunden haben – je mehr, desto besser. Sie können aber auch Interessenten dafür anschreiben – es kommen beispielsweise die Leser eines Newsletter in Frage. Vorteilhaft ist es auch, wenn Sie einen Anreiz zum mitmachen geben. Sie können beispielsweise eines Ihrer eigenen Produkte oder etwas anderes unter den Teilnehmern verlosen.

Werbewirkung verbessern mit Beigaben

Erfahrungsgemäß lässt sich die Wirkung einer Werbekampagne erheblich verbessern, wenn es kleine „Beigaben" gibt. Solche Beigaben wie z.B. „die ersten 10 Kunden erhalten ..." oder „wir verlosen 20 ..." erhöhen die so genannte Response-Rate (Antwort-Rate) deutlich. Die Verbesserung der Werbewirkung gilt insbesondere für Zeitungsanzeigen (z.B. bei Geschäftseröffnung) oder Wurfsendungen und Flyeraktionen. Dafür reichen übrigens auch ganz einfache und kleine „Lockmittel" wie z.B. ein Kaffeebecher oder ein kleines Schreibset.

Werbewirkung verbessern mit Hilfe des Couponing

Das sogenannte „Couponing" wird in vielen Ländern intensiv zur Kundengewinnung genutzt. In Deutschland hat es vor allem mit der Internetplattform Groupon im großen Stil Einzug gehalten. Dies können Sie sich zunutze machen und die „Nase vorn" behalten. Es gibt Druckereien, die Coupon-geeignetes Werbematerial standardmäßig bedrucken – die Kosten liegen nicht viel höher als beim „normalen" Flyer. Kostengünstiger ist der Druck eines einfachen Flyers, der eine Schnittlinie aufgedruckt hat; eine Schere findet letztlich jeder potentielle Kunde im Haushalt. Das Internet bietet außerdem zahlreiche Plattformen für so genannte Deals. Bei alldem sollten Sie aber stets vorsichtig sein: Kalkulationen sind notwendig, um keine ruinösen Preisreduzierungen anzubieten.

Dienstleistungsmarketing: Geben Sie dem Kind einen Namen!

Wer Dienstleistungen verkauft, kämpft häufig mit dem Problem, dass das Produkt als lästiger Kostenfaktor betrachtet wird. Außerdem ist im Dienstleistungsbereich das „Produkt" meist abstrakter Natur – der Kunden hält keinen Gegenstand in der Hand, an dem er sich erfreuen kann. Deshalb ist das Naming und Bundling („schnüren" von Paketangebot) für Dienstleistungen besonders wichtig. Ihr Angebot sollte also immer sehr konkret sein. Ein klar und deutlich abgegrenztes Leistungspaket mit einfacher Benennung stößt auf deutlich größeres Interesse und besseren Rücklauf als unklare und schwammige und vor allem langatmige Produktbeschreibungen.

Keine Werbegelder verschenken

Eine wichtige Erkenntnis aus der Werbewirkungsforschung sollten Sie stets beherzigen: Unternehmen, die bei Werbekampagnen ausschließlich auf eine Mediengattung setzen, verschenken Werbegelder. Ein Mediamix ist von großer Bedeutung – der Erinnerungswert beim potentiellen Kunden ist deutlich höher, wenn er Werbung unter Verwendung mehrerer Medien gleichzeitig präsentiert bekommt. Dabei ist auch zu beachten, dass eine geringe Anzahl von Printmotiven den Erinnerungswert beim potentiellen Kunden deutlich erhöht. Verzichten Sie also auf vielschichtige Motive und auf zu viele unterschiedliche Motive bei verschiedenen Werbeträgern.

Homepage – vernetze Kommunikation

Die Homepage wird von vielen kleinen Unternehmen nach wie vor als reines Selbstdarstellungsmittel genutzt. Die reine Präsentation der eigenen Person oder Produkte reicht aber nicht aus, um erfolgreich damit zu sein. Der durchschnittliche Internetuser bleibt auf solchen Seiten nur wenige Sekunden. Allzu schnell ist mit einem Klick Ihre Seite aus dem Blickfeld und der Erinnerung potentieller Kunden geraten. Begreifen Sie die Homepage deshalb als ein Instrument zur dauerhaften Kommunikation mit neuen und bestehenden Kunden. Dabei geht es nicht nur um die Kommunikation in eine Richtung (von Ihnen zum Kunden) – vielmehr ist die wechselseitige Kommunikation gefragt. Auch ist die Integration mit anderen Kommunikationsmitteln wie beispielsweise Anzeigen oder Broschüren und ähnlichem von großer Bedeutung. Nur so bauen Sie dauerhafte und verkaufsfördernde Kontakte mit Hilfe der Homepage auf.

Werbebotschaften auf den Punkt bringen

Häufig finden sich sowohl im Internet als auch im Printbereich Werbungen, die wenig zum Verkaufen geeignet sind. Ein positives Beispiel bietet die Fluggesellschaft Hapag-Lloyd Express. Ich zeige hier ein kleines Bild von Hapag-Lloyd, um die Sache zu verdeutlichen.

Auf der zugehörigen Plakatwerbung wird dort mit Texten wie „Berlin-Spanien ab 29,90" geworben. Der Slogan „Fliegen zum Taxipreis steht dort nur klein dabei" und es findet sich ein Verweis auf die Homepage. Es ist zwar nicht davon auszugehen, dass Menschen, die diese Werbung sehen, unbedingt nach Spanien fliegen wollen – aber die Botschaft, dass es sich um einen Billigflieger handelt, kommt beim Betrachter ohnehin an. Was neben dieser Botschaft auch noch ankommt, weckt die Lust am Reisen. Wer wäre wohl an einem regnerischen November nicht lieber in Spanien oder andernorts? Kurz, prägnant und „appetitanregend" – das ist eine gekonnte und effiziente Werbebotschaft.

Werbewirkung verbessern – Kundennutzen betonen

Häufig findet sich ein großer Fehler bei Werbemitteln: Der Kundennutzen wird nicht ausreichend und klar betont. Dies gilt sowohl für
Homepages als auch für Printmedien und andere Kommunikations-
träger. Die wichtigste Frage beim Betrachten eines Kommunikations-
mittels muss sofort beantwortet werden: „What's in for me?" oder in
deutscher Sprache „Was ist für mich drin?". Kann der Betrachter oder
die Betrachterin dies nicht in den ersten Sekunden erkennen, lässt
die Aufmerksamkeit sofort nach – der/die Betrachter/in ist „weg". Da
sich die Entscheidung für weiteres Interesse innerhalb weniger Sekunden abspielt, ist von größter Bedeutung, dass der Kundennutzen
nicht in langen Texten beantwortet wird – ein paar Worte müssen
reichen. Mehr als zwei bis drei Argumente für das Produkt oder die
Leistung sind ebenfalls unbrauchbar. Schnell erfassbar muss es sein –
auf weitergehende Informationen kann dann immer noch verwiesen
werden; diese sollten dann aber auch verfügbar sein.

Woran sich Kunden erinnern

Sicher – wir wollen alle gerne beim Kunden im Gedächtnis bleiben.
Was kann man tun um dies zu erreichen? Zur Beantwortung dieser
Frage lohnt sich ein kleiner Ausflug in die Psychologie: Das menschliche Gehirn „erinnert" bestimmte Elemente von Kommunikationsmitteln schneller als andere; und dies ist die Reihenfolge:

1. Farbe

2. Form

3. Text

Diese Erkenntnis sollte bei der Gestaltung Ihrer Kommunikationsmittel berücksichtigt werden. Der wichtigste Faktor dabei ist die
Wahl einer wieder-erkennbaren Farbe oder Farbkombination. Diese
Farbe oder Farbkombination sollte sich in Ihrer Kommunikation stets
wiederholen. Im zweiten Schritt erinnern sich potentielle Kunden an
Formen. Es ist deshalb von Bedeutung, ein Logo und sich wiederho-
lende Stilelemente (z.B. Linien, Bilder, etc.) zu verwenden. Erst wenn
Ihr potentieller Kunde beides mehrfach gesehen hat, wird er sich
dann im letzten Schritt auch an den Namen erinnern.

Werbemittel immer testen

Wenn Sie in die Selbstständigkeit starten, sollten Sie Ihre Werbemittel grundsätzlich testen. Abonnieren Sie in keiner Zeitung gleich wochenlange Anzeigen oder produzieren Sie 10.000 Flyer. Versuchen Sie es beispielsweise erst einmal mit ein paar hundert Flyern und legen Sie diese im ersten Schritt an ausgewählten Orten aus (z.B. nur in Buchhandlungen). Ändern Sie dann nach und nach die Orte, an denen Sie Ihre Werbemittel platzieren. So können Sie herausfinden, welche Maßnahmen besonders gut angenommen werden. Sie können auch zwei bis drei unterschiedliche Anzeigen, Poster, Flyer oder andere Werbematerialien verwenden. Wichtig dabei ist, dass es möglich wird, den Rücklauf bei den einzelnen Änderungen nachvollziehen zu können. Mit einer solchen Strategie vermeiden Sie hohe Kosten für Werbemittel oder Werbeträger, die wenige Kundenaufträge bringen.

Lock-in-Effekte: Lock-in – das bedeutet „einschließen". Doch wie schließt man einen Kunden ein? Ganz einfach: Indem man ihn in ein System einbindet, aus dem er sich nicht ohne Weiteres befreien kann. Ein typisches Beispiel sind etwa Downloads mit einer Software für die Buchhaltung, die zunächst kostenlos ist, aber nur sehr eingeschränkte Funktionen bietet. Hat der Kunde die Software erst einmal installiert und sich daran gewöhnt, fällt ein Wechsel verhältnismäßig schwer. Im Zweifelsfall ist diese Person eher bereit, einen recht hohen Preis für die Freischaltung der benötigten Zusatzfunktionen zu zahlen, als sich in ein anderes Programm einzuarbeiten. Aber auch IKEA bietet hervorragende Beispiele: Das Küchenprogramm etwa besteht aus Maßen, die kein anderer Möbelhersteller bietet. Wer also eine Ergänzung sucht und nicht selbst zur Säge greifen will, dem bleibt dann meist nur der erneute Gang zum schwedischen Möbelhaus.

V. Das Marketingbudget erstellen

Für den Businessplan und zur eigenen Vorbereitung ist die Erstellung eines Marketingbudgets sinnvoll. Dabei sollten Sie in Startinvestitionen und in laufende Kosten unterscheiden. Um die Schätzungen vornehmen zu können, müssen Sie jede einzelne Position im Detail betrachten. Hier und da reichen aber auch Schätzwerte. Dabei können Ihnen erfahrene Gründungsberater helfen. Ein Anruf bei unterschiedlichen Werbeträgern hilft aber ebenfalls, die Kosten schnell und effizient zu ermitteln. So ist etwa die Frage nach der Reichweite einer Anzeige und nach Erfahrungswerten bezüglich der Antwortrate durchaus legitim. Auf diese Weise kommen Sie schnell zu Ihrem Marketingbudget. Das Budget selbst stellt sich dann recht einfach dar:

Anfangsinvestitionen		Laufende Kosten p.a.	
Erstellung Corporate Identitiy	2500	Überarbeitungen Corporate Identity	500
Erstellung Visitenkarten und Flyer	500	Überarbeitungen Visitenkarten und Flyer	250
PR-Agentur	2500	PR-Agentur	3.000
Druck und Erstellung Infomaterial	1000	Erstellung Infomaterial (Online/Druck)	500
Erstellung Online-Werbung	500	Lfd. Suchmaschinenoptimierung	2500
Einkauf Bilder	100	Sponsored Links	3500
Anzeigenschaltung	1200	Anzeigenschaltung	5000
Sponsored Links	1500	Marketing-Beratung sonstige	500
SUMME	9.800	SUMME	15.750

Die Unterscheidung in Anfangsinvestitionen und laufende Kosten erleichtert Ihnen die Arbeit für Ihre Finanzplanung. Während laufende Kosten pro Jahr einfach ins Jahresbudget eingeplant werden, gehören die Anfangsinvestitionen für das Marketing zu den Gründungskosten.

Die Standortfrage

I. Bedeutung des Standortes

Der Standort spielt eine unterschiedlich große Rolle. Für einen Internetshop ist der Standort allenfalls insofern wichtig, als dass es eine Möglichkeit zum Versand von Paketen in der Nähe geben sollte und dass genügend Platz für die Handelsware gebraucht wird. Wer dagegen aber ein Restaurant, ein Ladengeschäft oder einen Friseur plant, braucht einen guten Standort. In einem solchen Fall am Standort zu sparen, kann sich fatal auswirken. So manches Restaurant bekommt praktisch kaum noch Besucher, sobald es nur drei Häuser abseits des Hauptstromes in der Innenstadt liegt und viele Ladengeschäfte finden sich zu weit abseits, um damit ausreichend Kunden gewinnen zu können.

Beobachten Sie das Umfeld Ihres geplanten Standortes im Vorfeld ganz genau: Ist der Standort wirklich geeignet, um damit Kunden zu gewinnen und das in möglichst großer Zahl? Ist das nicht der Fall, sollten Sie auf einen Standort lieber verzichten und weitersuchen. Das kann lange dauern und es ist normal, dass eine solche Suche mehrere Monate in Anspruch nimmt.

Auch Dienstleistungsanbieter sollten auf den passenden Standort achten. Eine gute Anbindung spielt oft eine erhebliche Rolle, wenn Kunden zu Ihnen kommen sollen. Wenn Sie zu Ihren Kunden fahren, sollte der Standort in der Nähe Ihrer Kunden liegen. Lange Fahrzeiten sorgen dafür, dass Ihre kostbare Arbeits- und Lebenszeit dahin geht und das kann richtig ärgerlich oder sogar finanziell bedrohlich werden.

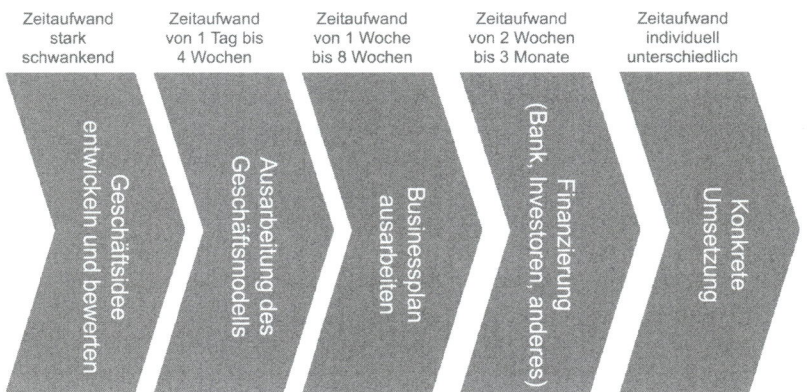

| Zeitaufwand stark schwankend | Zeitaufwand von 1 Tag bis 4 Wochen | Zeitaufwand von 1 Woche bis 8 Wochen | Zeitaufwand von 2 Wochen bis 3 Monate | Zeitaufwand individuell unterschiedlich |

Geschäftsidee entwickeln und bewerten

Ausarbeitung des Geschäftsmodells

Businessplan ausarbeiten

Finanzierung (Bank, Investoren, anderes)

Konkrete Umsetzung

Der Standort kann für viele Gründungen zum einem der wichtigsten Erfolgsfaktoren werden. Wählen Sie Ihren Standort deshalb mit Sorgfalt aus.

Informationen sammeln

Gründungsfahrplan: Die Standortentscheidung fällen

II. Checkliste für die Standortwahl

Schnell wird deutlich: Welche Kriterien wichtig für Sie sind, hängt von der geplanten Gründung ab. Die folgenden Listen mit denkbaren Kriterien helfen dabei, den richtigen Standort zu finden. Einige der Punkte sind für Sie möglicherweise ohne Bedeutung – streichen Sie diese einfach und erstellen Sie Ihre ganz persönliche Checkliste. Bewerten Sie auch, wie wichtig das jeweilige Kriterium für Sie ist. Lassen Sie auf keinen Fall einen Standort zu, bei dem ein wichtiges Kriterium nicht erfüllt wird.

Wenn Sie mehrere Standorte miteinander vergleichen wollen, können Sie auch auf das Bewertungssystem zurückgreifen, das Sie unter „Entscheidungen treffen und Fallen vermeiden" finden.

Kriterium	Bedeutung/ Gewichtung
Die Räumlichkeiten	
Sind die Räumlichkeiten groß genug? Gibt es ausreichend Platz für den Verkaufsraum, für ein Lager, für Arbeitsplätze und anderes?	☐ Schön, wenn dieses Kriterium erfüllt ist ☐ Ein Kriterium, das erfüllt sein muss

Kriterium	Bedeutung/ Gewichtung
Lässt sich mit dem Standort das geplante Raumkonzept realisieren?	☐ Schön, wenn dieses Kriterium erfüllt ist ☐ Ein Kriterium, das erfüllt sein muss
Sind technische Einrichtungen vorhanden, die gebraucht werden? Gibt es etwa einen Abzug für eine Küche, einen Lastenaufzug oder Lärmschutzwände und ähnliches?	☐ Schön, wenn dieses Kriterium erfüllt ist ☐ Ein Kriterium, das erfüllt sein muss
Ist der Standort geeignet für die Außenwerbung? Sind die Schaufenster groß genug? Können Schilder gut sichtbar angebracht werden? Ist der Standort gut sichtbar?	☐ Schön, wenn dieses Kriterium erfüllt ist ☐ Ein Kriterium, das erfüllt sein muss
In welchem Zustand befinden sich die Räume? Wie hoch sind voraussichtlich die Kosten für Renovierungen oder Sanierungen? Wie hoch ist Ihr Budget dafür?	☐ Schön, wenn dieses Kriterium erfüllt ist ☐ Ein Kriterium, das erfüllt sein muss
Sind Umbauten und Einbauten möglich?	☐ Schön, wenn dieses Kriterium erfüllt ist ☐ Ein Kriterium, das erfüllt sein muss
Gibt es einen Außenbereich, der genutzt werden kann? Falls Sie einen Außenbereich auf der Straße nutzen wollen: Wie hoch sind die Kosten für diese Nutzung (Auskünfte erteilen die Bauämter oder Bezirksämter und Gemeinden)? Oder gehört der Außenbereich zum Mietobjekt und es entstehen keine zusätzlichen Kosten für die Nutzung?	☐ Schön, wenn dieses Kriterium erfüllt ist ☐ Ein Kriterium, das erfüllt sein muss
Ist der Standort leicht zugänglich? Wer etwa Babysachen verkaufen will, kann keine Eingangsstufen gebrauchen.	☐ Schön, wenn dieses Kriterium erfüllt ist ☐ Ein Kriterium, das erfüllt sein muss
Gab es am Standort in der Vergangenheit häufige Mieterwechsel und wenn ja, weshalb?	☐ Schön, wenn dieses Kriterium erfüllt ist ☐ Ein Kriterium, das erfüllt sein muss
...	
...	
...	

Kriterium	Bedeutung/ Gewichtung
Das Standortumfeld	
Gibt es in der direkten Umgebung einen hohen Leerstand? Vorsicht, das lässt auf ein wirtschaftlich schwaches Umfeld schließen.	☐ Schön, wenn dieses Kriterium erfüllt ist ☐ Ein Kriterium, das erfüllt sein muss
Befindet sich der Standort in einer guten Lauflage?	☐ Schön, wenn dieses Kriterium erfüllt ist ☐ Ein Kriterium, das erfüllt sein muss
Stützt der Standort das Image des Unternehmens?	☐ Schön, wenn dieses Kriterium erfüllt ist ☐ Ein Kriterium, das erfüllt sein muss
Lässt sich der Standort gut erreichen? Wie ist die Anbindung mit dem Auto oder mit öffentlichen Verkehrsmitteln?	☐ Schön, wenn dieses Kriterium erfüllt ist ☐ Ein Kriterium, das erfüllt sein muss
Welche Fahrzeiten müssen Kunden eventuell in Kauf nehmen? Finden sich im Umfeld von etwa 30 Fahrminuten genügend potentielle Kunden? Wenn Sie auf Laufkundschaft setzen: Wie viele potentielle Kunden finden sich in einem Umkreis von 5 Laufminuten?	☐ Schön, wenn dieses Kriterium erfüllt ist ☐ Ein Kriterium, das erfüllt sein muss
Finden sich am Standort die von Ihnen anvisierten Kunden? Können Sie die richtige Zielkundengruppe erreichen?	☐ Schön, wenn dieses Kriterium erfüllt ist ☐ Ein Kriterium, das erfüllt sein muss
Gibt es Parkplätze?	☐ Schön, wenn dieses Kriterium erfüllt ist ☐ Ein Kriterium, das erfüllt sein muss
Welche umgebenden Gewerbeansiedlungen sind vorteilhaft für Ihre Sache? Gibt es vielleicht sogar Ansiedlungen, die als Ergänzung zu Ihrem Angebot betrachtet werden können?	☐ Schön, wenn dieses Kriterium erfüllt ist ☐ Ein Kriterium, das erfüllt sein muss
Welche Wettbewerber finden sich in der Umgebung des Standortes? Wie hoch ist die Wettbewerbsdichte und können Sie mit Ihrem Konzept gegenüber Wettbewerbern punkten?	☐ Schön, wenn dieses Kriterium erfüllt ist ☐ Ein Kriterium, das erfüllt sein muss

Kriterium	Bedeutung/ Gewichtung
Ist der Standort im Verhältnis zu anderen Gewerbeansiedlungen gut einsehbar und gut sichtbar?	☐ Schön, wenn dieses Kriterium erfüllt ist ☐ Ein Kriterium, das erfüllt sein muss
Finden sich am Standort die Mitarbeiter, die Sie möglicherweise brauchen?	☐ Schön, wenn dieses Kriterium erfüllt ist ☐ Ein Kriterium, das erfüllt sein muss
Gibt es Zufahrtsmöglichkeiten für Anlieferungen?	☐ Schön, wenn dieses Kriterium erfüllt ist ☐ Ein Kriterium, das erfüllt sein muss
Finden sich in Standortnähe Lieferanten und andere Dienstleistungen, die Sie möglicherweise benötigen?	☐ Schön, wenn dieses Kriterium erfüllt ist ☐ Ein Kriterium, das erfüllt sein muss
Welche Entwicklung am Standort ist innerhalb der kommenden Jahre zu erwarten? Sind größere Veränderungen zu erwarten – etwa durch kommunale Bau- oder Sanierungsprojekte?	☐ Schön, wenn dieses Kriterium erfüllt ist ☐ Ein Kriterium, das erfüllt sein muss
...	
...	
...	
Konditionen für die Anmietung und sonstiges	
Ist die Vertragslaufzeit akzeptabel?	☐ Schön, wenn dieses Kriterium erfüllt ist ☐ Ein Kriterium, das erfüllt sein muss
Sind die Kosten für Kautionen und Provisionen für Sie tragbar?	☐ Schön, wenn dieses Kriterium erfüllt ist ☐ Ein Kriterium, das erfüllt sein muss
Ist die Miete innerhalb des üblichen Rahmens für den anvisierten Standort?	☐ Schön, wenn dieses Kriterium erfüllt ist ☐ Ein Kriterium, das erfüllt sein muss

Kriterium	Bedeutung/ Gewichtung
Sind Renovierungen oder Umbauten finanziell tragbar?	☐ Schön, wenn dieses Kriterium erfüllt ist ☐ Ein Kriterium, das erfüllt sein muss
Beinhaltet der Mietvertrag Regelungen, die Ihnen unverhältnismäßig hart erscheinen?	☐ Schön, wenn dieses Kriterium erfüllt ist ☐ Ein Kriterium, das erfüllt sein muss
Wie offen sind die Vermieter oder Eigentümer gegenüber vertraglichen Änderungen, Einbauten oder Umbauten und anderen individuellen Lösungen?	☐ Schön, wenn dieses Kriterium erfüllt ist ☐ Ein Kriterium, das erfüllt sein muss
Wie hoch ist die Gewerbesteuer?	☐ Schön, wenn dieses Kriterium erfüllt ist ☐ Ein Kriterium, das erfüllt sein muss
Gibt es am Standort eventuell Fördermittel?	☐ Schön, wenn dieses Kriterium erfüllt ist ☐ Ein Kriterium, das erfüllt sein muss
Erfüllt der Standort eventuell vorhandene rechtliche Kriterien?	☐ Schön, wenn dieses Kriterium erfüllt ist ☐ Ein Kriterium, das erfüllt sein muss
...	
...	
...	

III. Was sonst noch wichtig ist

Wer einen guten Standort sucht, kommt selten mit einer günstigen Miete davon. Bei vielen Gründungen bedeutet das, dass eine Finanzierung gebraucht wird, um Kautionen, Provisionen und die ersten Mieten zahlen zu können. Zum Zeitpunkt der Standortsuche ist der Businessplan dann in der Regel noch nicht fertig, da das Zahlenwerk stark vom Standort abhängt. Doch zeitgleich verlangen Vermieter meist, dass die Finanzierung schon gesichert ist.

Wenn sich die Katze auf diese Weise in den Schwanz beißt, gibt es aber trotzdem einen Ausweg: Suchen Sie sich einen Standort, der zu Ihrer Sache passt. Schreiben Sie Ihren Businessplan so, als wäre dieser Standort schon eine Tatsache und kalkulieren Sie eben mit den Ihnen bekannten Größen.

Wenn Sie diesen Businessplan etwa bei einer Bank einreichen, stellt sich womöglich hinterher heraus, dass Sie doch noch einmal auf Standortsuche gehen müssen. Das ist aber kaum ein Problem, denn eine Nachprüfung von Seiten Bank oder Investor mit einem veränderten Standort ist keine große Sache. Es geht schnell und Sie können im besten Fall beim Vermieter schon mit einer Finanzierungszusage glänzen – auch wenn sich diese auf einen anderen Standort bezieht.

Im Gegensatz zur Miete einer privaten Wohnung ticken die Uhren im Gewerbemietrecht übrigens anders. Sie können in Gewerbemietverträgen grundsätzlich alles so regeln, wie es Ihnen gefällt. Die bekannten Regelungen bezüglich Kündigungsfristen und Ähnlichem haben im Gewerbemietrecht ohnehin keine Gültigkeit. Es gibt zwar gesetzliche Grundlagen, aber ein Gewerbemietvertrag enthält in der Regel die wichtigsten Punkte. Machen Sie sich im Vorfeld ein paar Gedanken, welche Konditionen Sie eigentlich benötigen oder akzeptieren.

Es ist durchaus üblich, bei Gewerbemieten zu verhandeln – über die Miete oder über einzelne Vereinbarungen. Bitten Sie also gegebenenfalls um vertragliche Änderungen/Anpassungen. Lassen Sie Ihren Vertrag durch einen Fachanwalt für Gewerbemietrecht prüfen, um böse Überraschungen und Stolperfallen zu vermeiden.

Wenn Sie einen potentiellen Standort besichtigen, werden Ihnen die Räume in der Regel vom Vormieter, vom Eigentümer oder von einem Makler gezeigt. Diese Personen haben ein Interesse daran, die Räumlichkeiten zu vermieten und preisen den Standort meist dementsprechend an.

Die Lage entscheidet

Wenn der Standort für Sie eine große Rolle spielt, sollten Sie sich aber weitergehend informieren. Nachbarn, Vormieter oder andere Gewerbetreibende in der direkten Umgebung wissen in der Regel viel zu berichten:

☐ *Gab es häufige Mieterwechsel?*

☐ *Wer war zuletzt in den Räumen und warum ist er nicht mehr da?*

☐ *Wie verträglich ist der Vermieter oder die Hausverwaltung?*

☐ *Ist die Lauflage wirklich so gut, wie der Makler behauptet hat?*

☐ *Welche Miete in der Gegend ist angemessen?*

☐ *Wie hat sich der Standort in den letzten Jahren entwickelt und welche weitere Entwicklung ist zu erwarten?*

☐ *Wie hoch sind die Umsätze im umgebenden Einzelhandel?*

Diese und viele andere Fragen können Sie gut klären, indem Sie sich ein paar unterschiedliche Meinungen anhören und nicht nur auf die Aussagen des Maklers oder Eigentümers setzen.

Mitarbeiter beschäftigen

Die Beschäftigung von Mitarbeitern ist für viele junge Unternehmen ein großer Schritt, der aber auch mit vielen Unsicherheiten verbunden ist. Umfangreiche arbeitsrechtliche Regelungen, ein Gehalt, das monatlich gezahlt werden muss, reichliche bürokratische Hürden, die Frage nach der richtigen Mitarbeiterführung – Gründer sehen sich mit vielen Fragen konfrontiert.

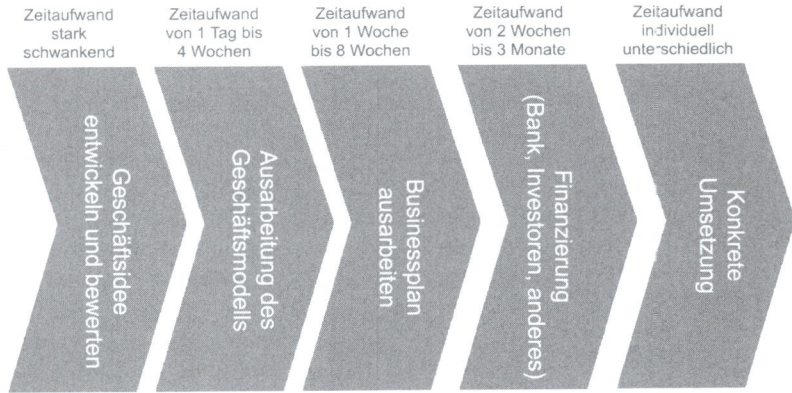

Die Beschäftigung von Mitarbeitern stellt für viele Neugründungen ein erhebliches Risiko dar. Wer mit Bedacht vorgeht, kann dieses Risiko begrenzen.

Gründungsfahrplan: Mitarbeiter beschäftigen

I. Grundlegende Entscheidungen treffen

Bevor Sie beginnen, sich mit Details des Arbeitsrechts oder der Unfallversicherung zu beschäftigen, sollte die Frage nach Mitarbeitern vor allem aber erst einmal in Grundzügen geklärt werden. Die folgenden elementaren Fragestellungen helfen bei der Entscheidungsfindung:

Fragestellung	Was Sie darüber wissen müssen
Aufgabengebiet(e), Gehalt und mehr?	Im ersten Schritt sollten Sie formulieren, welche Aufgaben ein oder mehrere Mitarbeiter für Sie übernehmen sollen, wie viel Arbeitszeit bzw. wie viel Personal dafür benötigt wird und welches Gehalt Sie sich vorstellen. Im zweiten Schritt ergibt sich aus der Formulierung des anstehenden Aufgabengebietes eine Reihe an Kenntnissen und Fähigkeiten, die Ihr zukünftiger Mitarbeiter mitbringen muss.
	Darüber hinaus ist es sinnvoll, ein paar Überlegungen anzustellen, welche Persönlichkeit Sie sich vorstellen. Je deutlicher Sie dies formulieren können, desto geringer ist die Gefahr von Fehlschlägen. Mit diesen Informationen können Sie dann gezielt auf die Suche gehen.
Festanstellung oder freie Mitarbeit?	Einige Aufgaben im Unternehmen lassen sich gut über freie Mitarbeiter abdecken und vielen Gründern erscheint die feste Anstellung ohnehin zu riskant. Dennoch sollte gut überlegt werden, welche Art der Beschäftigung sinnvoll ist.
	Die Vorteile freier Mitarbeiter liegen auf der Hand: Flexibilität, keine Sozialabgaben, kein fester Arbeitsplatz und kurzfristige Einsatzmöglichkeiten. Dem stehen aber auch Nachteile gegenüber: Meist handelt es sich um einen vorübergehenden Einsatz, der freie Mitarbeiter nimmt in der Regel Know-How mit, wenn er geht und er kann das Unternehmen schnell verlassen.
	Daneben entsteht darüber hinaus das Risiko einer Scheinselbstständigkeit des freien Mitarbeiters. Eine Scheinselbstständigkeit liegt vor, wenn eine Person als selbstständig angesehen und bezahlt wird, obwohl tatsächlich eine Arbeitnehmereigenschaft besteht. Ist der freie Mitarbeiter also fest

Fragestellung	Was Sie darüber wissen müssen
	in die Organisation eingebunden und Sie stellen Arbeitsmittel zur Verfügung oder arbeitet er über einen längeren Zeitraum ausschließlich für Sie, kommt dies einer Festanstellung so nahe, dass es sich eigentlich um einen Festangestellten handelt. Wird dies bei Sozialversicherungsträgern bekannt, können diese die Sozialabgaben für den Scheinselbstständigen für bis zu fünf Jahre nachfordern.
Suchen – Wo und wie?	Für die Personalsuche bieten sich viele Wege an. Sie können Ihr vorhandenes Netzwerk nutzen, Stellenanzeigen in der Zeitung oder im Internet schalten, eine Personalagentur beauftragen und mehr. Interessant ist auch die Suche nach Mitarbeitern in Foren, die sich häufig bei ganz spezifischen Aufgabenstellungen anbietet. Welche Art der Suche für Sie die Richtige ist, hängt auch von den entstehenden Kosten ab. So ist eine Stellenanzeige in einer Zeitung nicht gerade günstig und gedruckte Medien verlieren immer mehr Leser.
	Wichtig aber ist vor allem eine klare Formulierung des Aufgabenprofils. Nach Möglichkeit zeigen Sie auch auf, was Sie als Arbeitgeber zu bieten haben.
Welche Rahmenbedingungen sollen gelten?	So lästig das vielen Gründern ist: Bevor Sie Gespräche führen, sollten Sie sich ein paar Gedanken zu Rahmenbedingungen machen. Wie lange soll ein Arbeitsvertrag laufen? Wie viel Urlaub wollen Sie Ihren Mitarbeitern zugestehen? Gibt es Sonderzahlungen für Ihre Mitarbeiter? Gibt es andere Vergünstigungen für Ihre Mitarbeiter? Welche Fortbildungen oder Entwicklungsmöglichkeiten wollen Sie Ihren Mitarbeitern bieten? Diese und andere Details sollten im Vorfeld klar sein. Nur so schaffen Sie es, in Vorstellungsgesprächen klar und deutlich zu formulieren, wie die zukünftige Zusammenarbeit eigentlich aussehen soll.
Wie wollen Sie Ihre Mitarbeiter führen und motivieren?	Im besten Fall machen Sie sich schon vor ersten Gesprächen ein paar Gedanken über Entwicklungsmöglichkeiten für Ihre Mitarbeiter. Trainings oder Fortbildungen sind dabei attraktiv – genauso wie die mögliche Entwicklung innerhalb Ihrer Organisation.

Fragestellung	Was Sie darüber wissen müssen
	Die Formulierung klarer Ziele ist wichtig, um Ihren Mitarbeitern zu verdeutlichen, was Sie eigentlich von Ihnen wollen. Was soll erreicht werden? Von der Beantwortung dieser Frage hängen die Auswahl und auch die dauerhafte Führung der Mitarbeiter ab. Eine Zielformulierung sollte dabei innerhalb eines bestimmten Zeitrahmens messbar und erreichbar sein. So könnte das Ziel für einen Vertriebsmitarbeiter etwa lauten: In einem Jahr soll der Vertriebsmitarbeiter eine Umsatzsteigerung von 10 % gegenüber dem Vorjahr erreichen.
	Fördern Sie die Stärken Ihrer Mitarbeiter, gehen Sie nicht zu sparsam mit Anerkennung und Lob um, vermeiden Sie leere Versprechungen, berücksichtigen Sie die Lebensumstände, die Ziele und die Wünsche Ihrer Mitarbeiter und definieren Sie ganz klare Rollen. Zur Führung von Mitarbeitern gehören darüber hinaus regelmäßige Gespräche – zu zweit oder auch im Team. Führen Sie solche regelmäßigen Termine ein und führen Sie diese konsequent durch.
	Die Mitarbeiterführung ist ein umfangreiches Thema, in das Sie sich mit Hilfe von Literatur, Coachings und mit anderen Maßnahmen einarbeiten sollten.

II. Sozialversicherung und mehr

Die Sozialversicherungssysteme in Deutschland verlangen eine Aufteilung der Sozialabgaben zwischen Arbeitgeber und Arbeitnehmer. Dazu gehören Kosten für die Arbeitslosenversicherung, die Krankenversicherung, die Pflegeversicherung und die Rentenversicherung. Hinzu kommt außerdem die gesetzliche Unfallversicherung.

Für Ihre Kalkulationen im Businessplan können Sie von einer finanziellen Belastung für diese Personalnebenkosten in Höhe von rund 22 % des Bruttogehalts ausgehen. Denken Sie bei Ihren Berechnungen aber daran, dass eventuell noch weitere Personalnebenkosten entstehen – etwa für die Personalsuche, für die Lohnabrechnung, für Schulungen und weitere freiwillige Leistungen an Ihre Mitarbeiter.

So kommen Sie leicht auf Personalnebenkosten von etwa 30 % bis 35 % des Bruttogehalts oder mehr.

Sobald Mitarbeiter eingestellt werden sollen, stehen neben dem Arbeitsvertrag insbesondere für die Sozialversicherung einige Formalitäten an. Es ist wichtig, diese Regelungen zu beachten. Es drohen Bußgelder, wenn etwa ein Mitarbeiter nicht bei der Sozialversicherung angemeldet wird. Die folgende Übersicht zeigt die notwendigen Schritte:

Was zu tun ist	Was Sie darüber wissen müssen
Betriebsnummer bei der Arbeitsagentur beantragen	Die achtstellige Betriebsnummer wird von Arbeitsagenturen vergeben, um die Arbeitgeber bei der Sozialversicherung zu identifizieren. Sie können die Betriebsnummer selbst beantragen oder überlassen dies einer Person, die Sie vertreten darf – etwa einem Anwalt oder Steuerberater.
Anmeldung für die Berufsgenossenschaft	Die Berufsgenossenschaften sind für die gesetzliche Unfallversicherung zuständig. Je nachdem, um welche Branche es sich handelt, kommen unterschiedliche Berufsgenossenschaften ins Spiel. Informationen, Adressen und Anmeldeformulare finden sich bei der Deutschen Gesetzlichen Unfallversicherung e.V. (DGUV, www.dguv.de).
Anmeldung bei der Sozialversicherung	Mitarbeiter müssen bei der Krankenkasse angemeldet werden. Das geschieht bei der Krankenkasse, bei der der Mitarbeiter versichert ist. Für geringfügig Beschäftigte erfolgt die Meldung bei der Bundesknappschaft. Für die Branchen Baugewerbe, Gaststätten- und Beherbergungsgewerbe, Personenbeförderungsgewerbe, Speditions-, Transport- und die damit verbundenen Logistikgewerbe, Schaustellergewerbe, Unternehmen der Forstwirtschaft, Gebäudereinigungsgewerbe, Unternehmen, die sich am Auf- und Abbau von Messen und Ausstellungen beteiligen, Fleischwirtschaft gilt außerdem die Verpflichtung zur Sofortmeldung zur Sozialversicherung bei der Deutschen Rentenversicherung.
Gesundheitsamt	Um Mitarbeiter im Bereich der Gastronomie oder Lebensmittel anmelden zu können, benötigen Sie eine Unbedenklichkeitsbescheinigung des zuständigen Amtsarztes. Nähere Informationen hierzu erteilen die Gesundheitsämter.

Neben der Sozialversicherung ist ein Arbeitgeber außerdem verpflichtet, die Lohn- oder Einkommensteuer für seine Arbeitnehmer
einzubehalten, anzumelden und abzuführen. Das wird via elektronischer Lohnsteuer-Anmeldung erledigt und ist je nach Höhe der
Lohnsteuer monatlich, vierteljährlich oder jährlich durchzuführen.

Bei den meisten Neugründungen wird diese Aufgabe von einem
Steuerbüro übernommen – zusammen mit der Gehaltsabrechnung.
Die Auslagerung der recht komplexen Aufgaben ist sinnvoll, sofern
Sie keine größere Belegschaft haben, die ohnehin eine eigene Per-
sonalabteilung erfordert. Dabei sind die Kosten gerade für kleine
Unternehmen nicht einmal sonderlich hoch. Schon ab etwa 15 bis
20 Euro pro Mitarbeiter und Abrechnung finden sich Anbieter, die
diesen Aufwand für Sie übernehmen. Damit sind die Kosten recht
überschaubar.

Richtig einkaufen

Der Einkauf ist oft ein stiefmütterlich behandeltes Thema, obwohl er je nach Unternehmen erheblichen Einfluss auf die Ertragslage hat. Wer Produkte und Material einkauft, die verarbeitet und/oder verkauft werden, sollte beim Einkauf genau hinschauen.

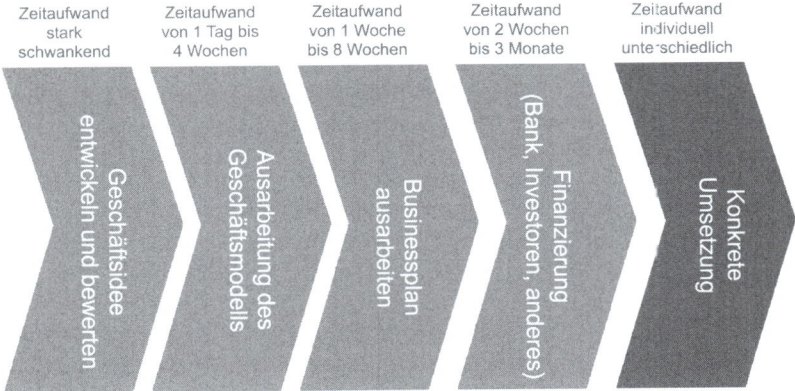

Gerade im Handel, in der Gastronomie oder auch im Handwerk ist der Einkauf wichtig. Das Potential eines guten Einkaufs sollte nicht unterschätzt werden.

Gründungsfahrplan: Der Einkauf

In der Gastronomie etwa ist es üblich, dass rund 30 % des Umsatzes für den Einkauf von Lebensmitteln wie Mehl, Milch, Eier und anderem ausgegeben werden. Oft entscheiden nur wenige Prozentpunkte mehr oder weniger über den Erfolg oder Misserfolg des Unternehmens. Ein Restaurant, in dem 35 % des Umsatzes für den Einkauf verwendet werden, kann schnell in Schwierigkeiten geraten. Ein Restaurant, das es dagegen schafft, den Einkauf auf 27 % des Umsatzes zu senken, profitiert davon erheblich. Im Handel geht es ähnlich zu. Doch zunächst sollten Sie sich mit einigen Dingen vertraut machen, die Sie als Privatperson vermutlich verwunderlich finden, die aber für Unternehmen ganz normal sind.

Vor Ihnen liegt im Rahmen der Gründung ein Rollenwechsel. Damit sind viele Dinge, die Sie in der Vergangenheit als Privatperson gelernt haben, einfach hinfällig. Auch beim Einkaufen ticken die Uhren anders. Sie sollten sich auf einige Veränderungen einstellen und sich mit Ihrer Rolle als Unternehmer schon im Vorfeld vertraut machen.

I. Einkauf aus Unternehmersicht – Was ist anders?

1. Mindestbestellwerte und -mengen

Wer einen Handel plant und noch keine Einkaufserfahrung hat, wird mit einigen Neuerungen konfrontiert. Ein Klassiker sind dabei Mindestbestellwerte, die bei einigen Lieferanten recht hoch ausfallen können. Fragen Sie bei einer Kontaktaufnahme mit potentiellen Lieferanten stets danach, da Sie ansonsten nur schwer überschauen können, ob der Lieferant überhaupt für Sie in Frage kommt.

Im Bereich der Hersteller ist es meist noch drastischer: Sie können oft froh sein, einen Hersteller zu finden, der sich für eine Menge von weniger als 100.000 Stück in Bewegung setzt. Im Zweifelsfall sollten Sie also erst einmal herausfinden, ob Ihr Produkt angesichts der eventuellen Notwendigkeit für hohe Stückzahlen überhaupt realisierbar ist. In einigen Fällen mag es sein, dass die Mindestproduktionsmengen vollkommen außerhalb dessen liegen, was Sie sich vorgestellt haben.

Einkauf ist Verhandlungssache

Wenn Sie Preislisten von Lieferanten sehen, gehen Sie grundsätzlich davon aus, dass es sich bei allen Angaben um Nettopreise (also exklusive Umsatzsteuer) handelt. Das ist die übliche Art und Weise der Auflistung von Preisen, wenn ein Unternehmen etwas an ein anderes Unternehmen verkauft. Fragen Sie stets auch nach der Lieferung. Nicht immer sind Versandkosten wirklich klar oder Sie müssen sich selbst um den Transport kümmern. Insbesondere bei Herstellern oder Händlern im Ausland gelten für den Transport andere Spielregeln als die aus dem Privatleben gewohnten.

2. Auch die Rechtslage verändert sich

Wer als Unternehmen etwas bestellt, muss sich auf eine weitere wesentliche Änderung einrichten: Während für Privatpersonen umfangreiche Verbraucherschutzrechte gelten, sieht das für Unternehmen anders aus. Eine Rückgabe oder ein Widerruf etwa beim Kauf von Produkten über das Internet ist für Unternehmen nicht möglich. Der eine oder andere Online-Händler mag zwar kulant reagieren, muss es aber nicht.

Kontrolle ist unerlässlich

Wer als Unternehmer etwas kauft, ist dazu verpflichtet, diese Dinge unverzüglich zu prüfen. Stellt sich heraus, dass bei der Lieferung etwa ein Bildschirm kaputt gegangen ist oder ein Computer nicht funktioniert, dürfen Sie also nicht lange zögern und die Mängelmeldung beim Verkäufer einreichen. Dabei ist der Begriff „unverzüglich" nicht ganz eindeutig – in der Regel sind es aber etwa drei Werktage; es kann aber auch Abweichungen davon geben.

Gewährleistungsfristen, die Sie beim Privatkauf kennen, haben unter Umständen keine Gültigkeit, wenn Sie für das Unternehmen einkaufen. So ist die Gewährleistungsfrist oft in den Allgemeinen Geschäftsbedingungen der Verkäufer auf ein Jahr beschränkt. Ein Blick in die Geschäftsbedingungen ist also sinnvoll, falls Sie etwas kaufen, für das eine Gewährleistung wichtig ist.

3. Preisauskünfte vor der Gründung

Weiterhin ist es vor der Gewerbeanmeldung oft schwierig, eine Auskunft bezüglich der Einkaufspreise zu bekommen. Das ist ganz normal, denn Hersteller oder Großhändler bekommen täglich viele Anfragen von Privatpersonen, die der Meinung sind, sie könnten auf diesem Weg ein echtes Schnäppchen machen. Sich von Privatpersonen in die Karten gucken lassen – das mögen die Hersteller aber nun einmal gar nicht gerne. Auch für den Besuch von echten Fachmessen ist meist ein Nachweis nötig, dass Sie bereits Unternehmer sind.

Doch wie lässt sich nun dieses Problem lösen? Sie können bei Beratungen, Banken oder Kammern nachfragen. Dort erhalten Sie in der Regel eine Information darüber, wie hoch der Materialeinsatz oder der Wareneinkauf in einem bestimmten Umfeld in der Regel ist. Mit diesen Daten können Sie dann erst einmal im Businessplan kalkulieren, ohne die einzelnen Preise tatsächlich berücksichtigen zu müssen. Bei der einen oder anderen Fachmesse ist es möglich, ein Ticket zu bekommen, indem Sie dort anrufen und ihre Situation der Vorgründungsphase erklären und um eine Ausnahme bitten.

Ein weiterer Ausweg – wenn sich keine andere Lösung findet – ist eine kurzfristige Gewerbeanmeldung, die Sie einfach nach einer Weile wieder abmelden. Alternativ können Sie ein Gewerbe zunächst auch einfach beim Gewerbeamt als Nebentätigkeit anmelden.

Postadresse schnell änderbar

Dabei ist manchmal auch Kreativität gefragt. Wer ein Ladengeschäft plant, kann schlecht eine Ladenadresse angeben, die es gar nicht gibt. Eine Gewerbeanmeldung mit einem Catering oder mit einem Online-Handel, den Sie theoretisch ja auch von zu Hause aus betreiben können, schafft Abhilfe. Die Anmeldung kann zu späterem Zeitpunkt – wenn Ihr Vorhaben wirklich zum Leben erwacht – einfach und schnell geändert werden.

4. Einkaufsgemeinschaften

Gerade im Handel oder auch in der Herstellung oder Weiterverarbeitung sind sogenannte Einkaufsgemeinschaften weit verbreitet. Es wird gemeinsam bei einem Hersteller – etwa im Ausland eingekauft. Das senkt die Lieferkosten, die Stückkosten und manchmal führt es dazu, dass man als kleineres Unternehmen ein bestimmtes Produkt überhaupt erst einkaufen kann. Sie können auch selbst aktiv nach jemandem suchen, mit dem Sie gemeinsam bestimmte Produkte einkaufen. Informationen hierüber erhalten Sie bei regionalen Wirtschaftsverbänden oder bei Netzwerktreffen von Unternehmen in Ihrer Region oder Ihrer Branche.

5. Produktsicherheit

Beim Einkauf müssen Sie berücksichtigen, ob all Ihre Produkte den Anforderungen für den Verkauf innerhalb der EU entsprechen. Im Vorfeld einer Gründung empfiehlt sich deshalb eine Prüfung durch einen Anwalt, ob und inwieweit Ihre geplanten Produkte eventuell gesetzlichen Anforderungen entsprechen müssen. So können etwa in einigen Fällen Kennzeichnungen wie die CE-Kennzeichnung erforderlich sein. Typische Beispiele für solche Produkte sind etwa Spielwaren, Maschinen, elektrische Geräte, Kosmetik, medizinische Produkte oder auch Lebensmittel. Sobald Sie informiert sind, können Sie beim Einkauf leichter erkennen, ob ein Produkt den Vorschriften und Anforderungen genügt und schwarze Schafe bei den Herstellern schnell erkennen.

II. Produkte und Lieferanten auswählen

1. Der Ersteinkauf

Die ersten Einkäufe erfolgen bei der allergrößten Zahl der Gründer recht intuitiv. Das ist letztlich gut so, denn schließlich lässt sich gerade im Handel oder in der Herstellung nicht genau absehen, welche Produkte letztlich zu Verkaufsschlagern werden und welche nicht. Ganz generell lässt sich aber festhalten, dass gerade kleinere Mitnahmeprodukte im Handel am häufigsten gekauft werden. Genauso ist es in der Gastronomie mit Getränken, die einfach viel größere Verkaufsmengen erwarten lassen, als die „großen" Gerichte auf der Speisekarte.

Ein paar Überlegungen vorweg sind also sinnvoll. Gibt es Materialien oder Produkte, die Sie ganz sicher häufiger brauchen werden, als andere? Wenn das bekannt ist, können Sie die Bestellmengen entsprechend gestalten. Bei den Bestellmengen sollten Sie gerade zu Beginn aber Vorsicht walten lassen: Kaufen Sie lieber zu wenig ein, als zu viel. Ein volles Lager und Ladenhüter, die sich einfach nicht verkaufen wollen – das ist für ein Unternehmen unwirtschaftlich und gerade im Handel und in der Herstellung muss sich ohnehin erst noch zeigen, was wirklich gefragt ist.

Ganz prinzipielle Ziele im Einkauf finden sich in der Reduktion von Kosten. Dabei wird das allerdings oft falsch verstanden. Der teuerste Bestandteil Ihres Einkaufs sind meist Sie selbst beziehungsweise Ihre Arbeitszeit. Wer sich die Mühe macht, beim Kopierpapier auf die Jagd nach dem günstigsten Anbieter zu gehen und die Stifte anderswo kauft, weil sich dort im Jahr fünf Euro sparen lassen, legt am Ende drauf. Die Zeit für eine solche Suche, für die Buchhaltung und die Bestellabwicklung ist viel zu kostbar.

Wenige gute Lieferanten sind besser

Mit anderen Worten: Dinge wie das Büromaterial sollten Sie am besten zusammenfassen und möglichst bei ein und demselben Lieferanten kaufen. Versuchen Sie auch bei anderen Einkäufen, mit möglichst wenigen Lieferanten zu leben, denn zu viele sorgen für einen hohen Zeitaufwand und viele Stunden, die Sie eigentlich für andere Dinge brauchen.

Wer Maschinen, technische Anlagen und Ähnliches einkaufen will oder muss, sollte sich am technisch Notwendigen orientieren. Nur allzu groß ist die Verführung, schicke Gerätschaften zu kaufen, die aber eigentlich nicht nötig sind und die Funktionen mitbringen, die kein Kunde jemals honoriert. Klar, ein schickes Handy oder ein tolles Laptop – dieser Wunsch lässt sich nachvollziehen und in einigen Fällen sind diese Dinge für das richtige Image vielleicht sogar notwendig. Müssen aber mehrere Arbeitsplätze mit Rechnern und Möbeln ausgerüstet werden, sieht die Sache nun einmal anders aus. Legen Sie vor dem Kauf fest, was wirklich unbedingt gebraucht wird. So vermeiden Sie Impulskäufe, die zu überflüssigen Kosten führen.

So geht es weiter

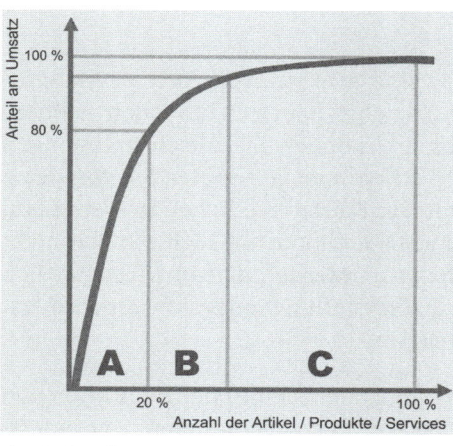

ABC-Analyse

Ein guter Einkauf setzt auf ein gut geplantes Produktsortiment. In den meisten Unternehmen werden mit nur 20 % der Produkte oder Services rund 80 % des Umsatzes gemacht. Die entsprechenden Produkte oder Services sind so genannte A-Teile. Danach folgen B-Teile mit einem Umsatzanteil von rund 15 % und C-Teile, die nur einen ganz kleinen Umsatzanteil aufweisen (rund 5 %); dafür aber in rauen Mengen vorhanden sind.

Das größte Potential für einen effizienten Einkauf liegt zunächst in den C-Teilen. Das sind – wie vorher schon erwähnt – üblicherweise

Dinge wie das Büromaterial oder diverse Kleinteile, die eventuell als Mitnahmeartikel oder kleine zusätzliche Dienstleistung verkauft werden. Bei diesen Teilen oder Dienstleistungen ist eine Vereinfachung der Abläufe wichtig, um möglichst viel Zeit zu sparen. Eine solche Vereinfachung kann dabei nicht nur im Einkauf liegen, sondern möglicherweise auch in der Veränderung der Produkte.

Gerade im Bereich der Dienstleistungen bieten sich Standardisierungen an oder Sie versuchen, mehrere C-Teile zu einem Paket zusammenzufassen. Ein hervorragendes Beispiel ist etwa der Verkauf von Ersatzteilen bei IKEA. Kleine Halter für Regale und ähnliches können Sie dort im Automaten erstehen. Ein Einzelteil für den Anschluss eines Küchenspülbeckens gibt es bei IKEA ebenfalls nicht; Sie müssen das ganze Set kaufen. Der Sinn der Sache: Vereinfachung der Abläufe und Zusammenfassung von C-Teilen. Damit gewinnen Sie dann gleich doppelt: Sowohl der Einkauf als auch der Verkauf werden einfacher und effizienter.

Großes Gewicht dagegen haben A-Teile. Das sind diejenigen, die den höchsten Anteil am Umsatz in die Kasse spülen und damit sind diese Produkte praktisch unverzichtbar für das Unternehmen. Durchleuchten Sie Ihre A-Teile, wie viele unterschiedliche Lieferanten dahinter stecken und ob sich eventuell ein Produkt findet, das von einem der Lieferanten bezogen werden kann, von denen Sie ohnehin schon viel einkaufen. So werden Sie ebenfalls unnötigen administrativen Aufwand los. Ergänzend ist es gerade bei A-Teilen sinnvoll und wichtig, nach Alternativen und unterschiedlichen Angeboten zu suchen. Vielleicht findet sich ein Lieferant, der diese günstiger anbietet?

Bei den B-Teilen, die für den Umsatz nicht sonderlich viel bringen, dafür aber auch in der Regel mit hohem Arbeitsaufwand in Einkauf und Lagerung verbunden sind, sollten Sie rigoros den Rotstift ansetzen. Vielleicht können Sie ganze Lieferanten auf diese Weise von Ihrer Liste streichen? Findet sich etwa ein Lieferant, von dem Sie drei B-Teile beziehen, die ohnehin nur hier und da verkauft werden, ist das ein ernsthafter Grund, diese Produkte aus dem Programm zu nehmen.

Das gleiche gilt im Restaurant: Was nur hin und wieder bestellt wird, kann einfach von der Karte genommen werden – insbesondere wenn dafür möglicherweise extra eine Fahrt zu einem bestimmten Händler nötig ist oder wenn Sie extra dafür Bestellungen tätigen müssen und im schlimmsten Fall vielleicht sogar öfter Lebensmittel aufgrund der begrenzten Haltbarkeit wegwerfen müssen.

Gewinnspannen beachten

Die folgende Tabelle zeigt ein Beispiel und macht damit auch deutlich, welche Daten Sie benötigen, um Ihr Produktprogramm und damit auch den Einkauf zu optimieren. Im Gegensatz zur klassischen Literatur schlage ich aber vor, auch die Gewinnspanne mit in die Betrachtung zu nehmen. Möglicherweise gibt es ein Produkt, das zwar hohe Umsätze bringt, an dem Sie aber trotzdem wenig verdienen. Solche Produkte gehören rein theoretisch zu den A-Teilen, sind aber dennoch fragwürdig. Welche Erkenntnisse Sie aus der Tabelle gewinnen können, erschließt sich bei Durchsicht recht schnell:

- Die C-Teile im oberen Teil der Tabelle werden von drei unterschiedlichen Lieferanten bezogen. Eine Zusammenfassung zu einem einzigen Lieferanten ist sinnvoll und alle Teile sollten in größeren Mengen auf Lager gehalten werden. Das C-Teil Produkt G bringt nicht sonderlich viel Umsatz und der Lieferant hat offensichtlich keine A- oder B-Teile im Angebot. Es ist an der Zeit, dieses Produkt einfach aus dem Programm zu nehmen.

- Produkt B und Produkt D sind klassische A-Teile. Sie werden zwar selten verkauft und eingekauft, liefern aber eine gute Gewinnspanne und einen großen Teil des Umsatzes. Glücklicherweise sind sie von ein und demselben Lieferanten. Das ist ideal und sollte nicht geändert werden. Produkt F ist zwar nur ein B-Teil, da es aber ohne großen Zusatzaufwand zusammen mit den A-Teilen bestellt werden kann, sollte es auf jeden Fall auch im Programm bleiben. Die Lagerhaltung sollte gering gehalten werden und die Lieferantenauswahl sollte sehr sorgfältig erfolgen. Im allerbesten Fall ist eine Just-in-time-Beschaffung möglich – also die Bestellung beim Lieferanten erst in dem Moment, in dem der Kunde bestellt.

- Auf den Prüfstand muss auf jeden Fall Produkt A. Es handelt sich um ein B-Teil, für das Sie sich extra bei einem einzigen Lieferanten bemühen müssen. Die Verkaufsmenge ist so gering, dass fragwürdig ist, ob es sich überhaupt lohnt, dafür immer wieder neue Bestellungen zu tätigen. Aufgrund der Mindestbestellmengen müssen Sie außerdem recht große Lagermengen davon vorhalten. Im besten Fall finden Sie eine Alternative bei einem der Lieferanten, von denen Sie ohnehin schon mehrere Produkte beziehen. Damit werden auch Transportkosten gesenkt, die Abwicklung der Lieferung geht ebenfalls schneller über die Bühne und die Buchhaltung bereitet ebenfalls weniger Arbeit.

Produkt/Teil	Verkaufs-menge	Verkaufs-preis	Umsatz	Gewinn-spanne	Einkaufs-menge	Lieferant	Klassifi-zierung
Kopierpapier	0	0	0		10	Mustermann	C-Teil
Etiketten	0	0	0		8	Büro Meier	C-Teil
Stifte	0	0	0		5	Mustermann	C-Teil
Blöcke	0	0	0		2	Büro Meier	C-Teil
Versandtaschen	0	0	0		40	Büro Meier	C-Teil
Klebeband	0	0	0		4	Kartonhandel	C-Teil
Kartons Klein	0	0	0		10	Kartonhandel	C-Teil
Kartons Medium	0	0	0		15	Kartonhandel	C-Teil
Kartons Groß	0	0	0		5	Kartonhandel	C-Teil
Produkt A	9	20	180	100,00 %	36	Unikum	B-Teil
Produkt B	10	80	800	120,00 %	6	Großhandel Müller	A-Teil
Produkt C	12	30	360	100,00 %	12	Modellmaier	B-Teil
Produkt D	8	70	560	130,00 %	12	Großhandel Müller	A-Teil
Produkt E	6	15	90	100,00 %	6	Modellmaier	B-Teil
Produkt F	15	270	54	110,00 %	24	Großhandel Müller	B-Teil
Produkt G	9	25	225	90,00 %	12	Lisa Mustermann	C-Teil
Produkt H	7	28	192	100,00 %	6	Design Otto	B-Teil
…	…	…	…	…	…	…	…

Für das Zusammenfassen von C-Teilen oder auch von anderen Produkten können Sie nach neuen Lieferanten suchen. Alternativ können Sie aber auch Einkaufsagenturen damit beauftragen. Für klassische Verbrauchsmaterialien gibt es sogar Services, bei denen ein Regal einfach von einem Lieferanten selbsttätig aufgefüllt wird und eine Abrechnung erfolgt zu jedem Monatsende. Damit lagern Sie lästige Zusatzaufgaben aus und gerade für kleinere Unternehmen mit einigen Angestellten erleichtert das den Alltag erheblich.

Arbeitszeit kann entscheidend sein

Bei Ihren Preisvergleichen sollten Sie stets die Arbeitszeit mit einkalkulieren. So werden Sie schnell feststellen, dass eine Einkaufsagentur oder ein Rundum-Anbieter, der auf den ersten Blick nicht sonderlich preisgünstig daherkommt, häufig vorteilhafter ist als jede andere Lösung.

2. Checkliste für die Lieferantenauswahl

Für die Auswahl von Lieferanten empfiehlt sich die Anfertigung einer individuellen Checkliste. So vergessen Sie kein Kriterium bei Ihrer Suche und stellen die Qualität Ihres Angebotes sicher. Welche Kriterien für Ihre einzukaufenden Dinge wichtig sind, kann ganz unterschiedlich ausfallen. Es kommt auf Ihr Geschäftsfeld und auf Ihre Zielkunden an. Die folgende Liste bietet Anregungen für mögliche Kriterien, die Sie auf die Checkliste nehmen können:

- Einhaltung von Normen und Standards beim Hersteller/Lieferant

- Lieferpünktlichkeit bzw. Dauer der Lieferung durch den Lieferant

- Qualität der Produkte und/oder Dienstleistungen

- Standort des Lieferanten

- Produktbreite beim Lieferanten

- Zusätzliche Dienstleistungen durch den Lieferant

- Mindestbestellmengen

- Lieferkosten

- Mitarbeiter beim Lieferanten

- Richtigkeit der mitgesandten Unterlagen und Lieferungen

- Nachhaltigkeit der angebotenen Produkte

- Stetigkeit des Produktangebotes (stetig das gleiche Produktprogramm, Berücksichtigung von Trends, andere Aspekte)

Eine solche Kriterienliste können Sie schon zum Zeitpunkt der Gründung verwenden. Allerdings sollte die Liste stets überprüft und angepasst werden. Im Laufe der ersten Monate und Jahre nach der Gründung werden mit Sicherheit andere Aspekte hinzukommen, die zu Beginn nicht absehbar waren, während andere Punkte dann möglicherweise weniger wichtig erscheinen. Bei der Auswahl von Lieferanten sollten Sie außerdem auch die Möglichkeiten des globalen Einkaufs berücksichtigen.

3. International Einkaufen

Wer gründet und für den der Einkauf eine größere Rolle spielt, muss sich auf globalisierte Märkte einstellen. Lokal einkaufen – das ist zwar bei einigen Gründungen sinnvoll, aber allzu oft kaum möglich, da die Kosten so hoch sind, dass kaum Gewinn übrig bleibt. Davon abgesehen ist der internationale Einkauf oft ein entscheidender Erfolgsfaktor, um sich gegenüber Wettbewerbern abzugrenzen. Das Auffinden besonderer Produkte und Materialien ist schwierig und im internationalen Umfeld finden sich einfach attraktive Produkte, mit deren Einzigartigkeit Sie punkten können. In einigen Fällen ist der Einkauf oder die Herstellung im Ausland schlichtweg billiger als in Deutschland.

Das Beherrschen der englischen Sprache ist ein Muss für den internationalen Einkauf. Alleine auf den großen Messen wie der Spielwarenmesse oder der Messe rund um Papierprodukte finden sich internationale Aussteller, die die deutsche Sprache nicht beherrschen. Wer sich nicht fit genug fühlt, kann Kurse besuchen – etwa bei der Volkshochschule oder bei zahlreichen anderen Institutionen.

i **Spediteur gesucht**

Wer international einkauft, muss sich darauf einstellen, dass der Transport meist Sache des Käufers ist. Nur in Ausnahmefällen wird wie gewohnt ins Haus geliefert. Zusätzlich zum Lieferanten wird also häufig auch ein internationaler Spediteur benötigt. Das sind oft große Anbieter wie FedEx und ähnliche. Wenn Sie keinen Spediteur wissen, fragen Sie den potentiellen Lieferanten – dort kann man Ihnen in der Regel weiterhelfen.

Solange sich Ihr Lieferant innerhalb Europas befindet, ist die Bestellung und Lieferung meist noch verhältnismäßig einfach. Bei Einkäufen außerhalb Europas wird es dagegen oft recht kompliziert. Gängig ist im internationalen Handel dann die Verwendung der sogenannten Incoterms (International Commercial Terms), die von der internationalen Handelskammer in Paris herausgegeben werden. Dieses Rahmenwerk regelt Liefer- und Vertragsbedingungen in klarer Art und Weise, so dass für Verkäufer und Käufer keine Missverständnisse entstehen können. Hinzu kommen unter Umständen aufwändige Zollabfertigungen, Wechselkursprobleme und andere Themen, mit denen Sie sich im Vorfeld auseinandersetzen müssen.

Je nachdem, um welche Produkte und Materialien es geht, empfiehlt sich eine Fokussierung auf bestimmte Länder. So ist etwa Nepal bekannt für die Herstellung von Filzprodukten, in Polen lassen sich Papierwaren gut einkaufen und so weiter. Gegebenenfalls holen Sie professionelle Hilfe an Bord, die Sie mit den Ländern vertraut macht, in denen Sie fündig werden können. Auch für die weitere Abwicklung empfiehlt sich ein Profi, denn neben Sprachproblemen und Qualitätsabweichungen kommen auch noch rechtliche Fragen etwa rund um den Schutz Ihres geistigen Eigentums hinzu.

Das Unternehmen im Griff behalten

I. Krisen können Jeden treffen

Ihr Unternehmen müssen Sie stets im Blick behalten. In vielen Fällen bekommen Sie von Ihrem Steuerberater monatliche Zahlen – die sogenannten betriebswirtschaftlichen Auswertungen. Dies ist aber nicht genug, um ein Unternehmen zu führen.

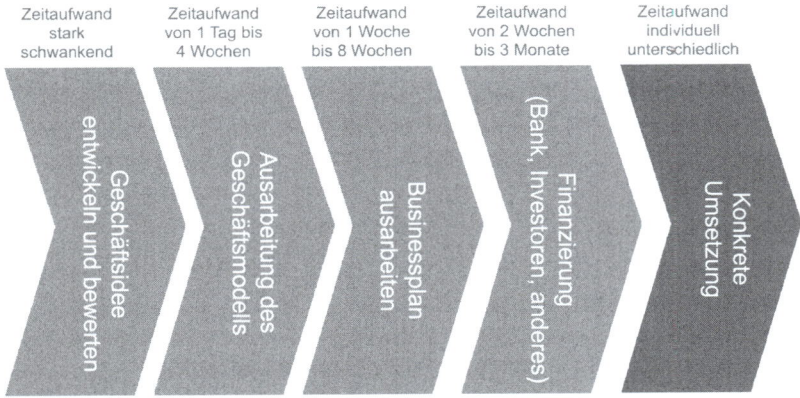

Zeitaufwand stark schwankend	Zeitaufwand von 1 Tag bis 4 Wochen	Zeitaufwand von 1 Woche bis 8 Wochen	Zeitaufwand von 2 Wochen bis 3 Monate	Zeitaufwand individuell unterschiedlich
Geschäftsidee entwickeln und bewerten	Ausarbeitung des Geschäftsmodells	Businessplan ausarbeiten	Finanzierung (Bank, Investoren, anderes)	Konkrete Umsetzung

Kostenkontrollen, Erfolgskontrollen, Korrekturen, Risiken bewältigen und flexibel reagieren - so schaffen Sie die anstehenden Aufgaben und bleiben auf Kurs.

Informationen sammeln

Gründungsfahrplan: So halten Sie das Unternehmen im Griff

Für die erfolgreiche und dauerhafte Führung eines Unternehmens ist es notwendig, Probleme so früh wie möglich zu erkennen und vor allem etwas dagegen zu unternehmen. Vor einer Krise im Unternehmen ist niemand gefeit und manches Unternehmen trifft es sogar gleich zu Beginn. Dabei stellt sich die Frage, was eigentlich eine Unternehmenskrise ist. Dieser Frage wollen wir kurz auf die Spur gehen. Sie verläuft in der Regel in mehreren Stufen, die zeitlich aufeinander folgen:

Phase	Was Sie darüber wissen müssen
Strategiekrise	Eine Strategiekrise ist schwer zu erkennen, denn es gibt zu diesem Zeitpunkt keine Veränderungen in den Einnahmen oder andere direkte finanzielle Auswirkungen. Aber eine Veränderung am Standort oder technologische Veränderungen, die verpasst wurden, können zu Schwierigkeiten in der Zukunft führen. Dementsprechend ist es sinnvoll, alle relevanten Punkte aus dem Businessplan zeitweilig auf Veränderungen zu prüfen. Noch hat das Unternehmen alle Spielräume, um solche Anpassungen vorzunehmen.
Ertragskrise	Die Ertragskrise ist eine fortgeschrittene Strategiekrise. Nun macht sich bemerkbar, was vorher verpasst wurde und die Einnahmen brechen ein. Das verursacht erste Schwierigkeiten und sorgt für geringere Handlungsspielräume. Nehmen Sie eine solche Situation sehr ernst, denn in der Regel wird es nicht besser, ohne Gegenmaßnahmen zu ergreifen. Auch in der Ertragskrise ist der Griff zum Businessplan sinnvoll. Eine Prüfung aller Punkte und Fakten aus dem Businessplan und aus den aktuellen Daten kann recht schnell zeigen, wo der Hase im Pfeffer liegt. Unter Umständen werden nun aber auch kreative Ideen benötigt, die die Situation wieder zum Besseren wenden.
Liquiditätskrise	Die Liquiditätskrise bedeutet eine drastische Verschärfung der Situation. In dieser Phase bleibt nun kaum noch Geld, um die eingehenden Rechnungen bezahlen zu können. Die Spielräume des Unternehmens zur Rettung der Lage sind extrem gering und nur eine schnelle und effiziente Reaktion kann das Ruder noch herumreißen.

Phase	Was Sie darüber wissen müssen
	Niemand möchte in diese Situation geraten, deshalb ist es dringend notwendig, bereits in den beiden vorhergehenden Phasen etwas gegen den Abwärtstrend zu tun. Auch wenn es gelingt, aus der Liquiditätskrise herauszukommen, ist sie extrem belastend und allzu häufig gibt es nur einen Ausweg: Die Auflösung des Unternehmens. Das klingt zunächst dramatisch, kann aber manchmal besser sein, als das Festhalten an einer Sache, die sich nicht trägt.

Unternehmenskrisen können jeden treffen – egal wie gut Sie Ihren Job als Gründer und als Unternehmer gemacht haben. Neben dem Anlegen einiger finanzieller Polster können Sie eine ganze Reihe Maßnahmen ergreifen, um eine sich entwickelnde Krise zu vermeiden.

1. Das Unternehmen auf Kurs bringen

Mit Hilfe des Businessplanes haben Sie den ersten Grundstein für Ihr Unternehmen gelegt. Dabei sollte es aber auf keinen Fall bleiben. Im weiteren Verlauf ist es sinnvoll, den Businessplan als Grundlage für weitere Schritte zu verwenden. Gerade in der Gründungsphase sind häufig Anpassungen der Planung aus dem Businessplan erforderlich und sinnvoll.

Planen Sie regelmäßige Termine und Zeiten ein, zu denen Sie alle Punkte aus dem Businessplan überprüfen. Im besten Fall sind das ein paar Stunden im Monat – nachdem Sie sich mit Ihrer Buchhaltung beschäftigt haben.

Stimmen Ihre Angaben aus dem Businessplan noch? Stellt sich möglicherweise heraus, dass Sie in der Startphase des Unternehmens wesentliche Anpassungen vornehmen mussten oder müssen? Können Sie die Zahlen aus Ihrer Finanzplanung tatsächlich erreichen? Diese Fragen sind zu beantworten. Deutlich wird hierbei auch, dass Sie Daten über Umsätze und Kosten parat haben müssen. In der Regel ist der Einsatz einer entsprechenden Software sinnvoll, mit deren Hilfe Sie die Daten ganz einfach ausdrucken können oder mit Hilfe einer Tabellenkalkulation weiterverarbeiten können.

Stellt sich heraus, dass Sie die von Ihnen geplanten Gewinne nicht erreichen oder dass die Kosten deutlich höher sind als geplant oder sehen Sie andere starke Abweichungen von Ihrer Planung, ist das ein Grund für rote Alarmglocken. Eine schnelle Reaktion ist wichtig, um ein Fortschreiten der Problematik zu vermeiden. Wenn es deutliche Abweichungen von Ihrer Planung gibt, sollten Sie Ihre Planung darüber hinaus überarbeiten, um eine Zukunftsprognose machen zu können. Die regelmäßige Neuplanung ist ohnehin im Abstand von etwa einem Jahr sinnvoll.

Im Unternehmen heißt dieser Zyklus der Planung, des Durchführens und des Kontrollierens übrigens „Controlling". Dabei steht das Wort für den deutschen Begriff „Steuerung" und nicht etwa für „Kontrolle". Die Kontrolle ist nur ein Aspekt der ganzen Sache und dient der Kurskorrektur und der Anfertigung einer neuen Planung.

Die Konkurrenz schläft nie

Die Planung und die anschließende Kontrolle des Erreichens der Planung ist aber nur ein Bestandteil der notwendigen und sinnvollen Maßnahmen. Zusätzlich sollten Sie vor allem die Marktlage im Blick behalten. Informationen von Kammern, Fachverbänden oder aus der einschlägigen Literatur sind hierfür wichtig. Auch die Entwicklung bei Wettbewerbern oder etwa die weitere Entwicklung des Standortes gehören zu den Dingen, die nicht außen vor bleiben sollten. Ständige Information und Beobachtung helfen dabei, die Strategiekrise zu erkennen und möglichst frühzeitig für Gegenmaßnahmen zu sorgen.

2. Konkrete Tipps für das Controlling

Einige Maßnahmen des Controllings wurden nun schon angesprochen. Darüber hinaus gibt es aber noch eine ganze Reihe weiterer Dinge, die Sie unternehmen können, um das Steuer so fest wie möglich im Griff zu halten. Einige wichtige Anregungen fassen übersichtlich zusammen, was getan werden sollte.

a) Finanzielle Puffer schaffen

Finanzielle Puffer schaffen mehr Handlungsspielräume – auch wenn die Zeiten einmal schwierig sind. Eine Unternehmenskrise ist schwerer zu bewältigen, wenn es keinerlei Finanzreserve mehr gibt. Das gilt insbesondere dann, wenn die finanziellen monatlichen Verpflichtungen hoch sind – etwa durch einen Kredit.

Ihre betrieblichen Ausgaben sollten Sie ohnehin immer im Blick behalten. Aber auch Ihr Privatleben verursacht Kosten. Wenn es in Ihrem Unternehmen einigermaßen gut läuft, sollten Sie trotzdem vorsichtig bleiben und nicht gleich zu Anfang das Geld ausgeben, das Sie womöglich noch gar nicht verdient haben. Bedenken Sie bei Ihren überschlägigen Berechnungen auch, welche Verpflichtungen durch die zeitlich versetzte Zahlung von Steuern auf Sie zu kommen. Ein finanzielles Polster zur Finanzierung des Privatlebens sollten Sie stets zurückbehalten.

b) Ordentliche Konten- und Buchführung

Eine saubere Trennung von Bankkonten in ein Privatkonto und ein Geschäftskonto ist ratsam. So behalten Sie einfacher und übersichtlicher im Blick, welche Beträge woher und wann kommen. Zahlen Sie Bareinnahmen regelmäßig auf Ihr Geschäftskonto ein, um den Überblick zu behalten.

Nur allzu oft landen zudem sämtliche Rechnungen monatelang im Schuhkarton, ohne vorher in einer Tabelle oder einem Buchhaltungsprogramm festgehalten worden zu sein. Das ist problematisch, da Sie auf diese Art und Weise gar keine Informationen haben, die Ihnen helfen, das Unternehmen zu steuern. So lästig diese Aufgabe ist: Sie muss erledigt werden. Gegebenenfalls können Sie das auch auslagern und jemanden suchen, der sich um Ihre vorbereitende Buchhaltung kümmert.

c) Abgleich von Plan- und Istdaten

Vorausgesetzt, Sie haben Ihre Arbeit als Unternehmer vollständig erledigt und Ihre Daten fest im Griff, sollten Sie vergleichen, ob Ihre echten Umsätze von den geplanten Umsätzen abweichen. Wenn Sie mehr einnehmen, als ursprünglich angenommen: Super. Wenn Sie weniger einnehmen, ist es dringend an der Zeit, Gegenmaßnahmen einzuleiten und mit Hilfe Ihrer Zahlen aus dem Businessplan eine Neuplanung vorzunehmen.

Explodieren Ihre Kosten und sind womöglich deutlich über den geplanten Zahlen? Dann gibt es hier dringenden Handlungsbedarf. Welche Maßnahmen können helfen, um die Situation zu retten? Die Ansätze können unterschiedlich ausfallen und die Frage kann nicht pauschal beantwortet werden.

Möglicherweise haben Sie zu Beginn zu geringe Kosten geplant oder es gibt einfach Verteuerungen oder Ihre Gewerbemiete ist doch höher, als ursprünglich angenommen. In diesem Fall können Sie nur eine Neuplanung vornehmen und daran arbeiten, Ihre Umsätze entsprechend der gestiegenen Kosten zu erhöhen.

Zeigt sich aber, dass Ihre Plandaten in Ordnung waren und eigentlich auch Ihre Ausgaben im geplanten Bereich liegen müssten – trotzdem aber höher sind – ist es dringend an der Zeit, die Bereiche Einkauf, Lagerhaltung und Logistik unter die Lupe zu nehmen. Lassen Sie sich bei der Verbesserung einer solchen Situation gegebenenfalls von einem Profi helfen, denn Betriebsblindheit verhindert oft, dass das Problem erkannt wird, um dann Lösungen ausarbeiten zu können.

d) Regelmäßige Checks und Neuplanungen

Die gesamte Gliederung des Businessplanes – bis auf die Zusammenfassung – kann Anhaltspunkte für wichtige Veränderungen liefern. Sammeln Sie auch weiterhin Informationen über Wettbewerber, über den Standort, über die Marktlage und andere Entwicklungen. Nehmen Sie sich Ihre Sammlung einmal im Monat vor. Gibt es Dinge, die eine Reaktion von Ihrer Seite erfordern? Falls das so sein sollte, warten Sie nicht lange mit der Umsetzung von Maßnahmen.

Rollierender Businessplan

Einmal im Jahr sollte darüber hinaus der Businessplan mitsamt Zahlenwerk neu ausgearbeitet werden. Hierfür können Sie Ihre Sammlung mit den erreichten Umsätzen und bestehenden Kosten verwenden. Auch Ihre aktuellen Informationen über Wettbewerber oder die Marktlage und mehr sind hierfür notwendig. Es genügt, wenn Sie Ihre Erkenntnisse stichwortartig festhalten und vor allem in eine neue Finanzplanung umsetzen. So werden Sie schnell sehen, ob es etwa finanzielle Spielräume für neue Investitionen gibt und ob die Finanzreserven für das Begleichen von Steuern reichen.

e) Wirtschaftlichkeit einzelner Produkte prüfen

Ob nun Restaurant, Webshop oder Dienstleistungen: Ihre Services und Produkte sollten stets auf den Prüfstand. Welche Produkte werfen mehr ab und welche Produkte weisen nur eine geringe Gewinnspanne auf? Je nachdem ist es eventuell sinnvoll, Produkte aus dem Programm zu nehmen. Nur Mut, streichen Sie ein unwirtschaftliches Gericht von der Speisekarte und stellen Sie eine Dienstleistung ein, die kein Geld in die Kasse bringt. Eine Lösung kann auch in der Vereinfachung oder Zusammenlegung von Produkten oder Produktgruppen liegen.

Hinweise auf die Handhabung bietet der Abschnitt rund um den Einkauf mit der ABC-Analyse. Viele Gründer im Dienstleistungsbereich kennen aber folgendes Phänomen: Am Ende des Tages gibt es zwar Kunden, das Geld ist dennoch knapp und die Stapel auf dem Schreibtisch wollen einfach nie weniger werden.

Es gibt bei den meisten Dienstleistungsangeboten umfangreiche Potentiale zur Optimierung, die Sie in vollem Maß ausschöpfen sollten. Wir werfen zunächst einen Blick auf ein Beispiel. Dabei handelt es sich um eine Bewerbungsberatung, die bei einem Stundensatz von 70,00 Euro/h monatlich, regelmäßig folgende Dienstleistungen erbringt:

Dienstleistung	Umsatz pro Auftrag	Häufigkeit	Gesamtumsatz pro Monat	Administrativer Aufwand pro Auftrag
Umfangreiche Bewerbungsbegleitung mit einem Aufwand von ca. 20 Stunden	1.400 Euro	1 x pro Monat	1.400 Euro	4 h; administrativer Aufwand beträgt rund 25 % der Zeit für die Auftragsausführung
Ausarbeitung Bewerbungsunterlagen und Vorbereitung Gespräche mit einem Aufwand von 6 Stunden	420 Euro	2 x pro Monat	840 Euro	2,5 h; administrativer Aufwand beträgt rund 42 % der Zeit für die Auftragsausführung
Kurzüberarbeitung Bewerbungsunterlagen und Vorbereitung Gespräche mit einem Aufwand von 4 Stunden	280 Euro	4 x pro Monat	1.120 Euro	1,5 h; administrativer Aufwand beträgt rund 37,5 % der Zeit für die Auftragsausführung

Aus der Tabelle geht hervor, dass unsere Bewerbungsberatung rund 25 % bis 42 % der Zeit für die eigentliche Auftragsbearbeitung zusätzlich aufwenden muss – für Akquisegespräche mit Kunden, für die Nachbereitung und Dokumentation der Fälle und für die Buchhaltung. Dieser Zeitaufwand verhindert unter Umständen sogar, dass überhaupt neue Klienten aufgenommen werden können. Verbesserungen lassen sich auf vielfältige Art und Weise erreichen:

- Den zeitlichen Aufwand für die Bearbeitung Ihrer Aufträge, für die Herstellung eines Produktes oder Ähnliches sollten Sie kennen. Es ist außerdem ratsam, die zusätzlichen Zeiten für Akquise und Ähnliches getrennt zu erfassen und den prozentualen Anteil zu berechnen. Die Berechnung erfolgt nach folgender Formel:

(100 x administrativer Zeitaufwand) / Zeitaufwand für die Auftragsdurchführung

Verstärken Sie Ihre Bemühungen im Marketing bei solchen Aufträgen, die eine möglichst vorteilhafte Quote beim administrativen Aufwand mit sich bringen. Unsere Bewerbungsberatung sollte also verstärkt Kunden für ihren Service „umfangreiche Bewerbungsbegleitung mit einem Aufwand von bis zu 20 Stunden" gewinnen.

- Aufträge mit einem hohen administrativen Aufwand sollten möglichst standardisiert werden. So ist es etwa denkbar, für die Kurzüberarbeitung von Bewerbungsunterlagen einfach kein Vor- oder Kennenlerngespräch mehr anzubieten. Eventuell kann die Bewerbungsberatung aber auch andere Änderungen am Ablauf vornehmen.

- Besonders problematisch zeigen sich die Aufträge mittlerer Größe, die mit einem sehr hohen administrativen Aufwand von 42 % der eigentlichen Auftragsbearbeitung verbunden sind. Die Quote ist dermaßen schlecht, dass eine Streichung dieser Dienstleistung in Erwägung gezogen werden sollte. Alternativ lassen sich vielleicht auch hierfür Vereinfachungen beim Ablauf finden, die für einen geringeren Administrationsaufwand sorgen.

- Ganz grundsätzlich nimmt insbesondere die Akquise – also die Besprechungen mit Kunden – einen großen Teil der Zeit in Anspruch. Möglicherweise lassen sich regelmäßige Termine mit Mini-Seminaren oder Ähnlichem erarbeiten, bei denen mehrere potentielle Kunden gleichzeitig die Gelegenheit haben, die Beratung kennenzulernen. Das spart viel Zeit und sorgt für einen ruhigeren Arbeitsalltag mit besseren Einkünften.

- Aufgrund des sehr hohen Administrationsaufwandes sollte die Bewerbungsberatung Ausschau nach möglichst vielen Kunden halten, die dauerhaft bestehen bleiben. Möglicherweise kann Sie einen Aktualisierungsservice anbieten, der eine monatliche Überprüfung von Unterlagen, Daten, Profilen im Internet und Ähnlichem beinhaltet und der für jeweils ein Jahr abgeschlossen werden muss. Man nennt diese Vorgehensweise Cross-Selling. Diese spielt im Dienstleistungsbereich eine erhebliche Rolle, da in der Regel kein zusätzlicher Akquiseaufwand nötig ist.

- Die Bewerbungsberatung könnte weiterhin überlegen, den Stundensatz für kleine und mittlere Aufträge anzuheben. Angesichts der tatsächlichen Arbeitszeit, die darin steckt, ist das durchaus gerechtfertigt. Alternativ kann sie einfach Arbeiten wie etwa das Dokumentieren während des Kundentermines erledigen und so eine Stunde mehr in Rechnung stellen.

So ergeben sich verschiedene Ansätze, die letztlich eine Gemeinsamkeit haben: Weniger Zeit für zusätzliche Aufgaben, die sich nicht in Rechnung stellen lassen. Standards und möglichst schlanke Abläufe sind essentiell – ganz unabhängig von der Branche. Verzetteln Sie sich nicht und streichen Sie unrentable Dienstleistungen unbarmherzig aus Ihrem Angebot – nachdem Sie geprüft haben, ob sich der Service nicht doch rentabel machen lässt.

f) Kostenkontrolle

Auch wenn ein schickes Auto oder das neueste Handy eine verlockende Vorstellung ist: Prüfen Sie, ob dies wirklich notwendig ist. Investitionen sollten sich genauso wie alle anderen Kosten am Notwendigen orientieren und nicht am technisch oder finanziell kurzfristig Machbaren.

Mitarbeiter sind gut – und dauerhaft teuer

Hüten Sie sich davor, Mitarbeiter einzustellen, die Sie nicht unbedingt brauchen. Viele Aufgaben fallen nur unregelmäßig oder vereinzelt an. Diese Aufgaben lassen sich in der Regel einfach an Dienstleister auslagern. Vom Steuerberater bis zum Buchhaltungsbüro oder Schreibservice finden Sie zahlreiche Möglichkeiten, die kostengünstiger sind, als die Einstellung eines neuen Mitarbeiters.

In einem Unternehmen mit mehreren Eigentümern können Sie eine Regelung schaffen, die besagt, dass immer zwei Personen aus dem Gründungsteam eine Freigabe für den Einkauf oder einen neuen Arbeitsvertrag erteilen müssen.

g) Erfolgskontrolle

Viele einzelne Maßnahmen im Unternehmen werden gerade von Gründern nicht ausreichend kontrolliert. Für große Unternehmen ist es ganz normal, die Rückmeldungen auf die Pressearbeit zu dokumentieren oder die Antwortrate (Response Rate) auf verschiedene Werbeanzeigen ständig zu überprüfen. Fangen Sie auch damit an, solche Kennzahlen zu verwenden, um den Erfolg Ihrer Arbeit zu bemessen.

Hilfreiche Software und Anwendungen wie Google Analytics oder piwik helfen, das Userverhalten auf der eigenen Webseite zu erforschen und so etwa herauszufinden, welche Themen und Produkte von Interesse sind, ob es überhaupt Veränderungen in den Zugriffszahlen gibt und vieles mehr.

Eine einfache Form der Erfolgskontrolle ist etwa auch der Druck von zwei Flyer-Varianten, die auf einer Messe ausgelegt werden. Mit Sicherheit werden Sie feststellen, dass es eine Variante gibt, die beliebter ist und auf diese sollten Sie dann setzen. Wer auf der eigenen Webseite User auffordert, Facebook-Fan zu werden, kann verschiedene Aufforderungen testen und nachvollziehen, welche der Aufforderungen eine bessere Kundenreaktion und mehr der beliebten „Daumen hoch"-Klicks mit sich bringt.

Immer wieder: Kontrolle

Kurzum: Was auch immer Sie tun, sollte Erfolge bringen. Welche Maßnahmen erfolgreicher sind und welche weniger erfolgreich – dafür brauchen Sie Kontrollen, die ganz individueller Natur sein können und sollten.

II. Das Risiko fest im Griff

Jedes Unternehmen bringt Risiken mit sich. Wichtig ist dabei ein angemessener Umgang mit Risiken und eine Handlungsweise, die zur Begrenzung der Risiken führt. Sie können viel dazu beitragen, das unternehmerische Risiko in Grenzen zu halten. Die folgenden

Tipps helfen, Ideen zur Absicherung von Risiken zu entwickeln und decken häufige Fälle ab.

Das können Sie tun	Beschreibung der Maßnahme
Versicherungen abschließen	Neben der Sozialversicherung für den privaten Bereich kommen im Unternehmen andere Versicherungen zum Einsatz. Eine typische betriebliche Versicherung ist die Forderungsausfallversicherung. Für den Fall, dass Ihre Kunden nicht zahlen, springt diese Versicherung ein. Der Abschluss lohnt sich vor allem dann, wenn der Ausfall einer einzigen Forderung für Sie besonders schmerzhaft ist und möglicherweise sogar das „Aus" bedeuten kann.
	Jedes Unternehmen ist haftbar für die Schäden, die es anderen zufügt. Dabei kann es je nach Selbstständigkeit ganz schnell zu sehr hohen Schadenersatzforderungen kommen. Zur Absicherung dieses Risikos können Sie eine Berufshaftpflichtversicherung abschließen.
	Verbreitet sind auch Versicherungen gegen Einbruch, Vandalismus oder für den Transport von Wertgegenständen. Welche Versicherungen für Sie wichtig sein könnten ist ein Thema, dass Sie mit einem Fachmann besprechen sollten. Identifizieren Sie dafür am besten im Vorfeld Ihre wesentlichen Risiken und legen Sie fest, welchen Sie mit einer Versicherung begegnen wollen.
Ideen für den Ausbau oder die weitere Entwicklung Ihres Unternehmens sammeln	In einer Krisensituation ist es schwierig, gute Ideen zu entwickeln. Der Druck ist in der Regel hoch und die Kreativität bleibt auf der Strecke. Um ein paar gute Ideen in der Schublade zu haben, sollten Sie Ideen und Gedanken einfach festhalten und sammeln.
	Sie können solche Ideen und Gedanken auch mit Hilfe Ihrer Mitarbeiter entwickeln, denn diese haben gute Ideen und ein hohes Potential, das Ihnen in wirtschaftlich schwierigen Zeiten helfen kann. Aber auch Kunden kommen als Ideenlieferanten in Frage, wenn Sie diesen zuhören und sich mit dem Abschnitt „Den Kunden auf der Spur" beschäftigt haben.

Das können Sie tun	Beschreibung der Maßnahme
Rechtssichere Verträge schließen	Auch dies ist ein Fall der oft vorkommt: Die Kopie von allgemeinen Geschäftsbedingungen eines Wettbewerbers oder einfach ein Download aus dem Internet und schon ist der Vertrag mit einem Kunden geschlossen – das ist trügerisch. Abgesehen davon, das Sie ohnehin keine Rechtstexte aus dem Internet einfach kopieren dürfen, hält ein solcher Vertrag im Zweifelsfall vielleicht gar nicht Stand.
	Sprechen Sie mit Ihrem Anwalt, um im Rahmen von Verträgen möglichst viele Risiken auszuschließen. Außerdem sollte Ihr Vertragswerk für Sie nachvollziehbar und vor allem durchsetzbar sein.
Für einen rechtssicheren Internetauftritt sorgen	So mancher Gründer erlebt eine böse Überraschung, wenn eine Abmahnung ins Haus flattert. Das ist gar kein seltener Fall, denn viele Webseiten entsprechend nicht den umfangreichen Vorschriften für einen Internetauftritt, die nun einmal gelten. So machen sich Gründer angreifbar – mit empfindlichen Beträgen, die das Budget erheblich belasten.
In Netzwerken den Austausch suchen	Wer eine Selbstständigkeit in Angriff nimmt, sieht sich mit vielen kleinen Fragen konfrontiert. Ist mein Steuerberater vielleicht doch zu teuer? Wo finde ich einen Webdesigner? Wie finde ich passende Vertriebspartner oder Kooperationspartner? Was mache ich, wenn meine Kunden die Rechnung nicht zahlen können? Antworten finden sich im privaten und beruflichen Netzwerk. Wenn Ihr Netzwerk nicht aus anderen Selbstständigen besteht, sollten Sie damit beginnen, das Netzwerk in eine entsprechende Richtung auszubauen.
	Es gibt zahlreiche Gruppen und Treffen, denen man sich anschließen kann. Dort bringen Sie im Austausch mit Anderen in Erfahrung, welche Wege möglich sind. Auch Lieferanten sind eine gute Quelle, um Fragen zu stellen und Antworten zu bekommen.
	Je früher Sie damit beginnen, über Ihre Sache und über Ihre Idee zu sprechen, desto mehr Anregungen werden Sie bekommen. Oft lenken die Antwor-

Das können Sie tun	Beschreibung der Maßnahme
	ten Ihre Überlegungen auch in eine neue Richtung und davon können Sie nur profitieren. Auf diese Weise schaffen Sie es, weit über den eigenen Erfahrungsschatz hinaus neue Dinge zu lernen und verschiedene Wege zu erproben, bis der Bestmögliche gefunden ist.
Produkttests so früh wie möglich durchführen	In vielen Fällen werden Produkte, Konzepte oder Dienstleistungen auf dem Reißbrett entworfen und entwickelt, aber nicht den potentiellen Kunden vorgestellt. Je früher dies passiert und je früher ernsthafte Rückmeldungen gesammelt werden, desto geringer ist das Risiko eines Fehlschlages bei der Produktentwicklung.
	Im besten Falle verknüpfen Sie Customer Insights und die Herangehensweise einer schlanken Gründung. Sie können Customer Insights im Rahmen einer schlanken Gründung nutzen, um Ihren ersten Kunden ganz detaillierte Informationen zu entlocken.
Nicht jeden Kunden aufnehmen	Auch das ist bei großen Unternehmen ganz normal: Nicht jeder potentielle Kunde wird als Kunde tatsächlich akzeptiert. Gerade für kleine Unternehmen kann ein Kunde, der die Rechnung nicht zahlt oder mit dem es zu anderen Streitigkeiten kommt, zu einem ernsthaften Problem werden. Aus diesem Grund sollten Sie gut überlegen, mit wem Sie Geschäfte machen. So ist es etwa in einem Internetshop üblich, dass im Hintergrund eine Bonitätsprüfung des Kunden stattfindet.
	Professionelle Anbieter wie etwa Inkassobüros oder Auskunfteien bieten den gleichen Service auch im Bereich der Dienstleistungen. Wer im Rahmen von Dienstleistungen eng mit einem Kunden zusammenarbeitet, sollte darüber hinaus solche Kunden meiden, die schon von Anfang an eher unleidlich daherkommen. Vorprogrammierter Ärger – das kann eigentlich kein Selbstständiger gebrauchen. Eine solche Situation raubt alle Energie, die für andere Dinge gebraucht wird und typischerweise kommt es auch zu Problemen mit der Bezahlung der Rechnung. Wo die Grenze des Erträglichen liegt, müssen Sie für sich selbst entscheiden.

Das können Sie tun	Beschreibung der Maßnahme
Absicherung durch entsprechende Konditionen	Manche Kunden erwarten, dass eine Dienstleistung durchgeführt wird und wollen erst ganz am Ende dafür bezahlen. Insbesondere bei größeren Aufträgen kann das die Existenz bedrohen. Versuchen Sie deshalb, Vereinbarungen zu treffen, die zumindest einen Teil dieses Risikos einschränken. Teilbeträge im Voraus – das ist ganz normal und legitim. Unter Umständen bietet sich auch eine Aufteilung in mehrere Teilbeträge an.
Einkauf kleiner Mengen zum Testen	Im Handel, in der Herstellung oder auch im Handwerk sollten Sie beim Einkauf von Produkten zunächst vorsichtig vorgehen. Kaufen Sie geringe Mengen ein und testen Sie, welche Produkte oder Materialien häufig gebraucht werden. Ansonsten kommt es zu Ladenhütern, die massenhaft in Ihren Regalen liegen bleiben.
	Allzu oft zeigt sich erst im laufenden Betrieb, was gut funktioniert. Wer dann keine finanziellen Spielräume mehr hat, kann die gut funktionierenden Bereiche nicht ausbauen und verschenkt damit bares Geld und vor allem die Möglichkeit einer Aufwärtsentwicklung des Unternehmens. Halten Sie also einen Teil Ihres Einkaufsbudgets zurück und kaufen Sie erst dann größere Mengen ein, wenn Sie wissen, was erfolgreich ist.
Nicht alles auf eine Karte setzen	Setzen Sie niemals Alles auf eine Karte. Ein einziges Produkt im Angebot oder eine einzige Dienstleistung – das ist äußerst riskant. Das Angebot mehrerer Produkte und Dienstleistungen dagegen sorgt für die nötige Risikostreuung.
	Dabei müssen Sie aber auch darauf achten, dass Sie sich nicht verzetteln oder übernehmen. Insofern ist die Streuung des Risikos für viele kleine Unternehmen ein echter Drahtseilakt, der sich ständig zwischen Überlastung und notwendiger Vielseitigkeit bewegt. Sprechen Sie gegebenenfalls mit einem Gründungsberater darüber, wie breit Sie sich aufstellen wollen und wann es zu viel wird.

III. Mit Risiken richtig umgehen

Die häufigsten Risikofaktoren kennen Sie nun schon, aber jede Unternehmung bringt ganz eigene Risiken mit sich. Wichtig dabei ist, sich diesen Unwägbarkeiten zu stellen. Mit einer einfachen Übung können Sie den Risiken den Schrecken nehmen: Notieren Sie auf einer Liste alle denkbaren Katastrophenfälle für Ihre Gründung und für den Fortbestand des Unternehmens. Gehen Sie dabei ruhig fantasievoll vor und übertreiben Sie.

Was ist einer der denkbar schlimmsten Fälle für Sie? Was könnte passieren? Was könnte für ernsthafte Probleme sorgen? Stellen Sie sich diese Frage und notieren Sie etwa fünfzehn bis zwanzig Minuten alles, was Ihnen dazu einfällt.

Im zweiten Schritt nehmen Sie sich Ihre Liste vor und überlegen Sie in Ruhe, was Sie im jeweiligen Fall tun können, um den Eintritt der Situation zu verhindern oder was Sie tun würden, wenn dieser Fall doch eintreten sollte. Sollten Sie in einer Gruppe gründen, können Sie die Liste in gemeinsamer Arbeit mit einem großen Blatt oder Flipchart erstellen und gemeinsam an den Lösungsansätzen arbeiten. Sie werden sehen: Es gibt kein Problem, dass so schrecklich ist, dass Ihnen kein Ausweg einfällt.

Worst Case Scenario

Wiederholen Sie die Übung im Gründungsverlauf ruhig hin und wieder, um mögliche neue Befürchtungen und Risiken aufzugreifen. Diese Fähigkeit zum schnellen Entwickeln von Ideen und Wegen aus Problemsituationen ist hilfreich für den weiteren Verlauf einer Selbstständigkeit und wird Ihnen schnell zu einem größeren Sicherheitsgefühl verhelfen.

Erfolgsrezepte für alle Fälle

I. Entscheidungen treffen und Fallen vermeiden

Entscheidungen treffen – das müssen Sie als Unternehmer den ganzen Tag. Schon in aller Frühe geht es los: Sie müssen entscheiden, ob Sie sich mit vollem Schwung an die Arbeit machen oder doch lieber erst ein Weilchen mit der Kaffeetasse am Frühstückstisch verbringen wollen. Dabei ist diese Entscheidung nicht unbedingt die Wichtigste – andere können massiven Einfluss auf Ihr Leben und auch auf das Leben anderer Personen nehmen. In einigen Fällen betreffen Ihre Entscheidungen gegebenenfalls auch noch Mitarbeiter, die im Unternehmen beschäftigt sind oder ein ganzes Gründerteam.

Die Schlimmste aller Fallen beim Treffen von Entscheidungen liegt darin, den eigenen Bedarf und die eigene Gewichtung nicht zu kennen. Bereits in anderen Abschnitten haben Sie ein System der Punktevergabe kennengelernt. Die Punktevergabe für bestimmte Kriterien ist eine Übung, die das Treffen von Entscheidungen erleichtert. In allen Fällen – wenn eine Entscheidung zu treffen ist – sollten Sie sich darüber im Klaren sein, was Sie brauchen und was dabei wirklich wichtig für Sie ist.

Kriterien finden und bewerten

Die Vorgehensweise ist denkbar einfach: Stellen Sie Ihren persönlichen Kriterienkatalog auf und bewerten Sie mit einem Punktesystem, wie wichtig Ihnen die einzelnen Kriterien sind. Im nächsten Schritt vergeben Sie für unterschiedliche Alternativen Punkte, die zeigen, wie gut die einzelnen Kriterien erfüllt werden. Multiplizieren Sie nun Ihre

Zeitaufwand stark schwankend	Zeitaufwand von 1 Tag bis 4 Wochen	Zeitaufwand von 1 Woche bis 8 Wochen	Zeitaufwand von 2 Wochen bis 3 Monate	Zeitaufwand individuell unterschiedlich
Geschäftsidee entwickeln und bewerten	Ausarbeitung des Geschäftsmodells	Businessplan ausarbeiten	Finanzierung (Bank, Investoren, anderes)	Konkrete Umsetzung

Entscheidungen treffen - das ist in allen Phasen der Gründung und auch darüber hinaus relevant. Gute und richtige Entscheidungen zu fällen; das lässt sich lernen.

Informationen sammeln

Gründungsfahrplan: Entscheidungshilfen für alle Phasen

„Wichtigkeitspunkte" mit den Punkten, die die jeweilige Alternative für ein Kriterium erhalten hat. Addieren Sie zu guter Letzt alle Punkte, die die einzelnen Alternativen bekommen haben.

Dieses Punktesystem ist sinnvoll, ist aber mit einem Manko behaftet: Wann auch immer wir gefragt sind, etwa eine Schulnote für etwas zu vergeben, vermeiden wir in der Regel extreme Werte. Eine Eins oder eine Sechs finden Sie in einer solchen Bewertungsliste so gut wie nie. Um deutlichere Ergebnisse zu erzielen rate ich deshalb eher zu einer Punktevergabe von Eins bis Zehn.

Sinnvoll ist darüber hinaus auch die Festlegung von Ausschlusskriterien. Markieren Sie auf Ihrer Liste, welche Kriterien dazu führen, dass ein Angebot oder eine Alternative nicht in Frage kommt.

Ähnliche Kriterien sollten Sie stets zusammenfassen. Wer eine Liste mit Kriterien erstellt und dabei zehn Punkte rund um die Kosten notiert, aber nur drei Punkte zur Qualität, wird stets zu der Entscheidung kommen, dass das billigste Angebot wohl das Beste sein muss. Klar, denn zehn Kriterienpunkte, die sich letztlich alle um die Wirtschaftlichkeit drehen, fallen eben stärker ins Gewicht als drei Punkte rund um die Qualität. Die einzelnen Themenbereiche Ihrer Liste sollten also ausgewogen sein. Alternativ können Sie auch eine

① Kriterien für die Entscheidung ausarbeiten

② Kriterien mit einem Punktesystem nach Bedeutung oder Wichtigkeit bewerten

③ Alternativen sammeln

④ Alternativen nach einem Punktesystem bewerten

ENTSCHEIDUNGSFINDUNG DRUCKERKAUF

Kriterium	Wichtigkeit	Drucker A	Drucker B	Drucker C
		10 Punkte	6 Punkte	6 Punkte
Kosten / Preis	7	10 x 7 = 70	6 x 7 = 42	6 x 7 = 42
		9 Punkte	8 Punkte	7 Punkte
Druckgeschwindigkeit	5	9 x 5 = 45	8 x 5 = 40	7 x 5 = 35
		0 Punkte	10 Punkte	0 Punkte
Farbdruck	8	0 x 8 = 0	10 x 8 = 80	0 x 8 = 0
		0 Punkte	10 Punkte	10 Punkte
Funktionen: Drucken, Kopieren, Faxen	10	0 x 10 = 0	10 x 10 = 100	10 x 10 = 100
GESAMTPUNKTZAHL		**115**	**262**	**177**

Die Nutzwertanalyse: System zur Entscheidungsfindung

Liste mit Kriterien in einzelne Themenbereiche unterteilen und so einen Wert für „Qualität", für „Wirtschaftlichkeit", für „Serviceorientierung" oder andere wichtige Themengebiete ermitteln. Für die Entscheidung wird dann der Wert herangezogen, der für ein Thema ermittelt wurde.

Bei allen Entscheidungen, die Sie zu treffen haben, sollten Sie weiterhin eine Alternative nicht vergessen: Die ursprüngliche Situation. Stellen Sie sich stets die Frage, ob diese weiter bestehen bleiben kann. Stellen Sie sich vor, Sie wachen morgens auf und haben den Wunsch, endlich auf den Mietwagen zu verzichten und einen Firmenwagen anzuschaffen. Sie holen Angebote ein und wägen diese ab und kaufen das Fahrzeug Ihrer Wahl. Letztlich stellt sich aber heraus, dass Sie das Auto nur etwa sechs Wochen im Jahr wirklich benötigen. Die Frage, ob das nun eine sinnvolle Investition war, lässt sich recht schnell beantworten, oder? Wenn Sie diese Falle umgehen, bleibt so mancher Euro in der Unternehmenskasse für wichtigere Dinge verfügbar.

233

1. Ihr Bedarf ist die Grundlage für jede Entscheidung

Unter Umständen ist es notwendig, sich vorweg mit dem Aufstellen der Kriterienliste zu beschäftigen. Wollen Sie etwa einen Drucker oder ein Kopiergerät kaufen und kennen sich nicht mit der Technik aus? Dann schauen Sie sich an, welche Drucker und Kopierer es gibt und was diese können. Das ist aber nicht der richtige Zeitpunkt für eine Entscheidung. Vielmehr sollten Sie einfach notieren, welche Funktionen es gibt und welche davon für Sie wichtig sind. Eine Entscheidung können Sie treffen, wenn Sie sich einen Überblick verschafft haben.

Die Vorgehensweise der Kriterienliste birgt einen weiteren Vorteil, der noch nicht ausdrücklich genannt wurde: Sie legt Ihre Prioritäten offen. Allerdings geschieht es immer wieder, dass Unternehmer diese Kriterien bei der Suche nach einer geeigneten Alternative nicht offenlegen, sondern für sich behalten. Das ist unglücklich, denn wer nicht formuliert, was gebraucht wird, kann auch nicht hoffen, dass sich passende Alternativen finden oder ergeben. Deshalb: Wenn Sie im Laden stehen und nun wissen, was Ihr neuer Drucker können muss: Sagen Sie es dem Verkäufer. Sie machen sich das Leben damit wesentlich einfacher und kommen schneller zu einer Entscheidung.

2. Lassen Sie sich Zeit

Eine weitere klassische Falle steckt in der mangelnden Entwicklung von Alternativen. Nur allzu oft werden uns Entscheidungen abverlangt, die eine schnelle Reaktion erfordern. So ruft etwa ein Kunde an und will wissen, wie viel eine bestimmte Dienstleistung kosten soll. Wenn es sich um ein individuell ausgearbeitetes Angebot handelt und der Kunde uns möglicherweise bereits mit seinen Vorstellungen konfrontiert, passiert es ganz schnell: Wir lassen uns auf die Vorstellungen des Kunden sofort ein und machen ein passendes Angebot.

Nur allzu oft ist es aber eher sinnvoll, noch einmal eine Nacht darüber zu schlafen und dem Kunden einen ganz anderen Lösungsweg vorzuschlagen. Ganz gleichgültig, wie dringlich eine Sache erscheint: Die eine Nacht zum Überlegen können Sie sich immer herausnehmen.

Lassen Sie sich nie unter Zeitdruck setzen. Es ist nicht notwendig, sofort eine Antwort parat zu haben und sofort eine Entscheidung zu fällen. Wenn sich tatsächlich kein anderer Weg findet, als eine sofortige Reaktion: Versuchen Sie, sich die Dinge offen zu halten und machen Sie klar, dass es sich um eine vorläufige Entscheidung handelt. So verschaffen Sie sich weitere Spielräume, um zu einer gut überlegten Entscheidung zu kommen.

Es mag arrogant klingen – aber auch für die Entscheidung über Kunden spielt diese Vorgehensweise eine Rolle. Erstellen Sie eine Liste, wer bei Ihnen Kunde werden darf. Was ist Ihnen wichtig? Was spielt eine untergeordnete Rolle? Wenn Sie etwa Software für einen chaotischen Auftraggeber entwickeln und Menschen mit solchen chaotischen Zügen schlicht und ergreifend nicht leiden können, wird das auf die Dauer zum Problem. Vielleicht haben Sie umgekehrt aber eher Schwierigkeiten mit Pedanten – dann wird ein solcher Auftraggeber Ihren letzten Nerv kosten. Wer sich darüber bewusst ist, womit er klarkommt und womit nicht, kann eine zielgerichtete Entscheidung viel einfacher fällen.

Immer das „große Ganze" im Blick

Ganz grundsätzlich sollten Sie Angebote oder Lösungsvorschläge ohnehin nur als Diskussionsgrundlage betrachten. Äußern Sie Ihre Wünsche und Vorstellungen und entwickeln Sie so eine Lösung, die Ihnen gefällt. Es ist schließlich auch kein Problem, im Restaurant danach zu fragen, ob es anstatt Kartoffeln vielleicht auch Reis als Beilage gibt. Nach diesem Motto sollten Sie sich auch als Unternehmer verhalten. Achten Sie dabei aber darauf, Ihre Energie nicht auf untergeordnete Themen zu verschwenden und diese Vorgehensweise nur bei größeren Ausgaben zu wählen.

3. Kosteneffizienz als oberstes Gebot?

Wenn eine Entscheidung ansteht, die sich nicht mit der Frage nach Kosten beschäftigt, sollten die Kosten nicht zwangsläufig zum wichtigsten Entscheidungskriterium werden. Wir hören das immer wieder: Betriebswirte achten auf die Kosten und es muss möglichst billig sein. Kurzum kann ich als Betriebswirtin und aufgrund langjähriger Erfahrung als Unternehmens- und Gründungsberaterin mit gutem Gewissen schreiben: So ein Unsinn.

Vergessen Sie solche Vorurteile und kommen Sie zu einer neuen Einsicht: Es geht um eine Entscheidungsfindung unter Berücksichtigung aller relevanten Kriterien. Dabei können auch Ihre ganz individuellen Meinungen und Vorlieben einfließen, solange Ihnen diese bewusst sind, Sie diese offenlegen und solange diese nicht das Erreichen persönlicher und unternehmerischer Ziele gefährden.

Ein gutes Beispiel für Fehlentscheidungen aufgrund falscher Einschätzung des Kriteriums „Kosten" ist etwa die Frage nach einem passenden Standort oder nach den richtigen Maßnahmen im Marketing. Wenn die Kostenfrage im Vordergrund dieser Entscheidung stünde, kämen Sie zwangsläufig immer zu dem Ergebnis, dass die kostengünstigste Variante die Beste sein muss. Oder noch besser: Am besten kostet es gar nichts.

Das ist selbstverständlich ausgesprochener Unfug. Ein mieser Standort für einen Friseur oder ein mangelndes Marketing für ein Internetportal führen eher zu einem schnellen Ende des geplanten Unternehmens oder zumindest zu massiven wirtschaftlichen Schwierigkeiten.

Selbstverständlich ist es notwendig, die Wirtschaftlichkeit einer Entscheidung zu betrachten. Das ist aber nur möglich, wenn alle Aspekte – also auch der Umsatzzuwachs durch das Marketing oder einen guten Standort – berücksichtigt werden. Hüten Sie sich also davor, jede Maßnahme im Unternehmen einfach nach den anfallenden Kosten zu beurteilen und diese stets als wichtigstes Kriterium einzustufen. Nur wenn der Kauf tatsächlich keine anderen nennenswerten Auswirkungen hat, ist das Voranstellen der Kostenfrage ratsam. In allen anderen Fällen muss klar sein, dass eine Investition nun einmal etwas kostet und dass es durchaus sinnvoll sein kann, nicht sparsam zu sein.

4. Die Sache mit dem Verdrängen

Problematisch stellt sich auch das Verdrängen anstehender Entscheidungen dar. Als Unternehmer müssen Sie lernen, auch unangenehme Entscheidungen zu treffen oder etwa eine Absage an einen Lieferanten, Dienstleister oder Mitarbeiter zu erteilen. Das ist oft gar nicht einfach und ein häufiger Grund, warum die Dinge einfach liegenbleiben. Aber auch Ängste und Befürchtungen können zur Vermeidung von Entscheidungen führen. Notieren Sie sich deshalb alle anstehenden Entscheidungen auf ein Blatt und arbeiten Sie diese systematisch ab.

Wenn sich bei einer anstehenden Entscheidung zeigt, dass Sie diese gerne im Stapel immer wieder nach unten legen, stellen Sie sich unbedingt die Frage, weshalb das der Fall ist. Wenn Sie diesem Grund auf die Spur kommen, können Sie am eigentlichen Problem arbeiten

– etwa an der Art und Weise, in der Sie eine Absage formulieren wollen. Dabei kann auch ein Coaching sehr hilfreich und wichtig sein.

> **Besser selbst entscheiden**
>
> *Wer zu lange verdrängt, läuft Gefahr, am Ende gar keine Alternativen mehr zu haben oder nur schlechte Alternativen vorzufinden. Stellen Sie sich vor, Sie wollen Ihr wenige Jahre altes Unternehmen möglichst gewinnbringend verkaufen und verhandeln mit verschiedenen großen Unternehmen über einen möglichen Kauf. In Wahrheit aber haben Sie Angst, doch noch einen besseren Verkaufspreis zu verpassen und womöglich nach dem Verkauf keine Lebensaufgabe mehr zu haben. Ganz gleich, welches Angebot für Ihr Unternehmen Sie erhalten – es wird Ihnen keines davon gefallen. Schieben Sie die Entscheidung auf, laufen Sie sogar Gefahr, das Unternehmen in einigen Jahren gar nicht mehr verkaufen zu können.*

Eine solche Situation kann also zum finanziellen Desaster werden. Beschäftigen Sie sich immer ausgiebig mit der Frage, ob eine „Nicht-Entscheidung" möglicherweise mit der Verdrängung unangenehmer Dinge zu schaffen hat. Beschäftigen Sie sich bei der Alternativenbetrachtung auch in diesem Fall mit der Ausgangssituation beziehungsweise mit der Frage, was passieren kann, wenn Sie eine Entscheidung weiter vor sich herschieben.

5. Wahrscheinlichkeiten einbeziehen

In vielen Fällen – immer dann, wenn der Ausgang der Sache unklar ist – kommen Sie mit dem Punktesystem möglicherweise nicht oder nur sehr begrenzt weiter. Wenn Entscheidungen über Kosten anstehen, ist die Situation in der Regel klar und die Höhe der Kosten ist absehbar.

Betrachten wir das Beispiel vorher, bei dem es um den Verkauf eines Unternehmens geht. Der Gründer des Unternehmens hat mehrere Kaufangebote auf dem Tisch. Klar, er sollte sich für das Angebot entscheiden, das am meisten Geld in die Kasse spült. Möglicherweise sind ihm die Mitarbeiter und Übergangsregelungen für die Mitarbeiter wichtig und er bezieht diesen Aspekt ebenfalls ein.

Doch möglicherweise könnte es in einem Jahr noch ein besseres Angebot geben. Was nun? Die einzig mögliche Vorgehensweise ist der Einbezug von Wahrscheinlichkeiten. Unser Unternehmer sollte darüber nachdenken, mit welcher Wahrscheinlichkeit tatsächlich in einem Jahr ein besseres Angebot kommen kann. Handelt es sich um ein Internet-Startup, sind die Erfolgsquoten durchaus bekannt – nur ein sehr kleiner Teil lässt sich am Ende lukrativ verkaufen. Ob er nun risikobereit ist und auf eine vorteilhaftere Offerte wartet oder ob unser Unternehmer das hohe Risiko scheut und lieber gleich verkauft – das bleibt seinem ganz persönlichen Empfinden überlassen.

Für eine solche Risikoeinschätzung werden Rahmendaten gebraucht. Begeben Sie sich auf die Suche für Ihre Einschätzung. Marktstudien, eigene Studien, Produkttests und vieles mehr können helfen, die Wahrscheinlichkeit für das Eintreten eines bestimmten Falles zu beziffern.

Es gibt dennoch Situationen, in denen auch keine konkrete Wahrscheinlichkeit zugeordnet werden kann. Dieses allgemeine Risiko – auch Unternehmerrisiko genannt – kann Ihnen niemand nehmen und es lässt sich nicht einschränken. Sie können aber ganz bewusst daran arbeiten, nur „echte" Risikofälle tatsächlich als solche zu behandeln und alle anderen Entscheidungen auf einer fundierten Basis treffen.

6. Regelwerke für häufige Fälle schaffen

Zur Vermeidung von Fehlentscheidungen empfehlen sich auch Regelwerke oder die Einführung von Standards und Leitlinien. Was sich hochtrabend anhört, kann in der Praxis ganz einfach aussehen. So sind etwa viele Checklisten, die Sie in diesem Buch schon kennengelernt haben, ein solches Regelwerk.

Eine Kriterienliste für die Lieferantenauswahl, eine Kriterienliste für die Kundenauswahl, eine Checkliste für den Standort – das sind solche Regelwerke. Es lohnt sich immer dann, über ein paar Rahmenbedingungen nachzudenken, wenn es sich um häufige Entscheidungssituationen handelt. Was sich wiederholt – also etwa der Einkauf von Produkten oder vielleicht die Beauftragung eines Texters für die Überarbeitung von Produktbeschreibungen in einem Webshop – sollte einem Regelwerk unterliegen. Selbst wenn es sich dabei nur um ein paar Notizen handelt, erleichtert diese Vorgehensweise den Arbeitsalltag.

Regeln kann jeder befolgen

Sie erleichtern damit nicht nur sich selbst die Arbeit. Sollte es Mitarbeiter in Ihrem Unternehmen geben, können diese ebenfalls gezielter zum Erfolg des Unternehmens beitragen und wissen genau, in welchem Rahmen sie agieren dürfen und können.

7. Fehlentscheidungen – Ein Risiko für jede Gründung

Sollten Sie im Verlauf der Startphase Ihres Unternehmens oder im Zuge der Gründungsvorbereitungen das Gefühl haben, dass Dinge schief laufen oder dass Sie mit Ihren Entscheidungen letztlich nicht hundertprozentig zufrieden sind, holen Sie unbedingt einen Coach oder Berater in Ihr Unternehmen, um dem ein Ende zu setzen.

Als Unternehmer werden Ihnen Entscheidungen nicht mehr von Vorgesetzten abgenommen – Sie sind den ganzen Tag gefordert und die Tragweite Ihrer Entscheidungen nimmt großen Einfluss auf Ihr Unternehmen sowie auf Ihr Leben. Arbeiten Sie daran, gute und richtige Entscheidungen zu fällen, die Sie sowohl Ihren Unternehmenszielen als auch Ihren Lebenszielen näher bringen. Was gut und richtig ist, kommt letztlich auf Ihren ganz persönlichen Kriterienkatalog an.

II. Zeitmanagement und Selbstmotivation

Zum Gründen und Führen eines Unternehmens brauchen Sie viel Schwung und Durchhaltevermögen. Während ganz am Anfang die Motivation meist einen Höhepunkt erfährt, kommen im Laufe der Zeit auch Zweifel, Fehlschläge oder andere wenig erbauliche Phasen.

Das ist ganz normal und wird von allen Gründern durchlebt. Damit umzugehen ist nicht immer ganz einfach und so manch einer verliert im Laufe der Gründungsphase die Motivation zum Weitermachen. Ein paar Tipps helfen, die Motivation zu bewahren und stets aufs Neue zu finden.

„Wenn du ein Schiff bauen willst, dann trommele nicht Männer zusammen, um Holz zu beschaffen, Werkzeuge vorzubereiten, Aufgaben zu vergeben und die Arbeit einzuteilen, sondern lehre die Männer die Sehnsucht nach dem weiten, endlosen Meer." So schrieb es schon Antoine de Saint-Exupéry in seinem weltberühmten Buch „Der kleine Prinz". Das klingt zunächst theatralisch und nach faulem Zauber – ist es aber nicht.

Bereits zu Beginn des Buches haben Sie sich die Frage gestellt, was Sie erreichen wollen. Ihre Lebensziele stehen im Vordergrund und die unternehmerischen Ziele sollten dazu geeignet sein, diese zu unterstützen. Die Entwicklung solcher Zielsetzungen ist wichtig für die Selbstmotivation. Halten Sie sich vor Augen, welches Ziel Ihnen wirklich wichtig ist. Sie können auch ein Bild über Ihrem Schreibtisch aufhängen, um Sie stets daran zu erinnern, wofür Sie sich die ganze Mühe machen. Das hilft, auch schwierige Zeiten zu überstehen und nie das Große und Ganze aus dem Blick zu verlieren.

Neben den großen Zielen sollten Sie sich aber vor allem kleinere Etappenziele setzen, die in absehbarem Zeitraum erreichbar sind. Unterteilen Sie Ihre Gründungsphase ruhig in kleinere Meilensteine und tun Sie das auch mit den Aufgaben, die nach der Gründung anstehen. Hängen Sie den Meilensteinplan auf und haken Sie ab, wenn ein Meilenstein erreicht wurde. Nehmen Sie sich außerdem die Zeit, diese Erreichung eines Zwischenziels gebührend zu würdigen. Sie können sich auch selbst eine Belohnung oder ein kleines Geschenk gönnen.

Zur zielgerichteten Umsetzung von Zielen ist es außerdem sinnvoll, auf eine störungsfreie Arbeitsumgebung zu achten. Wenn Sie an Ihrem Businessplan arbeiten, schalten Sie das Telefon ruhig eine Weile aus und schließen Sie Ihr E-Mail-Programm. Solche Störquellen sorgen dafür, dass Sie beim Vorankommen behindert werden und das schafft nur Frust. Dabei geht es bei der Selbstmotivation und bei der notwendigen Willensstärke genau um das Gegenteil: Verschaffen Sie sich Erfolgserlebnisse.

Hilfe suchen im rechten Moment

Wenn Sie merken, dass Sie an einer oder mehrere Stellen nicht vorwärts kommen, suchen Sie Hilfe – in welcher Form auch immer. Im stillen Kämmerlein vor sich hinbrüten; das bringt Sie nicht weiter und dauert unter Umständen auch sehr lang. Es ist effizienter und motivierender, sich nun mit neuen Ansätzen, Anregungen und Gedanken zu beschäftigen. Dieser Ausbruch aus den Ihnen bekannten Lösungen oder Denkmustern wird Ihnen einen kräftigen Sprung nach vorne verschaffen und damit in großem Maß zur Motivation beitragen.

Ein wichtiger Einflussfaktor für unsere Motivation ist Anerkennung. Suchen Sie in Ihrem privaten Umfeld danach und umgeben Sie sich nach Möglichkeit mit Menschen, die keine Probleme damit haben, ein paar anerkennende Worte auszusprechen. Aussagen wie „Ob das mal was wird" oder „Du willst wohl etwas Besseres sein" und „Das schaffst Du doch nie" gehören dagegen zum klassischen Repertoire der Miesmacherei und Demotivation. Meiden Sie solche Menschen oder stufen Sie solche Aussagen als das ein, was sie sind: Ein Problem Ihres Gegenübers, das mit Ihrer Sache oder mit Ihnen gar nichts zu tun hat.

Eine ernst zu nehmende Kritik oder Auseinandersetzung mit Ihren Plänen sollten Sie dagegen ernst nehmen. Räumen Sie dafür aber passende Zeiten ein und beschäftigen Sie sich damit nicht, wenn es gerade sehr stressig bei Ihnen zugeht. Zum Zuhören und Aufnehmen von Kritik ist eine gelassene Grundstimmung sinnvoll und trägt zur notwendigen Offenheit und zu der Entwicklung von Lösungsansätzen bei.

Ein gutes Zeitmanagement und die richtige Work-Life-Balance hilft ebenfalls bei der Selbstmotivation. Schaffen Sie Zeiten, in denen Sie sich erholen und vor allem auf andere Gedanken kommen. Wer unter Druck steht, kann kaum Kreativität entfalten und braucht alle Reserven auf. Setzen Sie bei den anstehenden Aufgaben für Ihr Unternehmen außerdem Prioritäten.

Verschieben Sie die Dinge nicht. Sicher, morgen ist auch noch ein Tag – den können Sie aber für neue Aufgaben verwenden, anstatt tagelang an den alten Aufgaben hängenzubleiben. Um die Dinge nicht aufzuschieben, können Sie Aufgabenlisten mit einer Schätzung des Zeitaufwandes anfertigen. Sie können feste Zeiträume für die Bearbeitung Ihrer Aufgaben einplanen. Manchem hilft es, einen halben Tag pro Woche einzuplanen, an dem aufgeschobene Aufgaben erledigt werden und andere können aufgeschobene Aufgaben am Besten morgens erledigen.

Eine gute Idee ist auch das Erstellen von Nicht-zu-Tun-Listen. Halten Sie einfach fest, womit Sie sich heute nicht beschäftigen wollen – etwa mit dem ständigen Öffnen der E-Mails, mit dem Blick auf Facebook oder mit unendlichen Suchaktionen im Internet für ein paar neue Schuhe. Erproben Sie unterschiedliche Wege und Tipps – so finden Sie heraus, welche davon bei Ihnen am besten funktionieren.

Das Ziel im Fokus

Vor allem aber sollten Sie sich nicht von Ihren Zielen und den damit verbundenen Teilaufgaben ablenken lassen. Willensstärke erwächst letztlich aus der Fähigkeit, das Ziel nie aus den Augen zu verlieren und sich nicht beirren zu lassen; weder von Ablenkungen noch von der Möglichkeit des Aufschiebens noch vom klingelnden Handy.

III. Der schlanke Start in die Selbstständigkeit

Bereits in den ersten Abschnitten dieses Buches haben Sie sich mit Kostenbegriffen vertraut gemacht und gelernt, was der Break-Even-Punkt ist. Nun ist es an der Zeit, noch das „Lean Startup" kennen zu lernen. Originär wurde der Begriff im Jahr 2008 von Eric Ries für High-Tech-Unternehmen entwickelt und geprägt. Doch was in diesem Bereich gilt, lässt sich auf unterschiedlichste Gründungen anwenden. Auch im laufenden Geschäft ist die Philosophie des „Lean Startup" oder der schlanken Gründung auf alle Fälle einen genaueren Blick wert.

1. Was versteht man unter einem schlanken Start?

Ein schlanker Start ist eine Gründung, die sich in der Regel in mehrere Phasen oder Wellen unterteilt. Dabei werden Produkte oder Dienstleistungen in einer extrem reduzierten Form auf den Markt gebracht, um dann weiterentwickelt zu werden oder gegebenenfalls die Idee einfach nicht weiterzuverfolgen.

Die Vorteile eines solchen schlanken Starts sind vielfältig:

- Hohe Investitionen werden zunächst weitestgehend vermieden.

- Produkte werden so frühzeitig auf den Markt gebracht, dass die Produktentwicklung dann in Zusammenarbeit mit realen Kunden und Kundenfeedbacks erfolgt. Das hilft, hohe Entwicklungskosten und lange Entwicklungszeiten zu sparen.

- Hohe Kosten für Produktplatzierungen, Werbung und laufende Kosten werden zunächst vermieden.

- Gründer erfahren einen sehr frühen und intensiven Lernprozess in Hinblick auf alle Unternehmensbereiche.

- Schon zu sehr frühem Zeitpunkt werden Einnahmen erwirtschaftet.

- Wer schlank startet, reduziert das Risiko eines Fehlschlages enorm. Dabei wird sowohl das allgemeine unternehmerische Risiko reduziert als auch das finanzielle Risiko. Der Break-Even-Punkt wird sehr früh erreicht.

Ein paar praktische Beispiele zeigen, wie ein solcher schlanker Start aussieht und welche Möglichkeiten sich für die weitere Entwicklung eines Unternehmens daraus ergeben können.

Gründungsbeispiel	So könnte ein schlanker Start gelingen
Unsere Gründerin Elsa will weiterhin als selbstständige Journalistin arbeiten. Da ihr bewusst ist, dass das keine einfache Sache ist, hat sie sich überlegt, auch Seminare anzubieten – rund um das Schreiben journalistischer Texte – im gesamten deutschsprachigen Raum.	Elsa braucht eigentlich ein Auto. Sie könnte dieses Auto zunächst fallweise mieten und später entscheiden, ob ein Fahrzeug wirklich notwendig ist. Unsere Gründerin arbeitet im ersten Schritt drei Seminarkonzepte aus und vertieft die Vorbereitungen erst dann, wenn klar ist, dass ein Seminar tatsächlich stattfindet. Sie betreibt nur auf einem einzigen Vermarktungsweg Werbung und wird so schnell feststellen, welches Seminar überhaupt gefragt ist. Die anderen Seminare werden nicht mehr angeboten und Elsa erprobt schrittweise weitere Seminarthemen. Anstatt eines neuen Laptops kauft sie zunächst ein gebrauchtes Gerät, das noch etwa ein Jahr durchhalten wird. Nach dem Jahr kann sie besser einschätzen, ob ihre Gründung erfolgreich genug ist, um mehr in die Sache zu investieren.
Martin will ein Restaurant gründen. Vor seinem geistigen Auge schwebt die südamerikanische Küche. Er kann nur schwer einschätzen, welche Gerichte gut ankommen. Um die ganze Bandbreite der südamerikanischen Küche anzubieten, muss	Martin sucht eine Küche, in der er zeitweise arbeiten kann und meldet ein Catering als Gewerbe an. Er wird schnell sehen, welche Auswahl Anklang findet und kann sich dann beim Restaurant auf die wichtigsten Gerätschaften konzentrieren. Martin mietet einen Standplatz auf einem Markt und mietet außerdem einen Imbiss- bzw. Küchenwagen. Er wechselt die Gerichte häufig, um zu sehen, was gut ankommt.

Gründungsbeispiel	So könnte ein schlanker Start gelingen
er außerdem mit sehr hohen Investitionen für die Küchengeräte rechnen.	Aus den Highlights entwickelt er dann einen Schnellimbiss mit festem Standort und ein paar wenigen Gerichten, die es aber in sich haben. Dieses Imbisskonzept kann er hervorragend auch als Franchising-Konzept weiter vermarkten.
	Die Auswahl für den Imbisswagen legt Martin fest, indem er eine Facebook-Fanpage erstellt, ein paar hundert erste Fans sammelt und Rezepte dort postet. Er bekommt über die beliebten „Likes" und geteilte Inhalte innerhalb kürzester Zeit ein sehr sicheres Gefühl dafür, welche Gerichte gut ankommen.
Paul möchte mit einem Webshop an den Start gehen. Er plant, elektronische Unterhaltungsprodukte und Spiele zu verkaufen. Die Kosten für die Erstellung eines eigenen Shops sind hoch und auch die Beschaffung der Waren kommt ihm recht teuer zu stehen.	Paul kauft zunächst eine kleine Menge ausgewählter Produkte ein, ohne gleich ganze Produktserien zu kaufen. Diese stellt er bei Amazon und Ebay ein, um zu sehen, welche Produkte gut ankommen. Seinen eigenen Shop nimmt er erst danach in Angriff.
	Um zu sehen, welche Produkte gut ankommen, kauft Paul alles bei einem einzigen Großhändler und nicht alle Produkte sind genau diejenigen, die er später verkaufen will. Dennoch kommen seine Waren aber dem geplanten Angebot sehr nahe. Mit den Produkten geht er für drei Wochen auf einen Weihnachtsmarkt und nutzt die Gelegenheit, um mit Interessenten und Kunden zu sprechen.
	Den Webshop startet er im ersten Schritt mit einem Mietshop. Nachdem er erste Erfahrungen gesammelt hat und schon Geld verdient, beauftragt er dann einen Dienstleister mit der Installation und Anpassung seines eigenen Shops.

2. Gründen in Wellen – So geht es

Viele Gründungsvorhaben sind sehr kostenintensiv. Hohe Investitionen und eine hohe Unsicherheit, wie es um den Erfolg der Sache steht – das ist ein wesentlicher Risikofaktor. Für eine schlanke Gründung ist meist viel Kreativität gefragt. Nicht immer liegt sofort eine Lösung auf dem Tisch, wie sich diese gestalten könnte. Gehen Sie mit sich selbst und Ihrer Sache hart ins Gericht und beantworten Sie folgende Fragen, um Ansätze für einen schlanken Start zu finden:

- Muss die Gründung wirklich von Beginn an so kostenintensiv sein?

- Lässt sich die grundlegende Geschäftsidee auch auf vereinfachte Art und Weise umsetzen? Können Sie etwa anstatt eines großen Restaurants mit einem kleinen Schnellimbiss starten? Lässt sich eine umfangreiche Software erst einmal im „Kleinformat" entwickeln und verkaufen? Kann ein Einzelhandel im ersten Schritt anfangen, Produkte im Internet zu verkaufen? Lässt sich eine Autowerkstatt auf einige ganz bestimmte Reparaturen reduzieren, die dann weniger Investitionen erfordern? Lassen sich Dienstleistungen konzeptionell vorbereiten und erst dann im Detail umsetzen, wenn es tatsächlich Kunden gibt? Lassen sich Vorbereitungen für Dienstleistungen auf ein Minimum reduzieren, um im zweiten Schritt dann die Dienstleistung zu optimieren?

- Lassen sich Investitionsgüter fallweise mieten, anstatt gleich viel Geld dafür auszugeben?

- Wie können Sie möglichst frühzeitig herausfinden, was funktioniert? Welche Produkte oder Dienstleistungen kommen besonders gut an? Wie kommen Sie zu möglichst frühem Zeitpunkt an Feedbacks von echten Kunden?

Der Gründungsprozess bei der schlanken Gründung gestaltet sich anders, als bisher in diesem Buch beschrieben. Während die grundlegenden Schritte zwar gleich bleiben, kommt aber eine Test-, Entwicklungs- und Optimierungsphase im Vorfeld hinzu. Das folgende Diagramm verdeutlicht den Ablauf:

Zeitaufwand für jede Phase stark schwankend in Abhängigkeit vom Geschäftsmodell und anderen Faktoren

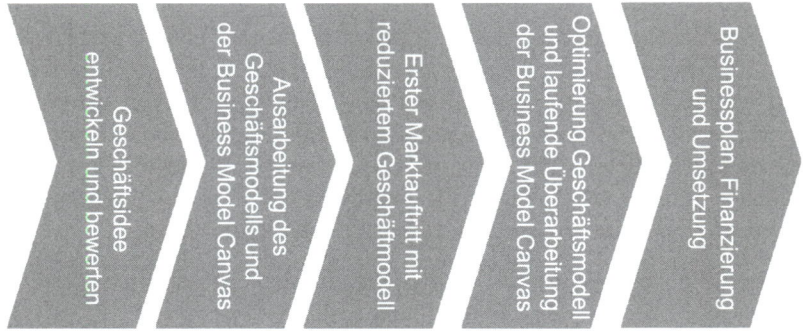

Erst nach einer längeren Test- und Optmierungsphase geht es beim schlanken Gründen so richtig ans Eingemachte: Der Businessplan, die Finanzierung und die Umsetzung erfolgen auf Basis eines bereits erprobten Geschäftsmodells.

Informationen sammeln

Gründungsfahrplan für den schlanken Start

Genau wie bei jedem anderen Gründungsvorhaben beginnen Sie auch hier mit Ihrer Geschäftsidee. Sie arbeiten im nächsten Schritt Ihr Geschäftsmodell aus und erstellen eine Business Model Canvas. Im weiteren Verlauf schließt sich nun aber nicht direkt der Businessplan an, sondern Sie starten mit einem schnellen Marktauftritt und einem extrem reduzierten Geschäftsmodell.

In der darauffolgenden Phase stehen folgende Aufgaben an: Lernen, Optimieren, Validieren und Testen – das Geschäftsmodell wird auf Herz und Nieren geprüft. Sie kontrollieren Verkaufszahlen, Reaktionen auf Pressemitteilungen, Reaktionen auf Posts in sozialen Medien wie Facebook, Userzahlen, Verkaufszahlen und mehr. Die Daten liefern Ansatzpunkte für Veränderungen am Geschäftsmodell und erst wenn dieses abgerundet ist, geht es dann an den Businessplan und die darauffolgenden Schritte. Derweil können und sollten Sie aber jederzeit an Ihrer Business Model Canvas weiterarbeiten und diese aufgrund aktueller Erkenntnisse fortentwickeln.

Für den Blick auf Ihre Zahlen ist eine Tabellenkalkulation sinnvoll, in der Sie schnelle Anpassungen und Veränderungen vornehmen können, um den Durchblick zu behalten. Überschlägige Berechnungen sind für den Anfang vorerst ausreichend, etwas umfassendere Berechnungen wären aber dennoch wünschenswert. Wie auch immer

Ihr Zahlenwerk zu diesem Zeitpunkt aussieht: Es muss regelmäßig an die aktuellen Gegebenheiten angepasst werden, um die Wirtschaftlichkeit Ihrer Sache stets im Blick zu halten.

Aus dieser allgemeinen Beschreibung der Vorgehensweise geht auch hervor, dass eine solche Art und Weise der Gründung etwas Eigenkapital voraussetzt. Banken können Sie erst an Bord holen, wenn Ihr Geschäftsmodell geklärt ist. Bei den meisten Investoren ist es genauso; bei diesen kommt ein solch ausgefeiltes Geschäftskonzept sogar wesentlich besser an, als eine Planung auf dem Reißbrett. Wer keinerlei Eigenkapital zur Verfügung hat, kann über eine nebenberufliche Selbstständigkeit nachdenken oder eine Teilzeitstelle suchen, die unter Umständen ebenfalls im Rahmen der Selbstständigkeit ausgeführt wird.

Schnelligkeit und gründliche Vorbereitung in der Waage

Nicht alles, was glänzt, ist auch Gold. Diese Weisheit ist nichts Neues und in diesem Sinne gibt es auch Kritikpunkte an der schlanken Gründung. Sie erfordert eine sehr kurze Reaktionszeit und schnelle Entwicklung des Gründungsvorhabens. Andernfalls laufen Sie Gefahr, dass Ihre Wettbewerber den Braten riechen und schneller mit der Umsetzung sind. Das bedeutet ein sehr unruhiges Unternehmerdasein – viel Arbeit, häufige Kurswechsel und Änderungen sind nicht immer einfach zu bewältigen.

Darüber hinaus besteht die Gefahr, sich zu verzetteln oder einfach im Prozess stecken zu bleiben. Zur Durchführung der schlanken Gründung benötigen Sie vor allem viel Willenskraft, einen ganz klaren Blick und eine sehr gute betriebswirtschaftliche Grundlage. Auch wenn die schlanke Gründung eine Sache ist, die einem liegen muss: Wer sich daran versucht, kann letztlich mit einem Erfolgsmodell an den Start gehen, das seinesgleichen sucht.

3. Sie sind nicht alleine

Möglicherweise haben Sie nun schon erste Zweifel an Ihren Gründungsplänen bekommen. Vielleicht befürchten Sie, dass Sie mit Ihrer Selbstständigkeit nicht genug verdienen oder dass die Selbstständigkeit doch nicht so richtig zu Ihrem großen Lebensplan passt. Möglicherweise kommen Sie mit Ihrem Businessplan nicht voran oder können ein ganz bestimmtes Problem nicht lösen oder Sie stehen vor einem riesigen Berg, der Ihnen unbewältigbar erscheint. Welche

Zweifel auch immer das sein mögen: Es ist im Zuge einer Gründung vollkommen normal, mit Zweifeln, Ängsten, Hindernissen und Ähnlichem konfrontiert zu werden.

Wichtig ist die Frage, wie Sie damit umgehen. Widersprüche auflösen, Lösungsansätze finden, Dinge an die Erfordernisse des Lebens anpassen – das ist ein sich stets wiederholender Prozess während der Gründungsphase und auch während der Selbstständigkeit. Gut ist es, wenn Sie kreative Ideen haben, wie Sie vorhandene oder vermutete Schwierigkeiten in den Griff bekommen können.

Viele andere Menschen haben das gleiche Problem und es gibt zahlreiche Lösungen, mit denen Sie Ihren Zweifeln, Ängsten oder auch ganz konkreten Hindernissen begegnen können. Nehmen Sie diese Hilfestellungen in Anspruch. Auch wenn Sie derzeit keine Zweifel haben, wird Ihnen die eine oder andere der folgenden Aktionsmöglichkeiten helfen, den Blick zu öffnen, Neues zu erfahren und neue Wege zu gehen.

Das können Sie tun:	Hier finden Sie entsprechende Angebote:
Seminare besuchen und Bücher lesen	Für angehende Selbstständige gibt es zahlreiche Literatur und auch Seminare sind in umfangreichem Maß zu finden. Vom Grundlagenseminar für Menschen, die sich noch nie mit der Selbstständigkeit beschäftigt haben, bis hin zum Buchhaltungskurs ist das Angebot breit. Sie können im Internet nach entsprechenden Angeboten suchen, bei Berufsverbänden, bei Kammern (etwa der Handwerkskammer) nachfragen, private Organisationen ausfindig machen, Förderinstitute ansprechen und vieles mehr. Viele Städte und Gemeinden bieten auch Informationsstellen, an die Sie sich wenden können.
Sich mit anderen Gründern und Selbstständigen austauschen	Netzwerktreffen mit anderen GründerInnen und mit bereits bestehenden Selbstständigen sind hilfreich. Dort können Sie sich austauschen und mit anderen über Ihre täglichen Aufgaben und Fragestellungen sprechen. Einige Anbieter veranstalten strukturierte Netzwerktreffen oder bieten andere Formen der Hilfe untereinander.

Das können Sie tun:	Hier finden Sie entsprechende Angebote:
	Bitte bedenken Sie aber: Der Besuch solcher Netzwerktreffen kann eingehende Informationen, Seminare, Bücher, Coachings und Beratungen nicht ersetzen. Vielmehr sind diese Zusammenkünfte hervorragend für kleine Tipps und für neue Anregungen geeignet, die den Horizont erweitern. Im einen oder anderen Fall finden Sie dort auch zukünftige Kooperationspartner für Ihre Selbstständigkeit.
Gründercoachings und -beratungen in Anspruch nehmen	Bereits in der Vorgründungsphase ist es wichtig, das Schiff in die richtige Richtung zu steuern. Deshalb ist professionelle Hilfe eigentlich immer ratsam. Ob es nun darum geht, ein Konzept noch einmal kritisch unter die Lupe zu nehmen, ob Sie Fragen zum Marketing haben, ob eine Finanzierung benötigt wird oder anderes: Es gibt viele Gründungsberatungen, bei denen Sie aus der Erfahrung und dem Know-How dieser Profis schöpfen können. Einige dieser Beratungen werden von staatlicher Seite bezuschusst. Informieren Sie sich bei Ihrer zuständigen Kammer, bei den Behörden vor Ort, bei Ihrer Arbeitsagentur und bei Beratungsstellen, welche Programme für Sie in Frage kommen. Ein wichtiges Förderprogramm dieser Art – das Gründercoaching Deutschland – wurde in diesem Buch bereits im Abschnitt „Fördermittel" vorgestellt.

Sie haben sich nun intensiv mit Ihrer anvisierten Selbstständigkeit auseinandergesetzt oder werden sich an die Arbeit machen. Vor Ihnen liegt unter Umständen ein langer Weg, der mehr oder weniger steinig ausfallen kann.

Verlieren Sie Ihre Ziele nicht aus dem Blick, lassen Sie sich helfen und arbeiten Sie an Ihrem Gründungsfahrplan. So kommen Sie Schritt für Schritt zum Ziel und können Ihren eigenen Weg und individuelle Vorstellungen erfolgreich in die Tat umsetzen.

Sachverzeichnis